概率论与数理统计

主　编　韦　俊
副主编　陈万勇　黄素珍

东 南 大 学 出 版 社
·南京·

内 容 简 介

本书共分十章,内容包括随机事件与概率、一维随机变量及其分布、二维随机变量及其分布、随机变量的数字特征、大数定律及中心极限定理、数理统计的基本概念、参数估计、假设检验、线性统计模型、MATLAB 在数理统计中的应用。本书内容丰富,选材恰当,重点突出,叙述精练、准确,便于自学。每章后面均有习题,书后附有答案。

本书适用于高等院校本科各专业学生,特别适用于应用型本科院校的学生,也可供相关专业的工程技术人员、经济管理人员参考。

图书在版编目(CIP)数据

概率论与数理统计/韦俊主编. —2 版. —南京:东南大学出版社,2014.1(2022.8 重印)
ISBN 978 - 7 - 5641 - 4740 - 2

Ⅰ.①概…　Ⅱ.①韦…　Ⅲ.①概率论-高等学校-教材②数理统计-高等学校-教材　Ⅳ.①O21

中国版本图书馆 CIP 数据核字(2013)第 320508 号

概率论与数理统计

出版发行:东南大学出版社
社　　址:南京四牌楼 2 号　　邮编:210096　　电话:025-83793330
网　　址:http://www.seupress.com
电子邮件:press@ seupress.com
经　　销:全国各地新华书店
印　　刷:苏州市古得堡数码印刷有限公司
开　　本:700mm×1000mm　1/16
印　　张:15.5
字　　数:310 千字
版　　次:2014 年 1 月第 2 版
印　　次:2022 年 8 月第 11 次印刷
书　　号:ISBN 978 - 7 - 5641 - 4740 - 2
印　　数:26301—26600
定　　价:36.00 元

前　　言

  概率论与数理统计是研究随机现象统计规律性的一门学科,它的思想与方法在农、工、商等社会、经济的许多领域以及自然科学的诸多学科中得到了广泛的应用,因而它已经成为高等院校各专业的一门重要的公共必修基础课程,也是一门应用性很强的课程。

  《概率论与数理统计》第一版问世至今已三年了,为了适应教学改革的新形势和新要求,我们对第一版教材进行了修订,编写了本书的第二版。在第一版基础上,第二版融入了一些新思路和新应用,改进了部分内容的叙述方式和部分例题的解题方法,对不足之处进行了修改,使得概念更加准确,内容更加丰富,符号更加统一、规范,教材更加适应工程应用型人才的培养要求。

  本书保持了第一版的特点和风格,以培养高等应用型人才为目标,以教育部颁布的高等学校(工科)本科基础课教学基本要求(概率统计部分)为依据,在内容的取舍上以必需、够用、简明为原则,力求用通俗的语言和生动的例子帮助读者建立概率统计的基本概念,用大量的例题,帮助读者学习概率统计的基本方法。尽力做到叙述准确、简洁、通俗,选用例题与习题典型、规范、由浅入深、易于计算。

  本次修订由韦俊担任主编,陈万勇、黄素珍担任副主编,胡忠、陈丽娟、卞小霞、刘勇等参加了部分工作。由韦俊负责全书的统稿和定稿。

  本书在修订过程中,得到了薛长峰教授的指导,在此表示感谢。

  限于编者水平,本书在修订后仍难免有不妥之处,恳请读者批评指正。

编　者

2013 年 12 月

目　　录

第一章　随机事件与概率 ·· （1）

　　1.1　随机试验与随机事件 ································· （1）

　　1.2　随机事件的概率 ······································· （6）

　　1.3　概率的加法定理 ······································· （10）

　　1.4　条件概率、全概率公式、贝叶斯公式············· （13）

　　1.5　独立试验序列 ··· （23）

　　习题一 ·· （26）

第二章　一维随机变量及其分布 ····························· （29）

　　2.1　随机变量及分布函数································· （29）

　　2.2　离散型随机变量·· （32）

　　2.3　连续型随机变量·· （38）

　　2.4　随机变量的函数的分布······························ （46）

　　习题二 ·· （48）

第三章　二维随机变量及其分布 ····························· （52）

　　3.1　二维随机变量的联合分布··························· （52）

　　3.2　边际分布与条件分布································· （59）

　　3.3　随机变量的独立性···································· （66）

　　3.4　二维随机变量函数的分布··························· （69）

　　习题三 ·· （73）

第四章　随机变量的数字特征 ································· （78）

　　4.1　随机变量的数学期望································· （78）

　　4.2　随机变量的方差·· （86）

　　4.3　协方差和相关系数···································· （91）

　　4.4　随机变量的矩··· （99）

　　习题四··· （101）

第五章　大数定律及中心极限定理 ……………………………………… (104)

　　5.1　大数定律 …………………………………………………………… (104)

　　5.2　中心极限定理 ……………………………………………………… (109)

　　习题五 …………………………………………………………………… (113)

第六章　数理统计的基本概念 …………………………………………… (115)

　　6.1　总体、样本及统计量 ……………………………………………… (115)

　　6.2　抽样分布 …………………………………………………………… (120)

　　习题六 …………………………………………………………………… (130)

第七章　参数估计 ………………………………………………………… (132)

　　7.1　参数估计的一般概念 ……………………………………………… (132)

　　7.2　评价估计量的标准 ………………………………………………… (136)

　　7.3　矩估计法和最大似然估计法 ……………………………………… (138)

　　7.4　正态总体参数的区间估计 ………………………………………… (144)

　　习题七 …………………………………………………………………… (152)

第八章　假设检验 ………………………………………………………… (156)

　　8.1　假设检验的基本概念 ……………………………………………… (156)

　　8.2　正态总体参数的检验 ……………………………………………… (164)

　　8.3　两个正态总体数学期望和方差的检验 …………………………… (168)

　　习题八 …………………………………………………………………… (171)

第九章　线性统计模型 …………………………………………………… (175)

　　9.1　回归分析 …………………………………………………………… (175)

　　9.2　方差分析 …………………………………………………………… (183)

　　习题九 …………………………………………………………………… (187)

第十章　MATLAB 在数理统计中的应用 ……………………………… (190)

　　10.1　MATLAB 数学软件的入门 ……………………………………… (190)

　　10.2　数据的处理与分析 ………………………………………………… (203)

　　10.3　数据的拟合与插值 ………………………………………………… (207)

　　习题十 …………………………………………………………………… (213)

附录·· (215)

附表 1　常用分布、记号及数字特征一览表 ·············· (215)

附表 2　标准正态分布表 ································· (216)

附表 3　泊松分布表 ····································· (218)

附表 4　t 分布临界值表 ······························ (221)

附表 5　χ^2 分布的分位表 ···························· (222)

附表 6　F 分布表 ····································· (223)

习题答案·· (231)

参考文献·· (240)

第一章　随机事件与概率

1.1　随机试验与随机事件

1.1.1　随机试验

人们在自己的实践活动中,常常会遇到两种现象,一种是确定性现象,另一种是随机现象.所谓确定性现象是在一定条件下必然发生的现象,例如:"太阳不会从西边升起"、"水从高处流向低处"、"同性电荷必然互斥"、"函数在间断点处不存在导数"等等,其特征是条件完全决定结果.而在一定条件下可能出现也可能不出现的现象称为随机现象.随机现象的特征是条件不能完全决定结果,如:远距离射击较小的目标,可能击中,也可能击不中,每一次射击的结果是随机(偶然)的;自动车床加工的零件,可能是合格品,也可能是废品,结果也是随机的、不确定的.

随机现象在一次观察中出现什么结果具有偶然性,但在大量试验或观察中,这种结果的出现具有一定的统计规律性.概率论是研究随机现象(偶然现象)的规律性的科学.

在事物的联系和发展过程中,随机现象是客观存在的.在表现上是偶然性在起作用,这种偶然性又始终是受事物内部隐藏着的必然性所支配的.

现实世界上事物的联系是非常复杂的,一切事物的发展过程中既包含着必然性的方面,也包含着偶然性的方面,它们是互相对立而又互相联系的,必然性经常通过无数的偶然性表现出来.

科学的任务就在于,要从看起来是错综复杂的偶然性中揭露出潜在的必然性,即事物的客观规律性.这种客观规律性是在大量现象中发现的.

在科学研究和工程技术中,我们会经常遇到,在不变的条件下重复地进行多次实验或观测,抽去这些实验或观测的具体性质,就得到概率论中试验的概念.所谓试验就是一定的综合条件的实现,我们假定这种综合条件可以任意多次地重复实现.大量现象就是很多次试验的结果,如果试验满足以下条件,则称该试验为随机试验(简称为试验):

（1）在相同的条件下可以重复进行；

（2）试验的所有可能结果是预先知道的，且不止一个；

（3）每做一次试验总会出现可能结果中的一个，但在试验之前不能预言会出现哪个结果.

随机试验通常用 E 来表示.

例 1.1.1 抛掷一枚硬币，观察字面、花面出现的情况. 该试验可以在相同的条件下重复地进行，试验的所有可能结果是字面和花面，进行一次试验之前不能确定哪一个结果会出现.

同理可知下列试验都为随机试验.

例 1.1.2 抛掷一枚骰子，观察出现的点数.

例 1.1.3 从一批产品中依次任选三件，记录出现正品与次品的件数.

例 1.1.4 记录某公共汽车站某日上午某时刻的等车人数.

例 1.1.5 考察某地区 10 月份的平均气温.

例 1.1.6 从一批灯泡中任取一只，测试其寿命.

1.1.2 随机事件与样本空间

当一定的条件实现时，也就是在试验的结果中所发生的现象叫作事件. 如果在每次试验的结果中某事件一定发生，则这一事件叫作必然事件；相反地，如果某事件一定不发生，则叫作不可能事件.

在试验的结果中，可能发生也可能不发生的事件叫作随机事件（偶然事件）.

如：抛掷一枚骰子，观察出现的点数. 试验中，骰子"出现 1 点"，"出现 2 点"，…，"出现 6 点"，以及"点数不大于 4"，"点数为偶数"等都为随机事件；"点数不大于 6"是必然事件；"点数大于 6"是不可能事件.

随机事件可简称为事件，并以大写英文字母 $A,B,C,\cdots$ 来表示.

例如：抛掷一枚骰子，观察出现的点数. 可设 $A=$"点数不大于 4"，$B=$"点数为奇数"等等. 必然事件用字母 U 表示，不可能事件用字母 V 表示.

为了深入理解随机事件，我们来叙述试验与样本空间和样本点的概念.

在不变的条件下重复地进行试验，虽然每次试验的结果中所有可能发生的事件是可以明确知道的，并且其中必有且仅有一个事件发生，但是在试验之前却无法预知究竟哪一个事件将在试验中的结果中发生. 随机试验 E 的所有可能结果组成的集合称为 E 的样本空间，通常记为 Ω.

试验的结果中每一个可能发生的结果叫作试验的样本点，通常用字母 ω 表示.

在例 1.1.1 中有样本点：H 表示"字面向上"，T 表示"花面向上"，于是样本空间是由两个样本点构成的集合：$\Omega_1 = \{H, T\}$.

在例 1.1.2 中有样本点：i 表示骰子"出现 i 点"，于是样本空间是由六个样本点构成的集合：$\Omega_2 = \{1, 2, 3, 4, 5, 6\}$．

在例 1.1.3 中有样本点：N 表示"正品"，D 表示"次品"，于是样本空间是由八个样本点构成的集合：

$$\Omega_3 = \{NNN, NND, NDN, DNN, NDD, DDN, DND, DDD\}$$

在例 1.1.4 中有样本点：i 表示"上午某时刻的等车人数"，则样本空间 $\Omega_4 = \{0, 1, 2, 3, \cdots\}$．

在例 1.1.5 中有样本点：t 表示"平均温度"，则样本空间 $\Omega_5 = \{t \mid T_1 < t < T_2\}$．

在例 1.1.6 中有样本点：t 表示"灯泡寿命"，则样本空间 $\Omega_6 = \{t \mid t > 0\}$．

因为样本空间 Ω 中任一样本点 ω 发生时，必然事件 U 都发生，所以 U 是所有样本点构成的集合，即必然事件 U 就是样本空间 Ω．今后就把必然事件记作 Ω．

又因为样本空间 Ω 中任一样本点 ω 发生时，不可能事件 V 都不发生，所以 V 是不含任何样本点的集合，即不可能事件 V 是空集 $\varnothing$．今后就把不可能事件记作 $\varnothing$．

1.1.3　随机事件的关系及运算

为了研究随机事件及其概率，我们需要说明事件之间的各种关系及运算．

从前面不难看出，任一随机事件都是样本空间的一个子集，所以事件之间的关系及运算与集合之间的关系及运算是完全类似的．在下面的讨论中，我们叙述事件的关系及运算时所用的符号也是与集合的关系及运算的符号基本上一致的．

设试验 E 的样本空间为 Ω，而 $A, B, A_k (k = 1, 2, \cdots)$ 是 Ω 的子集．

1. 包含关系

若事件 A 出现，必然导致 B 出现，则称事件 B 包含事件 A，记作 $A \subset B$．

例 1.1.7　某种产品的合格与否是由该产品的长度与直径是否合格所决定，"长度不合格"必然导致"产品不合格"．记 A 表示"长度不合格"，B 表示"产品不合格"，则 $A \subset B$．也称 A 是 B 的子事件．

2. 相等关系

若事件 A 包含事件 B，而且事件 B 包含事件 A，则称事件 A 与事件 B 相等，记作 $A = B$．

3. 事件 A 与 B 的并

"二事件 A 与 B 中至少有一事件发生"这一事件称为事件 A 与事件 B 的并，记作 $A \cup B$．

例 1.1.8　某种产品的合格与否是由该产品的长度与直径是否合格所决定，记 A 表示"长度不合格"，B 表示"直径不合格"，C 表示"产品不合格"，则 $C =$

$A \cup B$.

两个事件的并可以推广到多个事件的并. 若"事件 $A_1, A_2, A_3, \cdots, A_s$ 中至少有一事件发生"这一事件称为事件 $A_1, A_2, A_3, \cdots, A_s$ 的并,记为 $A_1 \cup A_2 \cup \cdots \cup A_s$ 或 $\bigcup\limits_{i=1}^{s} A_i$. 用 $A_1 \cup A_2 \cup \cdots \cup A_s \cup \cdots$（即 $\bigcup\limits_{i=1}^{\infty} A_i$）表示无数个事件 $A_1, A_2, A_3, \cdots, A_s, \cdots$ 的并.

4. 事件 A 与 B 的交

若"二事件 A 与 B 都发生"这一事件称为事件 A 与事件 B 的交,记作 $A \cap B$ 或 AB.

例 1.1.9 某种产品的合格与否是由该产品的长度与直径是否合格所决定,记 A_1 表示"长度合格",B_1 表示"直径合格",C 表示"产品合格",则 $C = A_1 \cap B_1$.

两个事件的交可以推广到多个事件的交. 若"事件 $A_1, A_2, A_3, \cdots, A_s$ 都发生"这一事件称为事件 $A_1, A_2, A_3, \cdots, A_s$ 的交,记为 $A_1 \cap A_2 \cap \cdots A_s$ 或 $\bigcap\limits_{i=1}^{s} A_i$. 用 $A_1 \cap A_2 \cap \cdots \cap A_s \cap \cdots$（即 $\bigcap\limits_{i=1}^{\infty} A_i$）表示无数个事件 $A_1, A_2, A_3, \cdots, A_s, \cdots$ 的交.

5. 事件 A 与 B 互不相容（互斥）

若二事件 A 与 B 不可能同时发生,则称事件 A 与 B 是互不相容的（或互斥的）,即 $AB = \varnothing$.

例如:抛掷一枚硬币,"出现花面"与"出现字面" 是互不相容的两个事件.

如果 s 个事件 $A_1, A_2, A_3, \cdots, A_s$ 中任何两个事件都不可能同时发生,则称这 s 个事件是互不相容的（或互斥的）.

通常把互不相容的事件 $A_1, A_2, A_3, \cdots, A_s$ 的并,记为 $A_1 + A_2 + \cdots + A_s$ 或 $\sum\limits_{i=1}^{s} A_i$.

6. 事件 A 与 B 的差

由事件 A 出现而事件 B 不出现所组成的事件称为事件 A 与 B 的差,记作 $A - B$.

例如:"长度合格但直径不合格"是"长度合格"与"直径合格"的差.

7. 若设 A 表示"事件 A 出现",则"事件 A 不出现"称为事件 A 的对立事件或逆事件,记作 $\overline{A}$.

例如:$A =$ "骰子出现 1 点",则 $\overline{A} =$ "骰子不出现 1 点".

对于任意的事件 A,我们有 $\overline{\overline{A}} = A, A + \overline{A} = U, A\overline{A} = V$.

8. 若 s 个事件 $A_1, A_2, A_3, \cdots, A_s$ 中至少有一事件发生,即 $\bigcup\limits_{i=1}^{s} A_i = \Omega$,则称这 s 个事件 $A_1, A_2, A_3, \cdots, A_s$ 构成完备事件组;若 s 个事件 $A_1, A_2, A_3, \cdots, A_s$ 满足 $\bigcup\limits_{i=1}^{s} A_i = \Omega$,且 $A_i A_j = \varnothing$ $(i, j = 1, 2, \cdots, s$ 且 $i \neq j)$,则称这 s 个事件 $A_1, A_2, A_3, \cdots, A_s$

构成互不相容的完备事件组.

在这里,我们用平面上的一个矩形表示样本空间 Ω,矩形内的每个点表示一个样本点,用两个小圆分别表示事件 A 和 B,则事件的关系与运算可用图 $1-1$ 来表示,其中 $A\cup B,A-B,\overline{A}$ 分别为图中阴影部分.

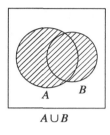 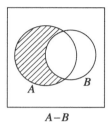 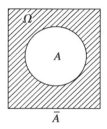

$$A\cup B \qquad A-B \qquad \overline{A}$$

图 $1-1$

9. 事件间的运算规律满足以下性质

(1) 交换律:$A\cup B=B\cup A,A\cap B=B\cap A.$

(2) 结合律:$A\cup(B\cup C)=(A\cup B)\cup C,(AB)C=A(BC).$

(3) 分配律:$A(B\cup C)=AB\cup AC.$

推广
$$A\left(\bigcup_{i=1}^{n}B_i\right)=\bigcup_{i=1}^{n}(AB_i)$$

(4) 德摩根定律:$\overline{A\cup B}=\overline{A}\,\overline{B},\overline{AB}=\overline{A}\cup\overline{B}.$

推广
$$\overline{\bigcup_{i=1}^{n}A_i}=\bigcap_{i=1}^{n}\overline{A_i},\overline{\bigcap_{i=1}^{n}A_i}=\bigcup_{i=1}^{n}\overline{A_i}$$

如果把事件 A(或 B)所包含的基本事件构成的集合简称为集合 A(或 B),则事件的关系及运算可以用集合的关系及运算表述如下:

$A\subset B$	事件 A 包含于事件 B	集合 A 是集合 B 的子集
$A=B$	事件 A 与事件 B 相等	集合 A 与集合 B 相等
$A\cup B$	事件 A 与事件 B 的和事件	集合 A 与集合 B 的并集
$A\cap B$	事件 A 与事件 B 的积事件	集合 A 与集合 B 的交集
$AB=V$	事件 A 与事件 B 互不相容	集合 A 与集合 B 不相交
$\overline{A}$	事件 A 的对立事件	集合 A 的余集

例 1.1.10 任意抛掷一颗骰子,观察出现的点数.设事件 A 表示"出现偶数点",事件 B 表示"出现的点数能被 3 整除",则下列事件 $\overline{A},\overline{B},A\cup B,AB,\overline{A\cup B}$ 分别表示什么事件?并把它们表示为样本点的集合.

解 设样本点 ω_i 表示"出现 i 点",$i=1,2,\cdots,6$.

$\overline{A}=\{\omega_1,\omega_3,\omega_5\}$，表示"出现奇数点"；

$\overline{B}=\{\omega_1,\omega_2,\omega_4,\omega_5\}$，表示"出现的点数不能被 3 整除"；

$A\bigcup B=\{\omega_2,\omega_3,\omega_4,\omega_6\}$，表示"出现的点数能被 2 或 3 整除"；

$AB=\{\omega_6\}$，表示"出现的点数能被 6 整除"；

$\overline{A\bigcup B}=\{\omega_1,\omega_5\}$，表示"出现的点数既不能被 2 整除也不能被 3 整除".

例 1.1.11 设 A,B,C 表示三个随机事件,试将下列事件用 A,B,C 表示出来：

(1) 仅 A 发生；

(2) A,B,C 都不发生；

(3) A 不发生,且 B,C 中至少有一事件发生；

(4) A,B,C 至少有一事件发生；

(5) A,B,C 中最多有一事件发生.

分析：此类题涉及事件的关系,首先要弄清楚定义,其次注意有时表达式不唯一.

解 (1) $A\overline{B}\overline{C}$；(2) $\overline{A}\overline{B}\overline{C}$；(3) $\overline{A}(B\bigcup C)$；(4) $A\bigcup B\bigcup C$；(5) $\overline{AB}\bigcup\overline{BC}\bigcup\overline{CA}$.

1.2　随机事件的概率

随机事件 A 在一次试验中可能发生也可能不发生,事前是无法预知的. 但是在大量重复试验中,它发生的可能性的大小有一定的规律,可以用一个数来表示,这个数就是事件的概率,用 $P(A)$ 来表示.

1.2.1　概率的统计定义

设随机事件 A 在 n 次试验中发生了 m 次,则比值 $\dfrac{m}{n}$ 叫作随机事件 A 的相对频率(简称频率),记作 $f_N(A)$. 用公式表示如下：

$$f_N(A)=\frac{m}{n} \tag{1-1}$$

显然,任何随机事件的频率是介于 0 与 1 之间的一个数,即

$$0\leqslant f_N(A)\leqslant 1 \tag{1-2}$$

对于必然事件,在任何试验序列中我们有 $m=n$,所以必然事件的频率恒等于 1,即

$$f_N(U)=1 \tag{1-3}$$

对于不可能事件,我们有 $m=0$,所以不可能事件的频率恒等于 0,即

$$f_N(V)=0 \qquad (1-4)$$

经验证明,当试验重复多次,随机事件 A 的频率具有一定的稳定性.也就是说,在不同的试验序列中,当试验次数充分大时,随机事件 A 的频率常在一个确定的数字附近摆动.

我们来看下面的实验结果.表 $1-1$ 中 n 表示抛掷硬币的次数,m 表示徽花向上的次数,$W=\dfrac{m}{n}$ 表示徽花向上的频率.

表 1-1

实验序号	$n=5$		$n=50$		$n=500$	
	m	W	m	W	m	W
1	2	0.4	22	0.44	251	0.502
2	3	0.6	25	0.50	249	0.498
3	1	0.2	21	0.42	256	0.512
4	5	1.0	25	0.50	253	0.506
5	1	0.2	24	0.48	251	0.502
6	2	0.4	21	0.42	246	0.492
7	4	0.8	18	0.36	244	0.488
8	2	0.4	24	0.48	258	0.516
9	3	0.6	27	0.54	262	0.524
10	3	0.6	31	0.62	247	0.494

从表 $1-1$ 我们可以看出,当抛掷硬币的次数较少时,徽花向上的频率是不稳定的;但是,随着抛掷硬币次数的增多,频率越来越明显地呈现出稳定性.如上表最后一列所示,我们可以说,当抛掷硬币的次数充分多时,徽花向上的频率大致是在 0.5 这个数的附近摆动.

类似的例子可以举出很多.这说明随机事件在大量重复试验中存在着某种客观规律性——频率的稳定性.因为它是通过大量统计显示出来的,所以称为统计规律性.

由随机事件的频率的稳定性可以看出,随机事件发生的可能性可以用一个数来表示.这个刻画随机事件 A 在试验中发生的可能性大小的、介于 0 与 1 之间的数叫随机事件 A 的概率,记作 $P(A)$.概率的这个定义通常称为概率的统计定义.

当试验次数充分大时,随机事件 A 的频率正是在它的概率 $P(A)$ 的附近摆动.

在上面的例子中,我们可以认为徽花向上的概率等于 0.5.

直接估计某一事件的概率是非常困难的,甚至是不可能的,仅在比较特殊的情况下才可以计算随机事件的概率. 概率的统计定义实际上给出了一个近似计算随机事件的概率的方法:我们把多次重复试验中随机事件 A 的频率 $f_N(A)$ 作为随机事件 A 的概率 $P(A)$ 的近似值,即当试验次数 n 充分大时,有

$$P(A) \approx f_N(A) = \frac{m}{n}$$

因为必然事件的频率恒等于 1,所以必然事件的概率等于 1,即

$$P(U) = 1$$

又因为不可能事件的频率恒等于 0,所以不可能事件的概率等于 0,即

$$P(V) = 0$$

这样,任何事件 A 的概率满足不等式

$$0 \leqslant P(A) \leqslant 1$$

1.2.2 古典概型

在叙述概率的古典定义以前,我们先介绍"事件的等可能性"的概念.

如果试验时,由于某种对称性条件使得若干个随机事件中每一事件发生的可能性在客观上是完全相同的,则称这些事件是等可能的.

例如,任意抛掷一枚钱币,"徽花向上"与"字向上"这两个事件发生的可能性在客观上是相同的,也就是等可能的;又如,抽样检查产品质量时,一批产品中每一个产品被抽到的可能性在客观上是相同的,因而抽到任一产品是等可能的.

现在我们叙述概率的古典定义:

设试验的样本空间总共有 N 个等可能的基本事件,其中有且仅有 M 个基本事件是包含于随机事件 A 的,则随机事件 A 所包含的基本事件数 M 与基本事件的总数 N 的比值叫作随机事件 A 的概率,记作 $P(A)$,即

$$P(A) = \frac{M}{N}$$

例 1.2.1 从 $0, 1, 2, \cdots, 9$ 十个数字中任取一个数字,求取得奇数数字的概率.

解 基本事件的总数 $N = 10$,设事件 A 表示"取得奇数数字",则它所包含的基本事件数 $N = 5$.因此,所求的概率

$$P(A) = \frac{5}{10} = 0.5$$

例 1.2.2 在一批 N 个产品中有 M 个次品,从这批产品中任取 n 个产品,求其中恰有 m 个次品的概率.

解 基本事件的总数为 C_N^n,随机事件所包含的基本事件数为 $C_M^m \cdot C_{N-M}^{n-m}$,因此,所求的概率

$$P(A) = \frac{C_M^m \cdot C_{N-M}^{n-m}}{C_N^n}$$

例 1.2.3 袋内有 a 个白球与 b 个黑球,每次从袋中任取一个球,取出的球不再放回去,接连取 k 个球($k \leqslant a+b$),求第 k 次取得白球的概率.

解 由于考虑到取球的顺序,这相当于从 $a+b$ 个球中任取 k 个球的选排列,所以基本事件的总数为

$$A_{a+b}^k = (a+b)(a+b-1)\cdots(a+b-k+1)$$

设事件 B_k 表示"第 k 次取得白球",则因为第 k 次取得的白球可以是 a 个白球中的任一个,有 a 种取法;其余 $k-1$ 个球可在前 $k-1$ 次中顺次地从 $a+b-1$ 个球中任意取中,故基本事件数为

$$A_{a+b-1}^{k-1} \cdot a = (a+b-1)(a+b-2)\cdots(a+b-k+1) \cdot a$$

因此,所求概率

$$P(B_k) = \frac{(a+b-1)\cdots(a+b-k+1) \cdot a}{(a+b)(a+b-1)\cdots(a+b-k+1)} = \frac{a}{a+b}$$

值得注意的是,这个结果与 k 的值无关,这表明无论哪一次取得白球的概率都是一样的,或者说,取得白球的概率与先后次序无关.

因此,随机事件 A 所包含的基本事件数 $M \geqslant 0$,且不大于基本事件的总数 N,所以由概率的古典定义易知

$$0 \leqslant P(A) \leqslant 1$$

显然,当且仅当所论事件包含所有的基本事件时概率等于 1. 这就是说,必然事件的概率等于 1,即以下等式成立:

$$P(U) = 1$$

当且仅当所论事件不包含任一基本事件时概率等于 0. 这就是说,不可能事件的概率等于 0,即以下等式成立:

$$P(V) = 0$$

1.3　概率的加法定理

我们可将相对复杂的事件用简单事件的关系及运算来表示,那么它们的概率之间有没有关系呢? 这一节我们先讨论概率加法定理.

1.3.1　互不相容事件的加法定理

定理 1.3.1　两个互不相容事件的并的概率等于这两个事件的概率的和,即

$$P(A+B)=P(A)+P(B)$$

证明　我们就概率的古典定义来证明这个定理. 设试验的样本空间共有 N 个等可能的基本事件,而随机事件 A 包含其中的 M_1 个基本事件,随机事件 B 包含其中的 M_2 个基本事件. 由于事件 A 与事件 B 是互不相容,因而它们所包含的基本事件应该是完全不相同的. 所以,事件 A 与事件 B 的和 $A+B$ 所包含的基本事件共有 M_1+M_2 个,于是得到

$$P(A+B)=\frac{M_1+M_2}{N}=\frac{M_1}{N}+\frac{M_2}{N}=P(A)+P(B)$$

这一定理不难推广到有限多个互不相容事件的情形,因此有下面的定理.

定理 1.3.2　有限个互不相容事件的和的概率等于这些事件的概率的和,即

$$P(A_1+A_2+\cdots+A_n)=P(A_1)+P(A_2)+\cdots+P(A_n)$$

由此可得下面的推论.

推论 1　如果事件 $A_1,A_2,\cdots,A_n$ 构成互不相容的完备事件组,则这些事件的概率的和等于 1,即

$$P(A_1)+P(A_2)+\cdots+P(A_n)=1$$

事实上,因为事件 $A_1,A_2,\cdots,A_n$ 构成完备组,所以它们之中至少有一事件一定发生,即这些事件的和 $A_1+A_2+\cdots+A_n$ 是必然事件,所以

$$P(A_1+A_2+\cdots+A_n)=1$$

由此,根据定理 1.3.2,即得.

特别的,对于仅由两个互不相容事件构成的完备组,即这两个事件是对立事件,我们有下面的推论.

推论 2　对立事件的概率的和等于 1,即

$$P(A)+P(\overline{A})=1$$

我们强调指出,上述概率加法定理仅适用于互不相容的事件. 对于任意的两个事件 A 与 B,我们有下面的一般概率加法.

1.3.2　一般的概率加法定理

定理 1.3.3　任意二事件的和的概率等于这二事件的概率的和减去这二事件的积的概率,即

$$P(A \bigcup B) = P(A) + P(B) - P(AB)$$

证明　事件 $A \bigcup B$ 等于以下三个互不相容事件的和:

$$A \bigcup B = A\overline{B} + \overline{A}B + AB$$

其中 $A\overline{B}$ 表示事件 A 发生而 B 不发生,$\overline{A}B$ 表示事件 B 发生而 A 不发生,AB 表示事件 A 与事件 B 都发生. 因此,根据定理 1.3.2,有

$$P(A \bigcup B) = P(A\overline{B}) + P(\overline{A}B) + P(AB)$$

但是,事件 A 又等于互不相容事件 AB 与 $A\overline{B}$ 的和,即

$$A = AB + A\overline{B}$$

所以

$$P(A) = P(AB) + P(A\overline{B})$$

由此得

$$P(A\overline{B}) = P(A) - P(AB)$$

同理可得

$$P(\overline{A}B) = P(B) - P(AB)$$

把最后两式代入,即得

$$P(A \bigcup B) = P(A) + P(B) - P(AB)$$

易见当事件 A 与事件 B 互不相容时,定理 1.3.3 公式就化为定理 1.3.1 公式,因为这时 $P(AB) = 0$.

1.3.3　可推广到有限个事件情况

定理 1.3.4　任意有限个事件的和的概率可按下面的公式计算:

$$P(A_1 \bigcup A_2 \bigcup \cdots \bigcup A_n) = \sum_{i=1}^{n} P(A_n) - \sum_{1 \leqslant i < j \leqslant n} P(A_i A_j) + \sum_{1 \leqslant i < j < k \leqslant n} P(A_i A_j A_k)$$
$$- \cdots + (-1)^{n-1} P(A_1 A_2 \cdots A_n)$$

定理 1.3.4 可用数学归纳法证明得到,我们作如下说明.

(1) 当 $n=3$ 时,有

$$P(A_1 \bigcup A_2 \bigcup A_3) = P(A_1) + P(A_2) + P(A_3) - P(A_1 A_2) - P(A_1 A_3) \\ - P(A_2 A_3) + P(A_1 A_2 A_3)$$

(2) 当 $n=4$ 时,有

$$P(A_1 \bigcup A_2 \bigcup A_3 \bigcup A_4) = P(A_1) + P(A_2) + P(A_3) + P(A_4) - P(A_1 A_2) \\ - P(A_1 A_3) - P(A_1 A_4) - P(A_2 A_3) - P(A_2 A_4) \\ - P(A_3 A_4) + P(A_1 A_2 A_3) + P(A_1 A_2 A_4) \\ + P(A_1 A_3 A_4) + P(A_2 A_3 A_4) - P(A_1 A_2 A_3 A_4)$$

1.3.4 运用性质求概率的实例

例 1.3.1 某工厂生产的一批产品共 100 个,其中有 5 个次品,从这批产品中任取 5 个来检查,求发现次品数不多于 1 个的概率.

解 设 A 为"取出次品数不多于 1 个"事件,B 为"取出的产品中次品数为 0 个"事件,C 为"取出的产品中次品数为 1 个"事件. 根据题意,有

$$P(B) = \frac{C_{95}^5}{C_{100}^5}, \quad P(C) = \frac{C_{95}^4 C_5^1}{C_{100}^5}$$

于是有

$$P(A) = P(B+C) = P(B) + P(C) \approx 0.981$$

例 1.3.2 一盒中含有 $N-1$ 只黑球,1 只白球,每次从盒中随机地取 1 只球,并换入 1 只黑球,这样继续下去,求"第 k 次取到黑球"的概率.

解 设事件 A 表示"第 k 次取到黑球",则 $\overline{A}$ 表示"第 k 次取到白球",现在计算 $P(\overline{A})$.

因为盒中只有 1 只白球,而每次取出白球总是换入黑球,故为了在第 k 次取到白球,则前面第 $k-1$ 次一定不能取到白球,即前面第 $k-1$ 次只能取黑球,因此 $\overline{A}$ 等价于下列事件:在前面第 $k-1$ 次取黑球,而第 k 次取到白球. 所以

$$P(\overline{A}) = \frac{(N-1)^{k-1} \cdot 1}{N^k} = \left(1 - \frac{1}{N}\right)^{k-1} \frac{1}{N}$$

$$P(A) = 1 - P(\overline{A}) = 1 - \left(1 - \frac{1}{N}\right)^{k-1} \frac{1}{N}$$

例 1.3.3 在所有的两位数 10~99 中任取一个数,求这个数能被 2 或 3 整除的概率.

解　设事件 A 表示"取出的两位数能被 2 整除",事件 B 表示"取出的两位数能被 3 整除",则事件 $A \cup B$ 表示"取出的两位数能被 2 或 3 整除",而事件 AB 表示"取出的两位数能同时被 2 与 3 整除,即能被 6 整除".因为所有的 90 个两位数中,能被 2 整除的有 45 个,能被 3 整除的有 30 个,而能被 6 整除的有 15 个,所以我们有

$$P(A) = \frac{45}{90}, P(B) = \frac{30}{90}, P(AB) = \frac{15}{90}$$

于是,据定理 1.3.3 得

$$P(A \cup B) = \frac{45}{90} + \frac{30}{90} - \frac{15}{90} = 0.667$$

例 1.3.4　把一表面涂有颜色的立方体等分为 1 000 个小立方体,在这些立方体中任取一个,求至少一面涂有颜色的概率.

解　方法一:设 A 表示"至少一面涂颜色",A_i 表示"恰有 i 面涂有颜色",则有

$$A = A_1 + A_2 + A_3$$

$$P(A) = P(A_1) + P(A_2) + P(A_3) = \frac{8 \times 8 \times 6}{1\,000} + \frac{8 \times 12}{1\,000} + \frac{8}{1\,000} = 0.488$$

方法二:设 $\overline{A}$ 表示"一面也没有涂有颜色",则有

$$P(A) = 1 - P(\overline{A}) = 1 - \frac{8 \times 8 \times 8}{1\,000} = 0.488$$

1.4　条件概率、全概率公式、贝叶斯公式

1.4.1　条件概率

在这之前,我们一直讨论的是某事件的概率,其实在很多问题中很多事件的发生都是有条件的,这就有必要讨论一下条件概率.

在"事件 B 已发生"的条件下考虑事件 A 发生的概率,称为 A 在 B 已发生的条件下的条件概率,记为 $P(A|B)$.

例 1.4.1　在 100 件产品中有 5 件是不合格品,而在不合格品中又有 3 件是次品,2 件是废品.现从 100 件产品中任意抽取 1 件,假定每件产品被抽到的可能性都相同,求:

(1) 抽到的产品是次品的概率;

（2）在抽到的产品是不合格品的条件下，产品是次品的概率.

解 设 A 表示"抽到的产品是次品"，B 表示"抽到的产品是不合格品".

（1）由于 100 件产品中有 3 件是次品，按古典概型计算得

$$P(A) = \frac{3}{100}$$

（2）5 件不合格品中有 3 件是次品，故可得

$$P(A|B) = \frac{3}{5}$$

从上例中不难看出，一般情况下 $P(A) \neq P(A|B)$，但两者之间应当有一定关系. 我们先从该例看出因为 100 件产品中有 5 件是不合格品，所以 $P(B) = \frac{5}{100}$；而 $P(AB)$ 表示事件"抽到的产品是不合格品，且产品是次品"的概率，再由 100 件产品中只有 3 件既是不合格品又是次品，得 $P(AB) = \frac{3}{100}$. 通过计算得

$$P(A|B) = \frac{3}{5} = \frac{\frac{3}{100}}{\frac{5}{100}} = \frac{P(AB)}{P(B)}$$

受此式启发，我们有下面的定理.

定理 1.4.1 设事件 B 的概率 $P(B) > 0$，则在事件 B 已发生的条件下事件 A 的条件概率等于事件 AB 的概率除以事件 B 的概率所得的商，即

$$P(A|B) = \frac{P(AB)}{P(B)} \tag{1-5}$$

证明 我们就概率的古典定义来证明这个定理. 设试验的样本空间 Ω 共 N 个等可能的基本事件，而随机事件 A 包含其中的 M_1 个基本事件，随机事件 B 包含其中的 M_2 个基本事件，则

$$P(A) = \frac{M_1}{N}, P(B) = \frac{M_2}{N}$$

又设事件 A 与事件 B 的积 AB 包含其中的 M 个基本事件（显然，这 M 个事件就是事件 A 所包含的 M_1 个基本事件与事件 B 所包含的 M_2 个基本事件中共有的那些基本事件），则

$$P(AB) = \frac{M}{N}$$

于是，我们有

$$P(A|B) = \frac{M}{M_2} = \frac{\dfrac{M}{N}}{\dfrac{M_2}{N}} = \frac{P(AB)}{P(B)}$$

同理可证,设事件 A 的概率 $P(A) > 0$,则在事件 A 已发生的条件下事件 B 的条件概率

$$P(B|A) = \frac{P(AB)}{P(A)} \tag{1-6}$$

1.4.2 概率的乘法公式

由等式(1-5)和(1-6)即可得到下述的概率乘法定理.

定理 1.4.2 二事件的积的概率等于其中一事件的概率与另一事件在前一事件已发生的条件下的条件概率的乘积,即

$$P(AB) = P(A)P(B|A) = P(B)P(A|B) \tag{1-7}$$

这一定理不难推广到有限多个随机事件的情形,因此有下面的定理.

定理 1.4.3 有限个事件的积的概率等于这些事件的概率的乘积,而其中每一事件的概率是在它前面的一切事件都已发生的条件下的条件概率,即

$$P(A_1 A_2 \cdots A_n) = P(A_1)P(A_2|A_1)P(A_3|A_1 A_2) \cdots P(A_n|A_1 A_2 \cdots A_{n-1})$$
$$\tag{1-8}$$

概率乘法公式在概率计算中有重要作用.

例 1.4.2 罐中有三个白球和两个黑球,现从中依次取出三个,试求取出的三个球都是白球的概率.

解 记 $A_i = \{$第 i 次取球得白球$\}$,易得

$$P(A_1) = \frac{3}{5}, P(A_2|A_1) = \frac{2}{4}, P(A_3|A_1 A_2) = \frac{1}{3}$$

故

$$P(A_1 A_2 A_3) = P(A_1)P(A_2|A_1)P(A_3|A_1 A_2) = \frac{1}{10}$$

例 1.4.3 一批零件共 100 个,次品率为 10%,每次从其中任取一个零件,取出的零件不再放回去,求第三次才取得合格品的概率.

解 设事件 A_i 表示"第 i 次取得合格品"($i = 1, 2, 3$).按题意,即指第一次取得次品,第二次取得次品,第三次取得合格品,也就是事件 $\overline{A_1}\, \overline{A_2} A_3$,易知

$$P(\overline{A}_1)=\frac{10}{100},P(\overline{A}_2\,|\,\overline{A}_1)=\frac{9}{99},P(A_3\,|\,\overline{A}_1\,\overline{A}_2)=\frac{90}{98}$$

由此得到所求的概率

$$P(\overline{A}_1\overline{A}_2A_3)=P(\overline{A}_1)P(\overline{A}_2\,|\,\overline{A}_1)P(A_3\,|\,\overline{A}_1\overline{A}_2)$$
$$=\frac{10}{100}\cdot\frac{9}{99}\cdot\frac{90}{98}\approx0.008\ 3$$

当计算比较复杂的事件概率时,往往需要同时利用概率加法定理与乘法定理.

例 1.4.4　在例 1.4.3,如果取得一个合格品后就不再继续取零件,求在三次内取得合格品的概率.

解　方法一:按题意,有第一次就取得合格品或第二次才取得合格品或第三次才取得合格品,所以"在三次内取得合格品"这一事件为

$$A=A_1+\overline{A}_1A_2+\overline{A}_1\,\overline{A}_2A_3$$

由此得到所求的概率

$$P(A)=P(A_1)+P(\overline{A}_1A_2)+P(\overline{A}_1\overline{A}_2A_3)$$
$$=P(A_1)+P(\overline{A}_1)P(A_2\,|\,\overline{A}_1)+P(\overline{A}_1)P(\overline{A}_2\,|\,\overline{A}_1)P(A_3\,|\,\overline{A}_1\,\overline{A}_2)$$
$$=\frac{90}{100}+\frac{10}{100}\cdot\frac{90}{99}+\frac{10}{100}\cdot\frac{9}{99}\cdot\frac{90}{98}$$
$$\approx0.999\ 3$$

方法二:事件 A 的对立事件 $\overline{A}$ 就是三次都取得次品,即

$$\overline{A}=\overline{A}_1\,\overline{A}_2\,\overline{A}_3$$

由概率乘法定理得

$$P(\overline{A})=P(\overline{A}_1)P(\overline{A}_2\,|\,\overline{A}_1)P(\overline{A}_3\,|\,\overline{A}_1\,\overline{A}_2)$$
$$=\frac{10}{100}\cdot\frac{9}{99}\cdot\frac{8}{98}\approx0.000\ 7$$

因此,所求的概率

$$P(A)=1-P(\overline{A})=1-0.000\ 7=0.999\ 3$$

例 1.4.5　袋中有同型号小球 $b+r$ 个,其中 b 个是黑球,r 个是红球,每次从袋中任取一球,观察其颜色后放回,并再放入同颜色、同型号的小球 c 个,求第一、第三次取红球,第二次取到黑球的概率.

解　设 B 表示第一、第三次取红球,第二次取到黑球,A_i 表示第 i 次取到红球($i=1,2,3$),则

$$B = A_1 \overline{A}_2 A_3$$

于是

$$P(B) = P(A_1 \overline{A}_2 A_3) = P(A_1) P(\overline{A}_2 \mid A_1) P(A_3 \mid A_1 \overline{A}_2)$$

$$= \frac{r}{b+r} \cdot \frac{b}{b+(r+c)} \cdot \frac{r+c}{(b+c)+(r+c)}$$

$$= \frac{rb(r+c)}{(b+r)(b+r+c)(b+r+2c)}$$

注：在第一次取到红球后、第二次取到球之前，袋中有 $r+c$ 个红球，b 个黑球，在第一次取到红球、第二次取到黑球后、第三次取球之前，袋中有 $r+c$ 个红球，$b+c$ 个黑球.

1.4.3 全概率公式

在实际计算中经常会遇到这样的问题：若某个事件 A 可以与若干事件同时发生，如果已经知道这些事件所占的份额或发生的概率，同时也知道这些事件发生前提下事件 A 发生的概率，对于这类问题，将引入全概率公式. 下面我们先引入样本空间划分的概念.

定义 1.4.1 设 Ω 为试验 E 的样本空间，$B_1, B_2, \cdots, B_n$ 为一组事件，若 $B_1, B_2, \cdots, B_n$ 两两互不相容，且 $B_1 \bigcup B_2 \bigcup \cdots \bigcup B_n = \Omega$，则称 $B_1, B_2, \cdots, B_n$ 为样本空间 Ω 的一个划分.

易见若 $B_1, B_2, \cdots, B_n$ 为样本空间 Ω 的一个划分，则每次试验时，事件 $B_1, B_2, \cdots, B_n$ 中有且仅有一个发生.

定理 1.4.4 设 Ω 为试验 E 的样本空间，$B_1, B_2, \cdots, B_n$ 为样本空间 Ω 的一个划分，且 $P(B_i) > 0 (i=1, 2, \cdots, n)$，则

$$P(A) = \sum_{i=1}^{n} P(B_i) P(A \mid B_i) \qquad (1-9)$$

证明 因为事件 B_i 与 $B_j (i \neq j)$ 是互不相容的，所以事件 AB_i 与 AB_j 也是互不相容的. 因此，事件 A 可以看作 n 个互不相容的事件 $AB_i (i=1, 2, \cdots, n)$ 的和，即

$$A = AB_1 + AB_2 + \cdots + AB_n$$

根据概率加法定理得

$$P(A) = P(AB_1) + P(AB_2) + \cdots + P(AB_n) = \sum_{i=1}^{n} P(AB_i)$$

再应用概率乘法定理即得全概率公式(1-9).

例 1.4.6 有一批同一型号的产品，已知其中由一厂生产的占 30%，二厂生产

的占 50%,三厂生产的占 20%,又知这三个厂的产品次品率分别为 2%,1%,1%,问从这批产品中任取一件是次品的概率是多少?

解 设事件 A 为"任取一件为次品",事件 B_i 为"任取一件为 i 厂的产品"($i=$ 1,2,3).据题意,有 $B_1 \bigcup B_2 \bigcup B_3 = \Omega$,且 B_1,B_2,B_3 两两互不相容,由全概率公式,有

$$P(A) = \sum_{i=1}^{3} P(B_i)P(A \mid B_i)$$

$$P(B_1)=0.3, P(B_2)=0.5, P(B_3)=0.2$$

$$P(A|B_1)=0.02, P(A|B_2)=0.01, P(A|B_3)=0.01$$

$$P(A) = \sum_{i=1}^{3} P(B_i)P(A \mid B_i)$$
$$= 0.3 \times 0.02 + 0.5 \times 0.01 + 0.2 \times 0.01 = 0.013$$

例 1.4.7 有 10 个袋子,各袋中装球的情况如下:

(1) 2 个袋子中各装有 2 个白球与 4 个黑球;

(2) 3 个袋子中各装有 3 个白球与 3 个黑球;

(3) 5 个袋子中各装有 4 个白球与 2 个黑球.

现任选 1 个袋子,并从其中任取 2 个球,求取出的 2 个球都是白球的概率.

解 设事件 A 表示"取出的 2 个球都是白球",事件 B_i 表示"所选袋子中装球的情况属于第 i 种"($i=1,2,3$).易知

$$P(B_1)=\frac{2}{10}, P(A|B_1)=\frac{C_2^2}{C_6^2}=\frac{1}{15}$$

$$P(B_2)=\frac{3}{10}, P(A|B_2)=\frac{C_3^2}{C_6^2}=\frac{3}{15}$$

$$P(B_3)=\frac{5}{10}, P(A|B_3)=\frac{C_4^2}{C_6^2}=\frac{6}{15}$$

于是,按全概率公式得所求的概率

$$P(A)=\frac{2}{10} \cdot \frac{1}{15}+\frac{3}{10} \cdot \frac{3}{15}+\frac{5}{10} \cdot \frac{6}{15}=\frac{41}{150}=0.273$$

例 1.4.8 盒中有 12 个乒乓球,其中 9 个新的,第一次比赛时从中任取 3 个,比赛后放回,第二次比赛时再从中任取 3 个,求第二次取出的都是新球的概率.

解 B_i 表示"第一次用了 i 个新球"($i=0,1,2,3$),A 表示"第二次取出的均是新球",则

$$P(B_i) = \frac{C_9^i C_3^{3-i}}{C_{12}^3}, P(A \mid B_i) = \frac{C_{9-i}^3}{C_{12}^3}$$

$$P(A) = \sum_{i=0}^3 P(B_i) P(A \mid B_i)$$

$$= \frac{C_9^0 \cdot C_3^3}{C_{12}^3} \cdot \frac{C_9^3}{C_{12}^3} + \frac{C_9^1 C_3^2}{C_{12}^3} \cdot \frac{C_8^3}{C_{12}^3} + \frac{C_9^2 C_3^1}{C_{12}^3} \cdot \frac{C_7^3}{C_{12}^3} + \frac{C_9^1 C_3^0}{C_{12}^3} \cdot \frac{C_6^3}{C_{12}^3}$$

$$= \frac{1\ 754}{12\ 100} \approx 0.146$$

例 1.4.9　设在一群男、女人数相等的人群中,已知 5% 的男人和 0.25% 的女人患有色盲.今从该人群中随机选择一人,试问:该人患有色盲的概率是多少?

解　用 B 表示"所选的一人是男人",A 表示"所选的一人患有色盲",则

$$P(B) = P(\overline{B}) = \frac{1}{2}, P(A \mid B) = 0.05, P(A \mid \overline{B}) = 0.002\ 5$$

$$P(A) = P(B)P(A \mid B) + P(\overline{B})P(A \mid \overline{B}) = \frac{1}{2} \times 0.05 + \frac{1}{2} \times 0.002\ 5 = 0.026\ 25$$

1.4.4* 贝叶斯公式

已知结果 A 发生,要求引起这一结果 A 发生的各种原因概率 $P(B_i \mid A)$,解决这类问题的公式就是下述的贝叶斯公式.

定理 1.4.5　设 Ω 为试验 E 的样本空间,$B_1, B_2, \cdots, B_n$ 为样本空间 Ω 的一个划分,且 $P(A) > 0, P(B_i) > 0 (i = 1, 2, \cdots, n)$,则

$$P(B_i \mid A) = \frac{P(B_i) P(A \mid B_i)}{\sum_{i=1}^n P(B_i) P(A \mid B_i)}$$

证明　根据概率乘法定理,我们有

$$P(A) P(B_i \mid A) = P(B_i) P(A \mid B_i)$$

由此得

$$P(B_i \mid A) = \frac{P(B_i) P(A \mid B_i)}{P(A)}$$

再应用全概率公式,就得到

$$P(B_i|A) = \frac{P(B_i)P(A|B_i)}{\sum\limits_{i=1}^{n} P(B_i)P(A|B_i)}$$

例 1.4.10 对以往数据的分析表明,当机器调整为良好时产品的合格率为 98%,有故障时其合格率为 55%.若每天早上开机先调整机器,经验知道机器调整好的概率为 95%,试求已知某日第一件产品是合格品时机器调整好的概率.

解 设 A 是事件"产品合格",B 为事件"机器调整好",则

$$P(A|B)=0.98, P(A|\bar{B})=0.55, P(B)=0.95, P(\bar{B})=0.05$$

$$P(B|A) = \frac{P(B)P(A|B)}{P(A|B)P(B)+P(A|\bar{B})P(\bar{B})} = \frac{0.95 \times 0.98}{0.98 \times 0.95 + 0.55 \times 0.05} = 0.97$$

1.4.5 事件的独立性

设 A 和 B 是两个事件,若 $P(B)>0$,则可定义条件概率 $P(A|B)$,它表示在事件 B 发生的条件下事件 A 发生的概率;而 $P(A)$ 表示不管事件 B 发生与否事件 A 发生的概率.若 $P(A|B)=P(A)$,则表明事件 B 的发生并不影响事件 A 发生的概率,这时称事件 A 与 B 相互独立,并且乘法公式变成了

$$P(AB)=P(A|B)P(B)=P(A)P(B)$$

由此我们引入事件的独立性概念.

定义 1.4.2 如果事件 B 的发生不影响事件 A 的概率,即 $P(A|B)=P(A)$,则称事件 A 对事件 B 是独立的;否则,称为是不独立的.

例如,袋中有 5 个白球和 3 个黑球,现从袋中陆续取出两个球,假定情形一:第一次取出的球仍放回去;情形二:第一次取出的球不再放回去.设事件 A 是"第二次取出的球是白球",事件 B 是"第一次取出的球是白球",则在情形一中,事件 A 对事件 B 是独立的.因为

$$P(A|B)=P(A)=\frac{5}{8}$$

但在情形二中,事件 A 对事件 B 是不独立的,因为

$$P(A|B)=\frac{4}{7} \neq P(A)=\frac{5}{8}$$

我们指出,如果事件 A 对事件 B 是独立的,则事件 B 对事件 A 也是独立的.事实上,如果

$$P(A|B)=P(A)$$

则由等式

$$P(A)P(B|A) = P(B)P(A|B)$$

可得

$$P(B|A) = P(B)$$

由此可见,随机事件的独立性是一种相互对称的性质,所以我们又可将随机事件的独立性的定义叙述如下:如果二事件中任一事件的发生不影响另一事件的概率,则称它们是相互独立的.

定理 1.4.6　二独立事件的积的概率等于这二事件的概率的乘积,即

$$P(AB) = P(A)P(B)$$

证明　由乘法定理,有

$$P(AB) = P(A)P(B|A)$$

因为事件 A 对事件 B 是独立的,即 $P(B|A) = P(B)$,所以

$$P(AB) = P(A)P(B)$$

此结论反过来也成立,我们经常用它来证明二事件独立.

若事件 A,B 相互独立,由 A 关于 B 的条件概率等于无条件,两事件 A,B 独立的实际意义应是事件 B 发生对事件 A 发生的概率没有任何影响.更进一步地讲,事件 A,B 独立的实际意义是其中任一件事件发生与否对另一事件发生与否的概率没有任何影响,于是我们有以下定理.

定理 1.4.7　若事件 A,B 相互独立,则下列各对事件 A 与 $\overline{B}$,$\overline{A}$ 与 B,$\overline{A}$ 与 $\overline{B}$ 也相互独立.

证明　我们只证事件 A 与 $\overline{B}$ 相互独立.

因为 $A = AB \cup A\overline{B}$,且 $AB \cap A\overline{B} = \varnothing$,所以

$$P(A) = P(AB) + P(A\overline{B})$$

即

$$P(A\overline{B}) = P(A) - P(AB)$$

又因为 A,B 相互独立,所以

$$P(AB) = P(A)P(B)$$

$$P(A\overline{B}) = P(A) - P(AB) = P(A) - P(A)P(B)$$
$$= P(A)(1 - P(B)) = P(A)P(\overline{B})$$

从而有 A 与 $\overline{B}$ 相互独立的结论,其余结论同理可得.

现在我们把事件的独立性概念推广到有限多个事件的情形.

n 个事件 $A_1,A_2,\cdots,A_n$ 称为是相互独立的,如果这些事件中的任一事件 $A_i(i=1,2,\cdots,n)$ 与其他任意几个事件的积是独立的,即

$$P(A_i\mid \underbrace{A_jA_k\cdots}_{m})=P(A_i)$$

其中 $\underbrace{A_jA_k\cdots}_{m}$ 表示除事件 A_i 外的其他 $n-1$ 个事件中任意 $m(m=1,2,\cdots,n-1)$ 个事件的积.

例如,三个事件 A,B,C 是相互独立的,如果下列等式成立:

$$P(A)=P(A\mid B)=P(A\mid C)=P(A\mid BC)$$
$$P(B)=P(B\mid C)=P(B\mid A)=P(B\mid CA)$$
$$P(C)=P(C\mid A)=P(C\mid B)=P(C\mid AB)$$

应该注意到两两独立的随机事件组(即其中任意两个事件是独立的)总起来不一定是相互独立的.

最后,我们应该指出,在实际问题中,判断随机事件的独立性很少借助于上述等式来验证,通常是根据经验的直观想法进行判断.

例 1.4.11　加工某零件需三道工序,第一、二、三道工序的次品率分别是 2%,3%,5%,设各道工序互不影响,问加工出来的零件的次品率是多少?

解　设 $\overline{A}$ 表示"加工出来的零件是合格品",$\overline{A}_i$ 表示"第 i 道工序加工出来的零件是合格品"$(i=1,2,3)$,根据题意,有

$$\overline{A}=\overline{A_1\bigcup A_2\bigcup A_3}=\overline{A}_1\overline{A}_2\overline{A}_3$$

由事件的独立性

$$P(\overline{A})=P(\overline{A}_1)P(\overline{A}_2)P(\overline{A}_3)=0.98\times 0.97\times 0.95=0.903\ 07$$

所以

$$P(A)=1-P(\overline{A})=0.096\ 93$$

例 1.4.12　三门高射炮同时独立地向来犯敌机射击,每门高射炮的命中率都为 0.4.飞机若被击中一处,被击落的概率为 0.3;若被击中两处,被击落的概率为 0.6;若三处被击中,则一定被击落.求该飞机被击落的概率.

我们先来分析一下:先利用事件的独立性分别求出飞机被击中零处、一处、两处、三处的概率,然后用它们来构成样本空间的一个划分,再用全概率公式.

解　设事件 A_i 为"飞机被击中 i 处"$(i=0,1,2,3)$,事件 B_i 为"第 i 门高射炮击中敌机"$(i=1,2,3)$,事件 C 为"飞机被击落",于是有

$$A_1 = B_1 \, \overline{B_2} \, \overline{B_3} \bigcup \overline{B_1} B_2 \, \overline{B_3} \bigcup \overline{B_1} \, \overline{B_2} B_3$$

$$A_2 = B_1 B_2 \, \overline{B_3} \bigcup B_1 \, \overline{B_2} B_3 \bigcup \overline{B_1} B_2 \, B_3$$

$$A_3 = B_1 B_2 B_3$$

利用事件的独立性求得

$$P(A_1) = 0.4 \times 0.6 \times 0.6 + 0.6 \times 0.4 \times 0.6 + 0.6 \times 0.6 \times 0.4 = 0.432$$

$$P(A_2) = 0.4 \times 0.4 \times 0.6 + 0.4 \times 0.6 \times 0.4 + 0.6 \times 0.4 \times 0.4 = 0.288$$

$$P(A_3) = 0.4 \times 0.4 \times 0.4 = 0.064$$

而 $\{A_1, A_2, A_3\}$ 构成样本空间 Ω 的一个划分. 由题意得

$$P(C|A_1) = 0.3, P(C|A_2) = 0.6, P(C|A_3) = 1, P(C|A_0) = 0$$

由全概率公式知

$$P(C) = \sum_{i=0}^{3} P(A_i) P(C|A_i) = 0.432 \times 0.3 + 0.288 \times 0.6 + 0.064 \times 1$$
$$= 0.366\,4$$

例 1.4.13 如果 A, B, C 相互独立, 证明: $A \bigcup B$ 与 C 相互独立.

证明 因为

$$\begin{aligned}
P[(A \bigcup B)C] &= P(AC \bigcup BC) = P(AC) + P(BC) - P(ABC) \\
&= P(A)P(C) + P(B)P(C) - P(A)P(B)P(C) \\
&= [P(A) + P(B) - P(AB)]P(C) \\
&= P(A \bigcup B)P(C)
\end{aligned}$$

所以 $A \bigcup B$ 与 C 相互独立.

1.5 独立试验序列

当我们进行一系列试验, 在每次试验中, 事件 A 或者发生, 或者不发生. 假设每次试验的结果与其他各次试验的结果无关, 事件 A 的概率 $P(A)$ 在整个系列试验中保持不变, 这样的一系列试验叫作独立试验序列. 例如, 前面提到的重复抽样就是独立试验序列.

独立试验序列是伯努利首先研究的. 假设每次试验只有两个互相对立的结果 A 与 $\overline{A}$, 有

$$P(A) = p, P(\overline{A}) = q, p + q = 1$$

在这种情形下,我们有下面的定理.

定理 1.5.1 若在独立试验序列中设 $P(A)=p$, $P(\overline{A})=q$, $p+q=1$,则 n 次试验中 A 恰发生 m 次的概率

$$P_n(m)=C_n^m p^m q^{n-m}=\frac{n!}{m!\ (n-m)!}p^m q^{n-m}$$

证明 按独立事件的概率乘法定理,n 次试验中事件 A 在某 m 次(例如前 m 次)发生而其余 $n-m$ 次不发生的概率应等于

$$\underbrace{p\,p\cdots p}_{m}\underbrace{q q\cdots q}_{n-m}$$

因为我们只考虑事件 A 在 n 次试验中发生 m 次而不论在哪 m 次发生,所以由组合论可知应有 C_n^m 种不同的方式.按概率加法定理,便得所求的概率

$$P_n(m)=C_n^m p^m q^{n-m}=\frac{n!}{m!\ (n-m)!}p^m q^{n-m}$$

如果我们要考虑事件 A 在 n 次试验所有可能的结果,即事件 A 发生 $0,1,2,\cdots,n$ 次,因为这些结果是互不相容的,所以显然应有

$$\sum_{m=0}^{n} P_n(m) = 1$$

这个关系式也可以不用概率的理论而由二项式定理

$$\sum_{m=0}^{n} C_n^m p^m q^{n-m} = (q+p)^n = 1^n = 1$$

推得.

容易看出,概率 $P_n(m)$ 就等于二项式 $(q+px)^n$ 的展开式中 x^m 的系数,因此,我们把概率 $P_n(m)$ 的分布叫作二项分布.

定理 1.5.1 讨论的概率问题又称为伯努利概型.

在 n 次重复独立试验中. 我们可进一步推得:

(1)A 发生的次数介于 m_1 与 m_2 之间的概率为

$$P(m_1 \leqslant m \leqslant m_2) = \sum_{m=m_1}^{m_2} P_n(m)$$

(2)A 至少发生 r 次的概率为

$$P(m \geqslant r) = \sum_{m=r}^{n} P_n(m) = 1 - \sum_{m=0}^{r-1} P_n(m)$$

(3)A 至少发生一次的概率为

$$P(m \geqslant 1) = 1 - (1-p)^n$$

例 1.5.1 甲、乙两人投篮命中率分别为 0.7 和 0.8,每人投篮 3 次,则有人投中的概率为多少?

解 设 A 为"有人投中",那么 $\overline{A}$ 表示"无人投中",又设 B_0 为"甲未投中",C_0 为"乙未投中",那么有

$$\overline{A} = B_0 \bigcap C_0$$

而计算 B_0 和 C_0 的概率则分别用伯努利概型可得

$$P(B_0) = (0.3)^3 = 0.027, P(C_0) = (0.2)^3 = 0.008$$

于是

$$P(\overline{A}) = P(B_0 C_0) = 0.027 \times 0.008 = 0.000\ 216$$

$$P(A) = 1 - P(\overline{A}) = 0.999\ 784$$

例 1.5.2 射击中,一次射击最多得 10 环. 某人一次射击中得 10 环、9 环、8 环的概率为 0.4,0.3,0.2,则他在五次独立射击中得到不少于 48 环的概率为多少?

解 若设 A_1, A_2, A_3 分别表示"得 48 环"、"得 49 环"、"得 50 环",有

$$P(A_1) = C_5^3 \times 0.3^2 \times 0.4^3 + C_5^4 \times 0.4^4 \times 0.2 = 0.083\ 2$$

$$P(A_2) = C_5^4 \times 0.4^4 \times 0.3 = 0.038\ 4, P(A_3) = 0.4^5 = 0.010\ 2$$

故所求的概率为

$$P(A_1 + A_2 + A_3) = P(A_1) + P(A_2) + P(A_3) = 0.131\ 8$$

例 1.5.3 甲、乙两个乒乓球运动员进行乒乓球单打比赛,已知每一局甲胜的概率为 0.6,乙胜的概率为 0.4. 比赛时可以采用三局二胜制或五局三胜制,问在哪一种比赛制度下,甲获胜的可能性较大?

解 (1)如果采用三局二胜制,则甲在下列两种情况下获胜:A_1——2∶0(甲净胜两局);A_2——2∶1(前两局中甲、乙各胜一局,第三局甲胜). 故有

$$P(A_1) = P_2(2) = 0.6^2 = 0.36$$

$$P(A_2) = P_2(1) \times 0.6 = C_2^1 \times 0.6 \times 0.4 \times 0.6 = 0.288$$

所以甲胜的概率为

$$P(A_1 + A_2) = P(A_1) + P(A_2) = 0.648$$

(2)如果采用五局三胜制,则甲在下列三种情况下获胜:B_1——3∶0(甲净胜

三局);B_2——3∶1(前三局中甲胜两局、负一局,第四局甲胜);B_3——3∶2(前四局中甲、乙各胜两局,第五局甲胜). 故有

$$P(B_1)=P_3(3)=0.6^3=0.216$$

$$P(B_2)=P_3(2)\times0.6=C_3^2\times0.6^2\times0.4\times0.6=0.259$$

$$P(B_3)=P_4(2)\times0.6=C_4^2\times0.6^2\times0.4^2\times0.6=0.207$$

所以甲胜的概率为

$$P(B_1+B_2+B_3)=P(B_1)+P(B_2)+P(B_3)=0.682$$

由(1)、(2)的结果可知,甲在五局三胜制中获胜的可能性较大.

习 题 一

1.1 写出下列随机试验的样本空间:

(1) 将一枚硬币连掷两次,观察出现正面或反面的情况.

(2) 有编号 $1,2,3,4,5$ 的五张卡片,从中一次任取二张,记录编号的和.

(3) 袋中有标为 $1,2,3$ 号的 3 个球.

① 随机取两次,每次取 1 个,取后不放回,观察取到球的序号;

② 随机取两次,每次取 1 个,取后放回,观察取到球的序号;

③ 每次随机取 2 个,观察取到球的号数.

1.2 设 A,B,C 表示三个随机事件,试将下列事件用 A,B,C 表示出来:

(1) 仅 A 发生;

(2) A,B,C 都不发生;

(3) A 不发生,且 B,C 中至少有一事件发生;

(4) A,B,C 至少有一事件发生;

(5) A,B,C 中最多有一事件发生.

1.3 任意抛掷一颗骰子观察出现的点数,设事件 A 表示"出现偶数点",事件 B 表示"出现的点数能被 3 整除". 下列事件 $\overline{A},\overline{B},A\cup B,\overline{A\cup B},AB$ 分别表示什么事件? 并把它们表示为样本点的集合.

1.4 设有 50 张考签,分别予以编号 $1,2,\cdots,50$. 一次任抽其中两张进行考试,求抽到的两张都是前 10 号(包括第 10 号)考签的概率.

1.5 同时掷四个均匀的骰子,求下列事件的概率:

(1) 四个骰子的点数各不相同;

(2) 恰有两个骰子的点数相同;

(3) 恰有三个骰子的点数相同;

（4）四个骰子的点数都相同.

1.6 在 1～100 中任取一数,求该数能被 2 或 3 或 5 整除的概率.

1.7 从 45 个正品、5 个次品的一批产品中任取 3 个,求其中有次品的概率.

1.8 设有 n 对新人参加集体婚礼,现进行一项游戏,随机地把这些人分成 n 对,则每对恰为夫妻的概率为多少?

1.9 从 0,1,2,3,4 中任取两个数字组成没有重复数字的两位数,求这个两位数是偶数的概率.

1.10 任意将 10 本书放在书架上,其中有两套书,一套 3 本,另一套 4 本,求 3 本一套的放在一起的概率.

1.11 袋中 10 个球,其中有 4 个白球,6 个红球.从中任取 3 个,求这三个球中至少有 1 个白球的概率.

1.12 在两位数 10～39 中任取一个数,这个数能被 2 或 3 整除的概率为多少?

1.13 有一批零件,其中 $\frac{1}{2}$ 从甲厂进货,$\frac{1}{3}$ 从乙厂进货,$\frac{1}{6}$ 从丙厂进货,已知甲、乙、丙三厂的次品率分别为 0.02,0.06,0.03,求这批混合零件的次品率.

1.14 试卷中有一道选择题,共有 4 个答案可供选择,其中只有 1 个答案是正确的.任一考生,如果会解这道题,则一定能写出正确答案;如果他不会解这道题,则不妨任选一个答案.设考生会解这道题的概率是 0.8,试求考生选出正确答案的概率.

1.15 一只包装好的玻璃杯,当它第一次摔到地上时被摔碎的概率为 0.6;当它未摔碎时,第二次掉下被摔碎的概率为 0.8;当它未摔碎时,第三次掉下被摔碎的概率为 0.9.求该包装好的玻璃杯掉下三次时被摔碎的概率.

1.16 某商店从 4 个工厂进同一品种商品,进货量分别为总数的 20%,45%,25%,10%,经过检验发现都有次品,次品率分别为 5%,3%,1%,4%,问此时该商品的总次品率是多少?

1.17 设有来自三个地区的各 10 名、15 名和 25 名考生的报名表,其中女生的报名表分别为 3 份、7 份和 5 份.现随机地从一个地区的报名表中抽出一份,求该份是女生的表的概率.

1.18 临床诊断表明,用某试验检查癌症有如下效果:对癌症患者进行试验,结果呈阳性反应者占 95%;对未得癌症者进行试验,结果呈阴性反应者占 96%.现在用这种试验对某市居民进行癌症普查,若该市癌症患者数约占居民总数的 4‰,求:

（1）试验结果呈阳性反应的被检查者确实患有癌症的概率;

（2）试验结果呈阴性反应的被检查者确实未患癌症的概率.

1.19　一人看管车床,在 1 小时内车床不需要工人照管概率分别是第一台 0.9,第二台 0.8,第三台 0.7,求 1 小时内三台车床中最多一台需工人照管的概率.

1.20　证明:如果 $P(A|B)=P(A|\bar{B})$,则事件 A 与 B 是独立的.

1.21　现有产品 10 只,其中次品为 2 只,每次从中任取 1 只,取出后不再放回,求第二次才取得次品的概率.

1.22　有一大批电子元件,其中一级品率为 0.2,现随机取 10 个,求恰有 6 个一级品的概率.

1.23　对某一目标依次进行了三次独立的射击,设第一、二、三次射击命中概率分别为 0.4,0.5 和 0.7,试求:

(1)三次射击中恰好有一次命中的概率;

(2)三次射击中至少有一次命中的概率.

1.24　已知甲、乙两个篮球队员的投篮命中率分别为 0.7 及 0.6,现每人投 3 次,求两人进球数相等的概率.

第二章　一维随机变量及其分布

在第一章中,我们讨论了随机事件及概率.为了全面揭示随机现象的统计规律性,用微积分的思想方法去研究概率论,为此,我们介绍随机变量及其概率分布等问题.

2.1　随机变量及分布函数

在很多随机试验中,试验的结果往往是变化的数值.

例 2.1.1　掷一颗质地均匀的骰子,出现的点数取值为 $1,2,3,4,5,6$,而且这些取值还伴随着一定的概率,如"出现 3 点"的概率是 $\frac{1}{6}$,"出现小于 3 点"的概率是 $\frac{2}{6}$,"出现 3 点与 5 点之间"的概率是 $\frac{3}{6}$.

例 2.1.2　袋中有 5 个球(三白二红),任取 2 个,取得的红球数为 $0,1,2$,则"没有红球"的概率是 $\frac{C_3^2}{C_5^2}=\frac{3}{10}$,"出现 1 个红球"的概率是 $\frac{C_3^1 C_2^1}{C_5^2}=\frac{6}{10}$,"出现 2 个红球"的概率是 $\frac{C_2^2}{C_5^2}=\frac{1}{10}$.

在随机试验中,试验的结果总是依据一定的概率而取不同的数值,我们称这样的变量为随机变量.随机变量一般用大写的英文字母 $X,Y,Z,\cdots$ 表示,或用小写的希腊字母 $\xi,\eta,\zeta,\cdots$ 表示;用小写的英文字母 $x,y,z,\cdots$ 表示随机变量相应于某个试验结果所取的值.

2.1.1　随机变量的定义

定义 2.1.1　设 Ω 是一样本空间,$X(\omega)$ 是定义在样本空间 Ω 上的单值实函数,如果对任一实数 x,$\{X(\omega)\leqslant x\}$ 表示一随机事件,那么就称 $X(\omega)$ 为随机变量,简记为 X.

简言之,随机变量是随机事件的数量标识,是随机事件 E 中的事件,用变量 X(或 ξ)表示,是基本事件 ω 的函数,记作 $X(\omega)$ 或 X 等.

例 2.1.3　掷两颗质地均匀的骰子,出现的点数之和是一个随机变量,用 X 表示,则 X 取 $2,3,\cdots 12$. 如"$X=6$"是一个随机事件,它包含样本空间中五个基本事件,有 $P(X=6)=\dfrac{5}{36}$.

由于引入了随机变量 X,那么可以将上述随机试验结果列成表 2-1.

表 2-1

X	2	3	4	5	6	7	8	9	10	11	12
P	$\dfrac{1}{36}$	$\dfrac{2}{36}$	$\dfrac{3}{36}$	$\dfrac{4}{36}$	$\dfrac{5}{36}$	$\dfrac{6}{36}$	$\dfrac{5}{36}$	$\dfrac{4}{36}$	$\dfrac{3}{36}$	$\dfrac{2}{36}$	$\dfrac{1}{36}$

试验结果下的一切随机事件可以通过表 2-1 求出它的概率. 如"出现的点数之和在 4 到 8 之间"可以写成"$4 \leqslant X \leqslant 8$",那么概率 $P(4 \leqslant X \leqslant 8)=\dfrac{3}{36}+\dfrac{4}{36}+\dfrac{5}{36}+\dfrac{6}{36}+\dfrac{5}{36}=\dfrac{23}{36}$;"出现的点数之和小于等于 5"可以写成"$X \leqslant 5$",那么概率 $P(X \leqslant 5)=\dfrac{1}{36}+\dfrac{2}{36}+\dfrac{3}{36}+\dfrac{4}{36}=\dfrac{10}{36}$.

例 2.1.4 5 分钟来一次车,乘客候车的时间是一个随机变量 X,即 $X \in [0,5]$.

例 2.1.5 电子原件的寿命是一个随机变量 X,即 $X \in [0,+\infty)$.

例 2.1.6 某人射击,直到中靶为止,他射击的次数是一个随机变量 X,X 取值为 $1,2,3,\cdots$.

从以上可以看出,随机变量的取值有时是有限的或可列的,有时为一个区间或整个实数集. 这样,我们一般将它分为离散型与连续型两大类.

研究一个随机变量,主要是研究它取值的概率规律. 确立随机变量所有可能取的值与其相应的概率之间的对应关系,叫随机变量概率分布或分布律. 这时,我们说这个随机变量服从给定的分布律. 分布律是对随机变量的全面的描述.

2.1.2 分布函数

分布函数是研究随机变量分布律的一个重要函数,对于离散型与连续型随机变量的分布律都能用分布函数来描述.

定义 2.1.2 设 X 是随机变量,函数 $F(x)=P(X \leqslant x)$(或 $F(x)=P(X \leqslant x)$)称为随机变量的分布函数.

应注意 $F(x)$ 的值不是 X 取之于 x 时的概率,而是在 $(-\infty, x)$ 整个区间上 X 取值的"累积概率"的值.

例 2.1.7 例 2.1.2 中随机变量如表 2-2 所示,求分布函数.

表 2 – 2

X	0	1	2
P	$\dfrac{3}{10}$	$\dfrac{6}{10}$	$\dfrac{1}{10}$

解　$F(x)=P(X\leqslant x)=\begin{cases}0, & x<0;\\[2mm]\dfrac{3}{10}, & 0\leqslant x<1;\\[2mm]\dfrac{9}{10}, & 1\leqslant x<2;\\[2mm]1, & x\geqslant 2.\end{cases}$

分布函数具有以下性质：

① $F(x)$ 是 x 的单调非减函数，即当 $x_1<x_2$ 时 $F(x_1)\leqslant F(x_2)$；

② $F(x)$ 是右连续的，即 $F(x_0+0)=F(x_0)$；

③ $0\leqslant F(x)\leqslant 1, F(-\infty)=\lim\limits_{x\to-\infty}F(x)=0, F(+\infty)=\lim\limits_{x\to+\infty}F(x)=1$.

分布函数是事件"$X\leqslant x$"的概率，对于任意实数 $x_1<x_2$ 有

$$P(x_1<X\leqslant x_2)=P(X\leqslant x_2)-P(X\leqslant x_1)=F(x_2)-F(x_1)$$

因此，若已知 X 的分布函数 $F(x)$，就可知道区间上一切随机事件的概率.

由分布函数的定义可得

$$P(X=x_0)=F(x_0)-F(x_0-0)$$

$$P(X<x_0)=F(x_0-0)$$

$$P(X\leqslant x_0)=F(x_0)$$

$$P(X\geqslant x_0)=1-F(x_0-0)$$

$$P(X>x_0)=1-F(x_0)$$

$$P(x_1\leqslant X\leqslant x_2)=F(x_2)-F(x_1-0)$$

$$P(x_1<X<x_2)=F(x_2-0)-F(x_1)$$

$$P(x_1\leqslant X<x_2)=F(x_2-0)-F(x_1-0)$$

对于连续型随机变量，由于 $P(X=a)=0$，那么

$$P(x_1\leqslant X\leqslant x_2)=P(x_1<X\leqslant x_2)=P(x_1\leqslant X<x_2)$$
$$=P(x_1<X<x_2)=F(x_2)-F(x_1)$$

这样计算就显得非常方便.

顺便指出：如果一个函数具有以上①，②，③三条性质，则它一定是某随机变量的分布函数. 这就是说，性质①，②，③是鉴别一个函数是否为分布函数的标志.

2.2 离散型随机变量

从第 2.1 节我们已经知道，随机变量的取值只有有限个或可列个数值，这样的随机变量称为离散型随机变量.

随机变量的概率分布除可以用分布函数表示外，还可以用分布密度的形式来表示，通常对于离散型随机变量也叫分布列.

2.2.1 离散型随机变量的分布列

定义 2.2.1 设离散型随机变量 ξ 的所有可能取值为 $x_i(i=1,2,3,\cdots)$，而且 ξ 取值 x_i 的概率为 p_i，那么 $P(X=x_i)=p_i$，$i=1,2,3,\cdots$（见表 2-3）.

表 2-3

X	x_1	x_2	x_3	$\cdots$	x_i	$\cdots$
P	p_1	p_2	p_3	$\cdots$	p_i	$\cdots$

如果它满足二项性质：

① $0 \leqslant p_i \leqslant 1$；

② $\sum\limits_i p_i = 1$.

则称为离散型随机变量 X 的分布列，或称为离散型随机变量 X 的分布密度.

例 2.2.1 统计某班学生的年龄如表 2-4 所示：

表 2-4

年龄	20	21	22	23
人数	5	17	8	5

这是这个班级学生年龄的分布，但它不是概率分布.

若任取一学生，他的年龄 X 是一个随机变量，取值分别是 $20,21,22,23$，而取这些值的概率依次为 $\dfrac{5}{35},\dfrac{17}{35},\dfrac{8}{35},\dfrac{5}{35}$. 可以列成表 2-5. 该表满足概率分布的两个性质，因此反映了这个班学生年龄的概率分布.

表 2-5

年龄	20	21	22	23
P	$\dfrac{5}{35}$	$\dfrac{17}{35}$	$\dfrac{8}{35}$	$\dfrac{5}{35}$

例 2.2.2 某人射击一次"中"的概率为 0.7,"不中"的概率为 0.3. 此人射击一次"中"与"不中"是一个随机变量. 它可以列成表 2-6,这是一张概率分布表.

表 2-6

X	不中	中
P	0.3	0.7

为了研究的方便,我们可以引入数字来描述上面的随机变量,如

$$X = \begin{cases} 0, & \text{不中}; \\ 1, & \text{中} \end{cases}$$

这样表 2-6 可以写作表 2-7.

表 2-7

X	0	1
P	0.3	0.7

用数字来表示"中"与"不中",而数字只是一个符号,可以任取,但是一般取"1"与"0"比较方便.

例 2.2.3 考虑下列表格中哪些是概率分布表.

(1)

X	-1	0	2
P	-0.1	0.4	0.3

(2)

X	-2	0	2
P	0.3	0.3	0.3

(3)

X	1	2	3
P	0.5	0.2	0.3

(4)

X	-2	-1	0	2
P	0.1	0.4	0.4	0.1

解 (1)和(2)不是概率分布,(3)和(4)是概率分布.根据概率的两条性质,(1)不满足性质①,(2)不满足性质②.

注:随机变量的取值可以为负值.

例 2.2.4 能否找到合适的参数,使下列表格成为概率分布表.

(1)

X	1	2	3	4
P	a	$2a$	$-a$	0.2

(2)

X	1	2	3	4
P	a	$2a$	$3a$	$4a$

(3)

X	1	2	3
P	a^2	a^2	$2a^2$

解 (1)根据概率的两条性质,要使 $a \geq 0$,又要使 $-a \geq 0$,a 只能取 0,这样 $0+0+0+0.2 \neq 1$,即没有参数值使上表成为概率分布表.

(2)由 $a+2a+3a+4a=1 \Rightarrow a=0.1$,此时满足性质①与②,所以当 $a=0.1$ 时表格是概率分布表.

(3)性质①显然满足.由 $a^2+a^2+2a^2=1 \Rightarrow a=\pm\frac{1}{2}$ 时,表格是概率分布表.

例 2.2.5 在 10 个产品中有 2 个次品,连续抽 3 次,每次抽 1 个,求:

(1)不放回抽样,抽到次品数 X 的分布列;

(2)放回抽样,抽到次品数 Y 的分布列.

解 (1)X 取值 0,1,2,有

$$P(X=0)=\frac{C_8^3}{C_{10}^3}=\frac{7}{15}, P(X=1)=\frac{C_8^2C_2^1}{C_{10}^3}=\frac{7}{15}, P(X=2)=\frac{C_8^1C_2^2}{C_{10}^3}=\frac{1}{15}$$

所以,X 的分布列可以列成表 2-8.

表 2-8

X	0	1	2
P	$\frac{7}{15}$	$\frac{7}{15}$	$\frac{1}{15}$

(2)Y 取值 0,1,2,3,有

$$P(Y=0)=C_3^0\left(\frac{8}{10}\right)^3=\frac{512}{1\,000}$$

$$P(Y=1)=C_3^1\left(\frac{2}{10}\right)\left(\frac{8}{10}\right)^2=\frac{384}{1\,000}$$

$$P(Y=2)=C_3^2\left(\frac{2}{10}\right)^2\left(\frac{8}{10}\right)=\frac{96}{1\,000}$$

$$P(Y=3)=C_3^3\left(\frac{2}{10}\right)^3=\frac{8}{1\,000}$$

所以,Y 的分布列可以列成表 2-9.

表 2-9

Y	0	1	2	3
P	$\frac{512}{1\,000}$	$\frac{384}{1\,000}$	$\frac{96}{1\,000}$	$\frac{8}{1\,000}$

例 2.2.6 设随机变量 X 的分布列为 $P(X=k)=a\dfrac{\lambda^k}{k!}$,$k=0,1,2,\cdots,\lambda>0$ 为常数,试确定常数 a.

解 由概率性质②有

$$\sum_{k=0}^{\infty}a\frac{\lambda^k}{k!}=a\sum_{k=0}^{\infty}\frac{\lambda^k}{k!}=a\left(1+\frac{\lambda}{1!}+\frac{\lambda^2}{2!}+\frac{\lambda^3}{3!}+\cdots\right)=ae^{\lambda}=1$$

所以 $a=e^{-\lambda}$.

2.2.2 常见的离散型随机变量的分布

1. 二点分布

如果随机变量 X 的分布为 $P(X=1)=p(0<p<1)$,$P(X=0)=1-p$,则称 X 服从二点分布.

在例 2.2.2 中,随机变量 X 服从二点分布.

例 2.2.7 100 件产品中,有 95 件正品,5 件次品,现从中随机抽 1 件,假如抽到每件的机会相同,那么,$P(正品)=0.95$,$P(次品)=0.05$. 若定义随机变量如下:

$$X=\begin{cases}1, & 正品;\\ 0, & 次品\end{cases}$$

那么,$P(X=1)=0.95$,$P(X=0)=0.05$,即 X 服从二点分布.

二点分布在实际中经常使用,如"中"与"不中"、"正面"与"反面"、"合格"与"不合格"、"成功"与"不成功"、"好"与"坏"、"大"与"小"等抽象随机变量的概率分布都服从二点分布.

2. 二项分布

如果随机变量 X 的分布如下：

$$P(X=k)=C_n^k p^k q^{n-k} \quad (k=0,1,2,\cdots,n;0<p<1,q=1-p)$$

则称 X 服从参数为 n,p 二项分布，又称贝努利(Bernoulli)分布，记为 $X\sim B(n,p)$.

由第一章我们知道：若单次试验中事件 A 发生的概率为 $p(0<p<1)$，则在 n 次独立试验中，$P(A$ 发生 k 次$)=C_n^k p^k q^{n-k}(q=1-p;k=0,1,2,\cdots,n)$. 由此可见，在 n 次独立试验中，"A 发生的次数"X 这个随机变量服从二项分布. 再如例 2.2.5 (2)中的随机变量服从二项分布 $B(n,p)$.

读者不难发现，$n=1$ 时的二项分布就是二点分布，即一次试验服从二点分布；独立试验 n 次则服从二项分布.

3. 泊松分布

如果随机变量 X 的概率分布如下：

$$P(X=k)=\frac{\lambda^k}{k!}e^{-\lambda} \quad (k=0,1,2,\cdots;\lambda>0)$$

则称 X 服从泊松(Poisson)分布，记作 $X\sim P(\lambda)$.

事实上，泊松分布可看为二项分布的极限形式. 因为二项分布

$$P(X=k)=\frac{n!}{k!(n-k)!}p^k(1-p)^{n-k}=\frac{1}{k!}\frac{n}{n}\frac{n-1}{n}\frac{n-2}{n}\cdots\frac{n-k+1}{n}n^k p^k\left(1-\frac{np}{n}\right)^{n-k}$$

而当 $n\to\infty,np\to\lambda$ 时，有

$$\left(1-\frac{np}{n}\right)^{n-k}=e^{-\lambda}$$

即

$$P(X=k)=\frac{\lambda^k}{k!}e^{-\lambda}$$

所以说，当 n 相当大而 p 又相当小时，二项分布可用 $\lambda=np$ 的泊松分布来近似.

例 2.2.8 为了保证设备正常工作，需要配备适量的维修工人，现有同类型设备若干台，各台工作是相互独立的，发生故障的概率都是 0.01，在通常情况下一台设备可由一个人来处理，若由一个人承包维修 20 台设备，求设备发生故障而不能及时处理的概率.

解 设 X 表示"同一时间内设备发生故障的台数". 由题意知 X 服从二项分布，此时 $n=20,p=0.01$，则 $X\sim B(20,0.01)$，这里 n 比较大，而 p 比较小，故 $\lambda=np=0.2$. 所求的概率为

$$P(X>1)=1-P(X\leqslant 1)$$
$$=1-P(X=0)-P(X=1)$$
$$=1-C_{20}^0(0.99)^{20}-C_{20}^1(0.01)(0.99)^{19}$$
$$\approx 1-\frac{e^{-0.2}(0.2)^0}{0!}-\frac{e^{-0.2}(0.2)^1}{1!}$$
$$=1-e^{-0.2}-0.2e^{-0.2}$$
$$\approx 0.017\ 5$$

例 2.2.9　已知某电话交换台每分钟接到呼唤的次数 X 服从参数 $\lambda=4$ 的泊松分布,求:(1)每分钟内恰好接到 3 次呼唤的概率;(2)每分钟内接到呼唤次数不超过 4 次的概率.

解　(1) $P(X=3)=\dfrac{4^3e^{-4}}{3!}\approx 0.195\ 4$;

(2) $P(X\leqslant 4)=\sum\limits_{k=0}^4\dfrac{e^{-4}4^k}{k!}\approx 0.628\ 8$.

计算可查泊松分布表.

4. 几何分布

如果随机变量的概率分布如下:

$$P(X=k)=pq^{k-1}\quad (0<p<1,q=1-p)$$

则称 X 服从几何分布,记作 $X\sim G(p)$.

例 2.2.10　某射手命中率为 0.8,求到击中目标为止射击次数 X 服从的概率分布.

解　如表 2-10 所示,X 服从几何分布 $G(0.8)$.

表 2-10

X	1	2	3	$\cdots$	k	$\cdots$
P	0.8	0.2×0.8	$0.2^2\times 0.8$	$\cdots$	$0.2^{k-1}\times 0.8$	$\cdots$

5. 超几何分布

如果随机变量的概率分布如下:

$$P(X=m)=\frac{C_M^m C_{N-M}^{n-m}}{C_N^n},\quad m=0,1,2,\cdots,\min\{M,n\}$$

其中 M,N,n 都是正整数,且 $M\leqslant N,n\leqslant N$.

例 2.2.5(1)中随机变量 X 服从超几何分布.

2.3 连续型随机变量

连续型随机变量 X 的取值是某一实数区间或整个实数集. 对于这类随机变量, 除用分布函数描述外, 在很多场合下用与分布函数密切相关的概率密度函数来描述是非常方便的. 例如, "测量误差大小"、"电子产品使用寿命"、"一大包棉花的纤维长度"等随机变量都是连续的, 不可能用有限个或可列无穷多个点的概率去描述, 一般情况下需研究事件在某一区间上的概率 $P(a<X\leqslant b)$.

2.3.1 连续型随机变量

定义 2.3.1 设 X 是连续型随机变量, 如果存在一个非负的可积函数 $f(x)$, 使得

$$P(a<X\leqslant b)=\int_a^b f(x)\mathrm{d}x$$

那么称 $f(x)$ 为随机变量 X 的概率密度函数(有时也称 $f(x)$ 为分布密度函数), 且满足:

① $f(x)\geqslant 0,-\infty<x<+\infty$;

② $\int_{-\infty}^{+\infty}f(x)\mathrm{d}x=P(-\infty<x<+\infty)=1$.

从定义出发, 不难知道连续型随机变量 X 在一点的概率 $P(X=a)=0$(a 为一常数), 这样得到

$$P(a\leqslant X\leqslant b)=P(a<X\leqslant b)=P(a\leqslant X<b)=P(a<X<b)$$
$$=\int_a^b f(x)\mathrm{d}x.$$

由分布函数的定义 $F(x)=P(X\leqslant x)=\int_{-\infty}^x f(x)\mathrm{d}x$, 根据微积分学的知识知分布函数是密度函数的一个原函数. 当 $f(x)$ 连续时, 有 $F'(x)=f(x)$.

例 2.3.1 设随机变量 X 服从

$$f(x)=\begin{cases}k\mathrm{e}^{-3x}, & x>0;\\ 0, & x\leqslant 0\end{cases}$$

试求: (1) k; (2) $F(x)$; (3) $P(X>1)$.

解 (1) 由于 $\int_{-\infty}^{+\infty}f(x)\mathrm{d}x=1$, 即 $\int_0^{+\infty}k\mathrm{e}^{-3x}\mathrm{d}x=1$, 解得 $k=3$.

(2) 由于 $F(x)=\int_{-\infty}^x f(x)\mathrm{d}x$.

当 $x \leqslant 0, F(x) = 0$；

当 $x > 0, F(x) = \int_{-\infty}^{0} 0 \mathrm{d}x + \int_{0}^{x} 3\mathrm{e}^{-3x} \mathrm{d}x = 1 - \mathrm{e}^{-3x}$.

故

$$F(x) = \begin{cases} 0, & x \leqslant 0; \\ 1 - \mathrm{e}^{-3x}, & x > 0 \end{cases}$$

(3) $P(X > 1) = \int_{1}^{+\infty} f(x) \mathrm{d}x = \int_{1}^{+\infty} 3\mathrm{e}^{-3x} \mathrm{d}x = \mathrm{e}^{-3}$.

例 2.3.2　已知函数 $f(x) = \begin{cases} Ax, & 0 \leqslant x \leqslant 2; \\ 0, & \text{其他} \end{cases}$ 是一个随机变量的概率密度函数，求：(1) A；(2) $P(-1 \leqslant x \leqslant 1), P(1 \leqslant x \leqslant 2), P(x \leqslant 0), P(x \geqslant 5), P(x \leqslant 3)$；(3) $F(x)$.

解　(1) 由于 $\int_{-\infty}^{+\infty} f(x) \mathrm{d}x = 1$，即 $\int_{0}^{2} Ax \mathrm{d}x = 1$，解得 $A = \dfrac{1}{2}$，故

$$f(x) = \begin{cases} \dfrac{1}{2}x, & 0 \leqslant x \leqslant 2; \\ 0, & \text{其他} \end{cases}$$

(2) $P(-1 \leqslant x \leqslant 1) = \int_{-1}^{1} f(x) \mathrm{d}x = \int_{0}^{1} \dfrac{1}{2}x \mathrm{d}x = \dfrac{1}{4}$

$$P(1 \leqslant x \leqslant 2) = \int_{1}^{2} f(x) \mathrm{d}x = \int_{1}^{2} \dfrac{1}{2}x \mathrm{d}x = \dfrac{3}{4}$$

$$P(x \leqslant 0) = \int_{-\infty}^{0} f(x) \mathrm{d}x = 0$$

$$P(x \geqslant 5) = \int_{5}^{+\infty} f(x) \mathrm{d}x = 0$$

$$P(x \leqslant 3) = \int_{-\infty}^{3} f(x) \mathrm{d}x = \int_{0}^{2} \dfrac{1}{2}x \mathrm{d}x = 1$$

(3) 由 $F(x) = \int_{-\infty}^{x} f(x) \mathrm{d}x$.

当 $x \leqslant 0, F(x) = 0$；

当 $0 < x \leqslant 2, F(x) = \int_{-\infty}^{0} 0 \mathrm{d}x + \int_{0}^{x} \dfrac{1}{2}x \mathrm{d}x = \dfrac{1}{4}x^2$；

当 $x > 2, F(x) = \int_{-\infty}^{0} 0 \mathrm{d}x + \int_{0}^{2} \dfrac{1}{2}x \mathrm{d}x + \int_{2}^{x} 0 \mathrm{d}x = 1$.

故

$$F(x) = \begin{cases} 0, & x \leqslant 0; \\ \dfrac{1}{4}x^2, & 0 < x \leqslant 2; \\ 1, & x > 2 \end{cases}$$

同理用分布函数也可以求出(2)中的概率,即

$$P(-1 \leqslant x \leqslant 1) = F(1) - F(-1) = \frac{1}{4}$$

$$P(1 \leqslant x \leqslant 2) = F(2) - F(1) = \frac{3}{4}$$

$$P(x \leqslant 0) = F(0) = 0$$

$$P(x \geqslant 5) = 1 - P(x < 5) = 1 - F(5) = 0$$

$$P(x \leqslant 3) = F(3) = 1$$

对于连续型随机变量,分布函数与密度函数两者都能相互表达.区间上的概率对于密度函数用积分去实现,对于分布函数用减法去实现,它与微积分中牛顿-莱布尼兹公式相适应.

例 2.3.3 判断函数 $f(x) = \begin{cases} \sin x, & x \in D; \\ 0, & x \notin D \end{cases}$ 是否是概率密度函数. (1) $D = \left[0, \dfrac{\pi}{2}\right]$;(2) $D = [0, \pi]$;(3) $D = \left[0, \dfrac{3\pi}{2}\right]$.

解 (1) 在 $D = \left[0, \dfrac{\pi}{2}\right]$ 上,$f(x) \geqslant 0$,$\displaystyle\int_{-\infty}^{+\infty} f(x)\mathrm{d}x = \int_0^{\frac{\pi}{2}} \sin x \, \mathrm{d}x = 1$,故是概率密度函数.

(2) 在 $D = [0, \pi]$ 上,$f(x) \geqslant 0$,$\displaystyle\int_{-\infty}^{+\infty} f(x)\mathrm{d}x = \int_0^{\pi} \sin x \, \mathrm{d}x = 2$,故不是概率密度函数.

(3) 在 $D = \left[0, \dfrac{3\pi}{2}\right]$ 上,$f(x) \geqslant 0$ 不再成立,故不是概率密度函数.

对于连续型随机变量的分布函数与密度函数之间的关系总结如下.

(1) 定义与记号

① 密度函数:$f(x)$,$P(a < x \leqslant b) = \displaystyle\int_a^b f(x)\mathrm{d}x$;

② 分布函数:$F(x)$,$P(\xi \leqslant x) = F(x)$.

(2) $f(x)$ 与 $F(x)$ 之间的联系

$$F(x) = \int_{-\infty}^x f(x)\mathrm{d}x, \quad F'(x) = f(x)$$

(3) $f(x)$ 与 $F(x)$ 具有的性质

① $f(x) \geqslant 0, -\infty < x < +\infty, F(x) \geqslant 0, -\infty < x < +\infty$;

② $\int_{-\infty}^{+\infty} f(x) \mathrm{d}x = P(-\infty < x < +\infty) = 1, F(-\infty) = 0, F(+\infty) = 1$;

③ $F(x)$ 是单调非减函数.

（4）表述概率的方法

$$P(a < x \leqslant b) = \int_a^b f(x)\mathrm{d}x, \quad P(a < x \leqslant b) = F(b) - F(a)$$

$$P(x \leqslant a) = \int_{-\infty}^a f(x)\mathrm{d}x, \quad P(x \leqslant a) = F(a)$$

$$P(x > a) = \int_a^{+\infty} f(x)\mathrm{d}x, \quad P(x > a) = 1 - F(a)$$

（5）$f(x)$ 的图形（如图 2-1 所示）

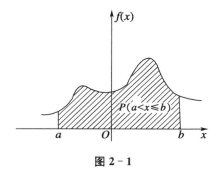

图 2-1

2.3.2 常见的连续型随机变量的分布

1. 均匀分布

如果随机变量 ξ 的概率密度为

$$f(x) = \begin{cases} \dfrac{1}{b-a}, & a \leqslant x \leqslant b; \\ 0, & \text{其他} \end{cases}$$

则称 ξ 在区间 $[a,b]$ 上服从均匀分布,记为 $\xi \sim U(a,b)$. 均匀分布的分布函数为

$$F(x) = \begin{cases} 0, & x < a; \\ \dfrac{x-a}{b-a}, & a \leqslant x < b; \\ 1, & x \geqslant b \end{cases}$$

设 $\lambda = \dfrac{1}{b-a}$,若 $a \leqslant c < d \leqslant b$,按照概率的定义,有

$$P(c < x < d) = \int_c^d f(x)\mathrm{d}x = \lambda(d-c)$$

上式表明,X 取值于 $[a,b]$ 中任一小区间的概率与该小区间的长度成正比,而跟该小区间的具体位置无关,这就是均匀分布的概率意义.它的几何意义在于把单位面积平均分布在区间上,如图 2-2 所示.

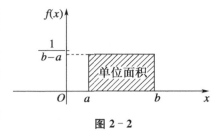

图 2-2

在第 2.1 节的例 2.1.4 中,乘客候车时间服从均匀分布 $U(0,5)$.

2. 正态分布

如果随机变量 X 的概率密度为

$$f(x) = \frac{1}{\sqrt{2\pi}\sigma} e^{-\frac{(x-\mu)^2}{2\sigma^2}} \quad (-\infty < x < +\infty, \sigma > 0)$$

则称 X 服从正态分布.记为 $X \sim N(\mu, \sigma^2)$.

正态分布 $f(x)$ 的图像关于直线 $x = \mu$ 对称,呈钟形状,以 x 轴作为它的渐近线.σ 越小,图形越向直线 $x = \mu$ 集中;σ 越大,图形越偏离直线 $x = \mu$.如图 2-3 所示,有 $\sigma_1 < \sigma_2 < \sigma_3$.

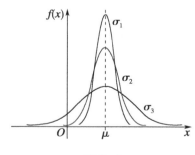

图 2-3

特别,当 $\mu = 0, \sigma = 1$ 时,称 X 服从标准正态分布,记为 $X \sim N(0,1)$,其密度函数 $\varphi(x) = \frac{1}{\sqrt{2\pi}} e^{-\frac{x^2}{2}}$,图形关于 y 轴对称(如图 2-4 所示),且具有 $\int_{-\infty}^{+\infty} \frac{1}{\sqrt{2\pi}} e^{-\frac{x^2}{2}} \mathrm{d}x = 1$.

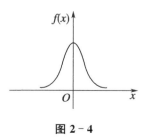

图 2-4

在实际中,很多质量指标实质上都近似服从正态分布,如长度、强度、误差等.因此,正态分布在概率统计的理论与应用中占有特别重要的地位.

那么又如何运用标准正态分布表来进行概率的计算呢?由于正态分布密度积

分的复杂性,故设 $\Phi(x) = \int_{-\infty}^{x} \frac{1}{\sqrt{2\pi}} e^{-\frac{t^2}{2}} dt$,$\Phi(x)$ 的数值已经算好列在附表 2 中,所以标准正态分布下的概率可查表求得.

例 2.3.4 设 $X \sim N(0,1)$,查表计算: $P(X < 0.8)$, $P(X < 2.13)$, $P(X < -3)$, $P(X > 5)$.

解 查表得

$$P(X < 0.8) = \Phi(0.8) = 0.788\ 1$$

$$P(X < 2.13) = \Phi(2.13) = 0.983\ 4$$

$$P(X < -3) = 1 - \Phi(3) = 0.001\ 3$$

$$P(X > 5) = 1 - \Phi(5) = 0$$

根据标准正态分布的对称性,有 $P(x < -\alpha) = 1 - P(x < \alpha)$,即 $\Phi(-x) = 1 - \Phi(x)$.

一般正态分布的概率计算可以应用定积分的换元积分法将其转化为标准正态分布的概率计算. 若 $X \sim N(\mu, \sigma^2)$,则

$$P(a \leqslant X \leqslant b) = \int_a^b \frac{1}{\sqrt{2\pi}\sigma} e^{-\frac{(x-\mu)^2}{2\sigma^2}} dx \xrightarrow{t = \frac{x-\mu}{\sigma}} \int_{\frac{a-\mu}{\sigma}}^{\frac{b-\mu}{\sigma}} \frac{1}{\sqrt{2\pi}} e^{-\frac{t^2}{2}} dt$$

$$= \Phi\left(\frac{b-\mu}{\sigma}\right) - \Phi\left(\frac{a-\mu}{\sigma}\right)$$

事实上,若随机变量 $X \sim N(\mu, \sigma^2)$,令 $Y = \frac{x-\mu}{\sigma}$,则随机变量 $Y \sim N(0,1)$.

例 2.3.5 设 $X \sim N(3,4)$,求 $P(X < 5)$, $P(X < 7)$, $P(5 < X < 7)$, $P(|X| < 9)$.

解 令 $Y = \frac{x-\mu}{\sigma}$,则 $Y \sim N(0,1)$,有

$$P(X < 5) = P\left(\frac{X-3}{2} < \frac{5-3}{2}\right) = P(Y < 1)$$

$$= \Phi(1) = 0.841\ 3$$

$$P(X < 7) = P\left(\frac{X-3}{2} < \frac{7-3}{2}\right) = P(Y < 2)$$

$$= \Phi(2) = 0.977\ 2$$

$$P(5 < X < 7) = P\left(\frac{5-3}{2} < \frac{X-3}{2} < \frac{7-3}{2}\right)$$

$$= P(1 < Y < 2) = \Phi(2) - \Phi(1)$$

$$= 0.977\ 2 - 0.841\ 3 = 0.135\ 9$$

$$P(|X| < 9) = P(-9 < X < 9)$$
$$= P\left(\frac{-9-3}{2} < \frac{X-3}{2} < \frac{9-3}{2}\right)$$
$$= P(-6 < Y < 3) = \Phi(3) - \Phi(-6)$$
$$= 0.998\ 7$$

例 2.3.6 已知 $X \sim N(\mu, \sigma^2)$，求：(1) $P(|X-\mu| < \sigma)$；(2) $P(|X-\mu| < 2\sigma)$；(3) $P(|X-\mu| < 3\sigma)$.

解 (1) $P(|X-\mu| < \sigma) = P(\mu-\sigma < X < \mu+\sigma) = P\left(-1 < \frac{X-\mu}{\sigma} < 1\right)$
$$= \Phi(1) - \Phi(-1) = 2\Phi(1) - 1$$
$$= 0.682\ 6.$$

(2) $P(|X-\mu| < 2\sigma) = 0.954\ 4.$

(3) $P(|X-\mu| < 3\sigma) = 0.997\ 4.$

上式说明了统计中经常用到所谓的"3σ"准则，即服从正态分布 $N(\mu, \sigma^2)$ 的随机变量的取值有 99.7% 左右落入区间 $(\mu-3\sigma, \mu+3\sigma)$ 中，仅有 0.3% 左右落在区间 $(\mu-3\sigma, \mu+3\sigma)$ 之外.

标准正态分布 $N(0,1)$ 密度函数的图形如图 2-5 所示，其中最下一横线表示在 $(-3,3)$ 中曲线之下面积为 99.74%，其他横线意义类似. 注意：曲线之下，x 轴之上全面积为 1.

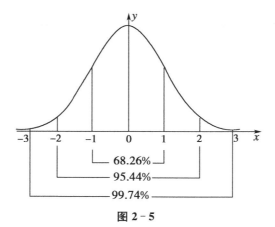

图 2-5

3. 指数分布

如果随机变量 X 的概率密度为

$$f(x) = \begin{cases} \lambda e^{-\lambda x}, & x \geqslant 0; \\ 0, & x < 0 \end{cases}$$

其中 $\lambda > 0$ 为常数,则称 X 服从参数为 λ 的指数分布,记为 $X \sim e(\lambda)$.

显然,(1) $f(x) \geqslant 0$;(2) $\int_{-\infty}^{+\infty} f(x)\mathrm{d}x = \int_0^{+\infty} \lambda \mathrm{e}^{-\lambda x}\mathrm{d}x = (-\mathrm{e}^{-\lambda x})\Big|_0^{+\infty} = 1.$

例 2.3.7 若已使用了 t 小时的电子产品,在以后的 Δt 小时内损坏的概率为 $\lambda \Delta t + o(\Delta t)$,其中 λ 是不依赖于 t 的数.假定电子产品寿命为零的概率是零,求电子产品在 T 小时内损坏的概率.

解 设 ξ 为电子产品的寿命.显然 X 为一个随机变量,有

$$P(X \leqslant T) = F(T)$$

对于"已使用了 t 小时的电子产品在以后的 Δt 小时内损坏的概率"是一个条件概率,即

$$P(t < X < t + \Delta t \mid X > t) = \lambda \Delta t + o(\Delta t)$$

由条件概率公式计算知

$$\frac{F(t + \Delta t) - F(t)}{1 - F(t)} = \lambda \Delta t + o(\Delta t)$$

$$\frac{F(t + \Delta t) - F(t)}{\Delta t} = \left[1 - F(t)\right]\left[\lambda + \frac{o(\Delta t)}{\Delta t}\right]$$

当 $\Delta t \to 0$ 时,得 $F'(t) = \lambda[1 - F(t)]$ 且 $F(0) = 0$.解微分方程得

$$F(t) = 1 - \mathrm{e}^{-\lambda t}$$

所以电子产品在 T 小时内损坏的概率

$$P(X \leqslant T) = F(T) = 1 - \mathrm{e}^{-\lambda T}$$

不难看出,X 的分布密度为

$$f(t) = \begin{cases} \lambda \mathrm{e}^{-\lambda t}, & t \geqslant 0; \\ 0, & t < 0 \end{cases}$$

一般情况下,寿命的分布都服从参数为 λ 的指数分布.

4. Γ 分布

如果随机变量 X 的概率密度为

$$f(x) = \begin{cases} \dfrac{\beta^\alpha}{\Gamma(\alpha)} x^{\alpha-1} \mathrm{e}^{-\beta x}, & x > 0, \\ 0, & x \leqslant 0, \end{cases} \quad \alpha > 0, \beta > 0$$

其中 $\Gamma(\alpha) = \int_0^{+\infty} x^{\alpha-1} \mathrm{e}^{-x}\mathrm{d}x$,则称 X 服从 Γ 分布,记为 $X \sim \Gamma(\alpha, \beta)$.

Γ 分布含有 α, β 两个参数,$\Gamma(1, \beta)$ 就是指数分布,$\Gamma\left(\dfrac{n}{2}, \dfrac{1}{2}\right)$ 就是自由度为 n 的

卡方分布 $\chi^2(n)$.

Γ 分布在推导统计学中有重要地位的 $\chi^2(n)$ 分布、t 分布、F 分布时很有用,且在水文统计、最大风速、最大气压的概率计算中经常用到. 它是一种重要的非正态分布.

2.4 随机变量的函数的分布

在实际应用中,我们常常需要研究随机变量的函数的分布.

设 $f(x)$ 是一个函数,所谓随机变量的函数 $f(X)$ 就是这样一个随机变量 Y:当 X 取 x 时,它取值 $Y=f(x)$,记作

$$Y = f(X)$$

例如,设 X 是分子的速率,而 Y 是分子的动能,则 Y 是 X 的函数:$Y=\dfrac{1}{2}mX^2$.

我们的任务就是根据已知的 X 的分布来寻求 $Y=f(X)$ 的分布.

2.4.1 离散型随机变量函数的分布

对于离散型随机变量 X 服从的概率分布列如表 2-11 所示.

表 2-11

X	x_1	x_2	x_3	$\cdots$	x_n	$\cdots$
P	p_1	p_2	p_3	$\cdots$	p_n	$\cdots$

由于 $Y=g(X)$,对于 X 每个取值 x_i 得到 $g(x_i)=y_i$. 如果 y_i 的值互不相等,则 Y 的概率分布列如表 2-12 所示.

表 2-12

Y	y_1	y_2	y_3	$\cdots$	y_n	$\cdots$
P	p_1	p_2	p_3	$\cdots$	p_n	$\cdots$

这是因为 $P(Y=y_i)=P(X=x_i)(i=1,2,\cdots)$.

例 2.4.1 设随机变量 X 的概率分布列如表 2-13 所示.

表 2-13

X	1	2	3	4
P	0.1	0.2	0.3	0.4

而 $Y=X^2$,则 Y 的概率分布列如表 2-14 所示.

表 2 - 14

Y	1	4	9	16
P	0.1	0.2	0.3	0.4

如果 $g(x_1),g(x_2),\cdots,g(x_n),\cdots$ 不是互不相等的情形,则应把那些相等的值分别合并,即根据概率的加法公式把相应的 p_i 相加,就得到 Y 的概率分布.

例 2.4.2 设随机变量 X 的概率分布列如表 2 - 15 所示.

表 2 - 15

X	-1	-2	0	1	2
P	0.1	0.2	0.4	0.2	0.1

而 $Y=X^2$,则 Y 的概率分布列如表 2 - 16 所示.

表 2 - 16

Y	0	1	4
P	0.4	0.3	0.3

例 2.4.3 设随机变量 X 的概率分布列如表 2 - 17 所示,而 $Y=2X+1,Z=(X-2)^2$,分别求出 Y,Z 的分布列.

表 2 - 17

X	0	1	2	3	4
P	$\frac{1}{6}$	$\frac{1}{6}$	$\frac{1}{3}$	$\frac{2}{9}$	$\frac{1}{9}$

解 Y,Z 的分布列分别如表 2 - 18 和表 2 - 19 所示.

表 2 - 18

Y	1	3	5	7	9
P	$\frac{1}{6}$	$\frac{1}{6}$	$\frac{1}{3}$	$\frac{2}{9}$	$\frac{1}{9}$

表 2 - 19

Z	0	1	4
P	$\frac{1}{3}$	$\frac{7}{18}$	$\frac{5}{18}$

2.4.2 连续型随机变量函数的分布

对于连续型随机变量的函数分布,一般都是从分布函数方面着手去做.

例 2.4.4 已知 $X \sim N(\mu, \sigma^2)$，求 $Y = \dfrac{X-\mu}{\sigma}$ 的概率密度.

解 设 Y 的分布函数为 $F_Y(y)$，于是

$$F_Y(y) = P(Y \leqslant y) = P\left(\frac{X-\mu}{\sigma} \leqslant y\right) = P(X \leqslant \sigma y + \mu) = F_X(\sigma y + \mu)$$

$$F_X(x) = \int_{-\infty}^{x} \frac{1}{\sqrt{2\pi}\sigma} e^{-\frac{(x-\mu)^2}{2\sigma^2}} dx$$

$$\therefore f_Y(y) = F'_Y(y) = \sigma F'_X(\sigma y + \mu) = \sigma f_X(\sigma y + \mu) = \frac{1}{\sqrt{2\pi}} e^{-\frac{y^2}{2}}.$$

这表明 $Y \sim N(0,1)$.

例 2.4.5 设 X 服从均匀分布 $U(a,b)$，其分布函数为 $F(x)$，求 $Y = F(X)$ 的分布函数.

解 X 的分布函数为

$$F(x) = \begin{cases} 0, & x < a; \\ \dfrac{x-a}{b-a}, & a \leqslant x \leqslant b; \\ 1, & x > b \end{cases}$$

当 $0 < y \leqslant 1$ 时，$y = F(x) = \dfrac{x-a}{b-a}$ 的反函数为

$$x = (b-a)y + a$$

于是

$$\begin{aligned} F_Y(y) &= P(Y \leqslant y) = P(F(X) \leqslant y) = P(X < F^{-1}(y)) \\ &= F[F^{-1}(y)] = y \end{aligned}$$

当 $y > 1$ 时，有

$$F_Y(y) = P(Y \leqslant y) = P(F(X) \leqslant y) = P(\Omega) = 1$$

故 $Y = F(X)$ 的分布函数为

$$F_Y(y) = \begin{cases} 0, & y \leqslant 0; \\ y, & 0 < y \leqslant 1; \\ 1, & y > 1 \end{cases}$$

即 $Y = F(X)$ 服从均匀分布 $U(0,1)$.

习 题 二

2.1 设有产品 100 件，其中有 5 件次品，95 件正品，现从中任意抽出 20 件，

求"抽得的次品件数 X"的分布列.

2.2 已知 $P(a{\leqslant}X{<}b)=\dfrac{40}{100},P(a{\leqslant}X{<}d)=\dfrac{60}{100}$ 以及 $P(c{\leqslant}X{<}d)=\dfrac{30}{100}$,试求 $P(c{\leqslant}X{<}b)$.

2.3 一批产品中有 10 件正品,3 件次品,如果随机从中每次取出 1 件产品后总以 1 件正品放回去,直到取到正品为止,求抽出次数 X 的分布列及分布函数.

2.4 设袋中有标号为 1,1,2,2,2 的五个球,从中任取一个,求所得球标号数 X 的分布函数.

2.5 设随机变量 X 的分布律为 $P(X=k)=\dfrac{2A}{n}$ $(k=1,2,3,\cdots,n)$,求 A.

2.6 从一批含有 4 件正品和 3 件次品的产品中一件一件地抽取,且不放回,求直到取得正品为止所需次数 X 的分布列.

2.7 某人进行射击,若每次射击的命中率是 0.02,现独立射击 400 次,试求击中数大于等于 2 的概率.

2.8 设 $X\sim P(\lambda)$,已知 $P(X=1)=P(X=2)$,求 $P(X=4)$.

2.9 已知公共汽车站每隔 5 分钟有一辆汽车通过,乘客到达汽车站的任一时刻是等可能的,求乘客候车时间不超过 3 分钟的概率.

2.10 设随机变量 X 的概率密度函数为

$$f(x)=\frac{A}{\mathrm{e}^x+\mathrm{e}^{-x}},-\infty<x<+\infty$$

求:(1) A;(2) $P\left(0<X<\dfrac{1}{2}\ln 3\right)$;(3) $F(x)$.

2.11 若柯西分布的随机变量 ξ 的分布函数为

$$F(x)=A+B\arctan x,\quad-\infty<x<+\infty$$

求:(1) A,B;(2) $P(|X|<1)$;(3) $f(x)$.

2.12 设 X 服从正态分布 $N(10,2^2)$.

(1) 求 $P(7<X<15)$;

(2) 求 d,使 $P(|X-10|<d)=0.9$.

2.13 设某班一次数学考试成绩 $X\sim N(70,10^2)$,若规定低于 60 分为"不及格",高于 85 分为"优秀",问该班数学成绩"不及格"与"优秀"率分别为多少?

2.14 设某种电池的寿命是一个随机变量 $X\sim N(300,35^2)$,求这样的电池寿命在 250 小时以上的概率,并求一允许限 $(300-x,300+x)$,使得电池寿命落在这个区间上的概率不小于 90%.

2.15 对圆片直径进行测量,其值在 $[5,6]$ 上均匀分布,求圆片面积的概率密度.

2.16 已知 $X\sim N(\mu,\sigma^2)$,$Y=a+bX$($a,b>0$ 为常数),求 Y 的概率密度.

2.17 已知 X 的分布列如表 2-20 所示,求 $Y=X^2+1$ 的概率分布.

表 2-20

X	-3	-2	-1	2	4
P	0.1	0.3	0.2	0.2	0.2

2.18 已知 $X \sim f(x) = \begin{cases} \dfrac{1}{2}x, & 0 \leqslant x \leqslant 2, \\ 0, & \text{其他} \end{cases}$ 求 $Y=X^2$ 的概率密度函数.

2.19 将一枚硬币连续抛两次,以 ξ 表示所抛两次中出现正面的次数,试写出随机变量 X 的分布列.

2.20 某射手有五发子弹,射一次命中的概率为 0.9. 如果命中了就停止射击,如果不命中就一直射到子弹用尽,求耗用的子弹数的分布列.

2.21 已知随机变量 X 的分布列如表 2-21 所示,求:(1) $F(x)$;(2) $P(-1 \leqslant X \leqslant 1)$;(3) $P(X \geqslant 1)$.

表 2-21

X	0	1	2
P	$\dfrac{1}{4}$	$\dfrac{1}{2}$	$\dfrac{1}{4}$

2.22 若随机变量 X 服从二点分布,且 $P(X=1)=2P(X=0)$,求 X 的分布列.

2.23 若某篮球运动员每次投篮的命中率为 0.8,现设 4 次投篮投中的次数为随机变量 X.(1)问 X 服从什么分布?(2)求 $P(X \geqslant 1)$.

2.24 若每次射击中靶的概率为 0.7,现射击 10 炮,求:(1)命中 3 炮的概率;(2)至少命中 3 炮的概率.

2.25 一大楼装有 5 个同类型的供水设备,调查表明在某时刻 t 每个设备被使用的概率为 0.1,求在同一时刻:(1)恰有 2 个设备被使用的概率;(2)至少有 1 个设备被使用的概率.

2.26 一电话交换台每分钟的呼唤次数 $X \sim P(4)$,求:(1)每分钟恰有 8 次呼唤的概率;(2)每分钟的呼唤次数大于 2 的概率.

2.27 一批产品中有 1% 的次品数,试问任意挑选多少件产品时才能保证至少有一件次品的概率不小于 0.95?

2.28 设随机变量 X 的概率密度为

$$f(x) = \begin{cases} x, & 0 \leqslant x < 1; \\ 2-x, & 1 \leqslant x < 2; \\ 0, & \text{其他} \end{cases}$$

求分布函数 $F(x)$.

2.29 设随机变量 X 的概率密度函数为 $f(x)=\dfrac{3x^2}{\theta^3}$，$0<x<\theta$，若 $P(X>1)=\dfrac{7}{8}$，求 θ 的值.

2.30 设随机变量 X 的概率密度函数为 $f(x)=ce^{-|x|}$，$-\infty<x<+\infty$，求：(1) c；(2) $P(-1<X<1)$；(3) $F(x)$.

2.31 已知随机变量 X 的概率密度函数为

$$f(x)=\begin{cases}12x^2-12x+3, & 0<x<1;\\ 0, & 其他\end{cases}$$

求：(1) X 的分布函数 $F(x)$；(2) $P(X<0.2)$；(3) $P(0.1<X<0.5)$.

2.32 设连续型随机变量 X 的概率密度函数为

$$f(x)=\begin{cases}a\cos x, & -\dfrac{\pi}{2}<x<\dfrac{\pi}{2};\\ 0, & 其他\end{cases}$$

求：(1) 系数 a；(2) $P\left(0<X<\dfrac{\pi}{4}\right)$.

2.33 设连续型随机变量 X 的分布函数为

$$F(x)=\begin{cases}0, & x\leqslant 0;\\ Ax^2, & 0<x\leqslant 1;\\ 1, & x>1\end{cases}$$

求：(1) 系数 A；(2) X 的概率密度函数 $f(x)$；(3) $P(0.3<X<0.7)$.

2.34 设 X 服从 $N(0,1)$，查表计算：(1) $P(X<2.35)$；(2) $P(X<-1.24)$；(3) $P(|X|<1.54)$.

2.35 设 $X\sim N(3,4)$，求：(1) $P(2\leqslant X\leqslant 5)$；(2) $P(X>-4)$；(3) $P(|X|<7)$.

2.36 若从某批材料中任取 1 件时取得的这件材料的强度服从 $N(200,18^2)$，计算取得这件材料的强度不低于 180 的概率.

2.37 若 $X\sim f_X(x)$，$Y=aX+b(a<0)$，求 Y 的概率密度函数 $f_Y(y)$.

第三章 二维随机变量及其分布

在实际问题中,试验的结果仅仅用一个随机变量去描述是不够的. 例如,弹着点的位置需要用二个随机变量 (X,Y) 表示;而导弹在空间行驶时,它在某一时刻的位置需要三个随机变量才能描绘;另外,很多产品的质量指标也需要考虑多个方面. 我们不但要研究这些变量之间的变化规律,还要研究它的取值的概率规律性——分布列. 本章将介绍有关这方面的知识,为方便起见,重点介绍二维情形,多维可仿照二维类推.

3.1 二维随机变量的联合分布

例如,若袋中有五只球(三白二黑),任取三只,以 X 表示取得的白球数,以 Y 表示取得的黑球数. X 的取值是一个随机变量,它可以取 $0,1,2,3$;Y 的取值也是一个随机变量,它可以取 $0,1,2$. 所以,(X,Y) 在 $(1,2)$,$(2,1)$ 和 $(3,0)$ 这三点的取值是有意义的,也是随机的,即 (X,Y) 是随机变量.且它们取这些值的概率分别为

$$P[(X,Y) = (1,2)] = \frac{C_3^1 C_2^2}{C_5^3} = \frac{3}{10}$$

$$P[(X,Y) = (2,1)] = \frac{C_3^2 C_2^1}{C_5^3} = \frac{6}{10}$$

$$P[(X,Y) = (3,0)] = \frac{C_3^3}{C_5^3} = \frac{1}{10}$$

为了书写方便,我们一般将上面的概率分布情况列成表 3-1.

表 3-1

X\Y	0	1	2	3
0	0	0	0	$\frac{1}{10}$
1	0	0	$\frac{6}{10}$	0
2	0	$\frac{3}{10}$	0	0

(X,Y) 的取值一般是平面点集成区域,为了研究的方便将它们抽象到数学上,得到二维随机变量的概念.

3.1.1 二维随机变量及分布函数

定义 3.1.1 设 E 是一个随机试验,其样本空间为 Ω,又设 $X=x(\omega),Y=y(\omega)$ 是定义在 Ω 上的随机变量,则由它们构成的一个向量 (X,Y) 称为二维随机变量(或称二维随机向量).

设 X,Y 是两个随机变量,对于任意实数 x,y,事件

$$(X\leqslant x)\bigcap(Y\leqslant y)\xlongequal{\Delta}(X\leqslant x,Y\leqslant y)$$

的概率 $P(X\leqslant x,Y\leqslant y)$ 随 x,y 取值而确定,因而它是 x,y 的函数.类似于一维随机变量,我们定义

$$F(x,y)=P(X\leqslant x,Y\leqslant y)$$

为二维随机变量 (X,Y) 的分布函数,或称 (X,Y) 的联合分布函数.

若把 (X,Y) 看做是平面上点的坐标,那么二维分布函数的几何意义就是随机点 (X,Y) 落在以点 (x,y) 为右上顶点的无穷"矩形"内的概率(如图 3-1 所示).

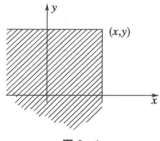

图 3-1

(X,Y) 的分布函数 $F(x,y)$ 具有以下性质:

① $F(x,y)$ 是 x 与 y 的单调非减函数;

② $F(x,y)$ 是关于 x 与 y 的右连续函数;

③ $0\leqslant F(x,y)\leqslant 1,F(-\infty,y)=0,F(x,-\infty)=0,F(+\infty,+\infty)=1$;

④ $P(x_1<X\leqslant x_2,y_1<Y\leqslant y_2)=F(x_2,y_2)-F(x_2,y_1)-F(x_1,y_2)+F(x_1,y_1)$

性质④可由性质①、性质②、性质③推出,其几何意义如图 3-2 所示.

例 3.1.1 射手对目标独立地进行两次射击,每次的命中率为 0.8,以 X 表示"第一次命中的次数",以 Y 表示"第二次命中的次数",求 (X,Y) 的分布函数.

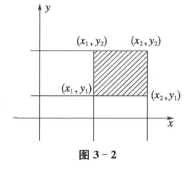

图 3-2

解 根据随机变量 X,Y 的意义,它的概率规律性可列成表 3-2.

表 3-2

Y \ X	0	1
0	0.04	0.16
1	0.16	0.64

因 (X,Y) 只取四个可能值：$(0,0),(0,1)$, $(1,0),(1,1)$，即平面上的四个点（如图 3-3 所示）. 显然，当点 (x,y) 落在第 II，III，IV 象限，即 $x<0$ 或 $y<0$，有 $F(x,y)=0$；当 $(x,y)\in I_1$，即 $0\leqslant x<1,0\leqslant y<1$，有

$$F(x,y) = P(X\leqslant x,Y\leqslant y)$$
$$= P(X=0,Y=0) = 0.04$$

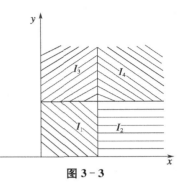

图 3-3

当 $(x,y)\in I_2$，即 $x\geqslant 1,0\leqslant y<1$，有

$$F(x,y) = P(X\leqslant x,Y\leqslant y) = P(X=0,Y=0) + P(X=1,Y=0)$$
$$= 0.04+0.16 = 0.2$$

当 $(x,y)\in I_3$，即 $0\leqslant x<1,y\geqslant 1$，有

$$F(x,y) = P(X\leqslant x,Y\leqslant y) = P(X=0,Y=0) + P(X=0,Y=1)$$
$$= 0.04+0.16 = 0.2$$

当 $(x,y)\in I_4$，即 $x\geqslant 1,y\geqslant 1$，有

$$F(x,y) = P(X\leqslant x,Y\leqslant y)$$
$$= P(X=0,Y=0) + P(X=0,Y=1) + P(X=1,Y=0)$$
$$+ P(X=1,Y=1)$$
$$= 1$$

故 (X,Y) 的分布函数为

$$F(x,y) = \begin{cases} 0, & x<0 \text{ 或 } y<0; \\ 0.04, & 0\leqslant x<1,0\leqslant y<1; \\ 0.2, & x\geqslant 1,0\leqslant y<1; \\ 0.2, & 0\leqslant x<1,y\geqslant 1; \\ 1, & x\geqslant 1,y\geqslant 1 \end{cases}$$

仿照二维随机变量，可以得到：如果每次随机试验的结果都对应着一组确定的

实数$(X_1,X_2,\cdots,X_n)$,它们是随试验结果的不同而变化的 n 个随机变量,并且对任何一组实数 $x_1,x_2,\cdots,x_n$,事件"$(X_1\leqslant x_1,X_2\leqslant x_2,\cdots,X_n\leqslant x_n)$"有确定的概率,则称 n 个随机变量的整体$(X_1,X_2,\cdots,X_n)$为一个 n 维随机变量. 称 n 维函数

$$F(x_1,x_2,\cdots,x_n)=P(X_1\leqslant x_1,X_2\leqslant x_2,\cdots,X_n\leqslant x_n)$$

为 n 维随机变量的分布函数.

　　对于多维随机变量也有离散型与连续型之分,在离散型场合,概率分布集中在有限或可列个点上,用分布列描述概率分布比较方便;在连续型场合,以分布密度也能描述概率的分布.

3.1.2　二维离散型随机变量

　　定义 3.1.2　如果二维随机变量(X,Y)所有可能取的数对为有限个或可列个,并且以确定的概率取各个不同的数对,则称(X,Y)为二维离散型随机变量.

　　为了直观,可以把(X,Y)所有的可能取值及相应的概率列成表 3-3,称为随机变量(X,Y)的联合分布表.

表 3-3

X ＼ Y	y_1	$\cdots$	y_n	$\cdots$
x_1	p_{11}	$\cdots$	p_{1n}	$\cdots$
$\vdots$	$\vdots$	$\vdots$	$\vdots$	$\vdots$
x_m	p_{m1}	$\cdots$	p_{mn}	$\cdots$
$\vdots$	$\vdots$	$\vdots$	$\vdots$	$\vdots$

　　为了简单,也可以用等式来表示二维离散型随机变量(X,Y)的联合概率分布:

$$P(X=x_i,Y=y_j)=p_{ij}\quad(i,j=1,2,\cdots)\qquad(3-1)$$

　　式(3-1)也称为 X 与 Y 的联合分布列. 它具有以下性质:
① $0\leqslant P(x_i,y_j)\leqslant 1$,其中 $i=1,2,\cdots,m,\cdots;j=1,2,\cdots,n,\cdots$.
② $\sum_i\sum_j P(x_i,y_j)=1$.

　　例 3.1.2　袋中有 5 件产品(3 正 2 次),任取 1 件,再取 1 件,设

$$X=\begin{cases}1,&\text{第一次取正品,}\\0,&\text{第一次取次品;}\end{cases}\quad Y=\begin{cases}1,&\text{第二次取正品,}\\0,&\text{第二次取次品}\end{cases}$$

　　(1) 放回抽取,试写出(X,Y)的联合分布列;
　　(2) 不放回抽取,试写出(X,Y)的联合分布列.

解　(1)有放回地抽取(X,Y)的联合分布表如表3-4所示.

表3-4

X Y	0	1
0	$\frac{2}{5} \cdot \frac{2}{5}$	$\frac{3}{5} \cdot \frac{2}{5}$
1	$\frac{2}{5} \cdot \frac{3}{5}$	$\frac{3}{5} \cdot \frac{3}{5}$

(2)不放回地抽取(X,Y)的联合分布表如表3-5所示.

表3-5

X Y	0	1
0	$\frac{2}{5} \cdot \frac{1}{4}$	$\frac{3}{5} \cdot \frac{2}{4}$
1	$\frac{2}{5} \cdot \frac{3}{4}$	$\frac{3}{5} \cdot \frac{2}{4}$

例3.1.3　一大批粉笔,其中60%是白的,25%是黄的,15%是红的,现从中随机地、顺次地取出6支,问这6支中恰有3支白、1支黄、2支红的概率.

解　用(白,白,白,黄,红,红)表示第一支是白的,第二支是白的,第三支是白的,第四支是黄的,第五支是红的,第六支是红的. 由于是大批量,我们认为是放回抽样,即抽取到黄、白、红的概率不变,有

$$P(白,白,白,黄,红,红) = P(白)P(白)P(白)P(黄)P(红)P(红)$$
$$= (0.6)^3 (0.25)(0.15)^2$$

于是

$$P(6支中恰有3支白、1支黄、2支红) = \frac{6!}{3!1!2!}(0.6)^3(0.25)(0.15)^2$$
$$= 0.0729$$

上例若用随机变量来表述,设$X=6$支中白粉笔的数目,$Y=6$支中黄粉笔的数目,则事件"恰有3支白、1支黄、2支红"就是事件$(X=3,Y=1)$,即$\{(X,Y)=(3,1)\}$.上面的结果表示为

$$P\{(X,Y) = (3,1)\} = \frac{6!}{3!1!2!}(0.6)^3(0.25)(0.15)^2$$

一般的,有（对于$0 \leqslant k_1 \leqslant 6, 0 \leqslant k_1 \leqslant 6, k_1 + k_2 \leqslant 6$）

$$P(6\ \text{支中恰有}\ k_1\ \text{支白、}k_2\ \text{支黄、}6-k_1-k_2\ \text{支红})$$

$$= P\{(X,Y)=(k_1,k_2)\}$$

$$= \frac{6!}{k_1!k_2!(6-k_1-k_2)!}(0.6)^{k_1}(0.25)^{k_2}(0.15)^{6-k_1-k_2}$$

这就是参数为 $n=6,p_1=0.6,p_2=0.25$ 的三项分布.

例 3.1.4(三项分布) 设 (X,Y) 的联合分布是

$$P\{(X,Y)=(k_1,k_2)\} = \frac{n!}{k_1!k_2!(n-k_1-k_2)!}p_1^{k_1}p_2^{k_2}(1-p_1-p_2)^{n-k_1-k_2}$$

其中 $k_1=0,1,2,\cdots,n,\ k_2=0,1,2,\cdots,n,\ k_1+k_2\leqslant n,n$ 是给定的自然数,$0<p_1<1,0<p_2<1,p_1+p_2<1$,称 (X,Y) 服从三项分布.

3.1.3 二维连续型随机变量

如果 (X,Y) 的所有可能取值为二维平面 xOy 上的一个连续区域或整个 xOy 的平面,那么 (X,Y) 就称为二维连续型随机变量.

定义 3.1.3 设 (X,Y) 是二维连续型随机变量,如果存在一个非负可积函数 $f(x,y)$,使得

$$P\{(X,Y)\in D\} = \iint\limits_{D}f(x,y)\mathrm{d}x\mathrm{d}y$$

其中 D 是某一平面区域,那么 $f(x,y)$ 称为 (X,Y) 的联合概率密度,且满足:

① $f(x,y)\geqslant 0$;

② $\displaystyle\int_{-\infty}^{+\infty}\int_{-\infty}^{+\infty}f(x,y)\mathrm{d}x\mathrm{d}y = 1$.

例 3.1.5 二维随机变量 (X,Y) 的密度函数为

$$f(x,y) = \begin{cases} C, & (x,y)\in D; \\ 0, & \text{其他} \end{cases}$$

其中 D 为区域 $x^2+y^2\leqslant 4$,试确定 C 的值.

解 由概率密度函数的性质有

$$\int_{-\infty}^{+\infty}\int_{-\infty}^{+\infty}f(x,y)\mathrm{d}x\mathrm{d}y = 1$$

故

$$\iint\limits_{D}C\mathrm{d}x\mathrm{d}y = 1$$

即

$$4\pi C = 1$$

所以

$$C = \frac{1}{4\pi}$$

例 3.1.6 设二维随机变量 (X,Y) 的密度函数为

$$f(x,y) = \begin{cases} \dfrac{1}{12}x^2 y, & 0 \leqslant x \leqslant 2, 0 \leqslant y \leqslant 3; \\ 0, & \text{其他} \end{cases}$$

求 $P\{(X,Y) \in D\}$，其中 D 是直线 $\dfrac{x}{2} + \dfrac{y}{3} = 1$ 与 x 轴、y 轴所围成的区域.

解 由概率的定义知

$$P\{(X,Y) \in D\} = \iint\limits_{D} f(x,y)\mathrm{d}x\mathrm{d}y = \int_0^2 \mathrm{d}x \int_0^{3\left(1-\frac{x}{2}\right)} \frac{1}{12}x^2 y \mathrm{d}y$$

$$= \frac{1}{10}$$

二维随机向量 (X,Y) 落在平面上任一区域 D 内的概率就等于联合概率密度 $f(x,y)$ 在 D 上的积分,这样就把概率的计算转化为一个二重积分的计算. 由此,顺便指出 $\{(x,y) \in D\}$ 的概率在数值上就等于以曲面 $z = f(x,y)$ 为顶,以平面区域 D 为底的曲顶柱体的体积. 性质 $\int_{-\infty}^{+\infty} \int_{-\infty}^{+\infty} f(x,y)\mathrm{d}x\mathrm{d}y = 1$ 说明了 $f(x,y)$ 落在整个二维平面上曲顶柱体体积为一个单位.

例 3.1.7 设 (X,Y) 的联合密度为

$$f(x,y) = \begin{cases} ce^{-(x+y)}, & x \geqslant 0, y \geqslant 0; \\ 0, & \text{其他} \end{cases}$$

求：(1) 常数 c；(2) $P(0 < X < 1, 0 < Y < 1)$.

解 (1) 因为 $\int_{-\infty}^{+\infty} \int_{-\infty}^{+\infty} f(x,y)\mathrm{d}x\mathrm{d}y = 1$,故

$$1 = \int_0^{+\infty} \int_0^{+\infty} ce^{-(x+y)} \mathrm{d}x\mathrm{d}y = c$$

于是 $c = 1$.

(2) $P(0 < X < 1, 0 < Y < 1) = \iint\limits_{D} f(x,y)\mathrm{d}x\mathrm{d}y = \int_0^1 e^{-x}\mathrm{d}x \int_0^1 e^{-y}\mathrm{d}y$

$$= \left(1 - \frac{1}{e}\right)^2$$

最后指出，二维随机变量(X,Y)的分布函数$F(x,y)$与密度函数$f(x,y)$的关系：

$$F(x,y) = P(X \leqslant x, Y \leqslant y) = \int_{-\infty}^{x} \int_{-\infty}^{y} f(x,y) \mathrm{d}x\mathrm{d}y$$

当$f(x,y)$在(x,y)处连续，有

$$\frac{\partial^2 F(x,y)}{\partial x \partial y} = f(x,y)$$

只要知道其中之一，两个函数都能相互确定.对于连续型随机变量，由于区域的任意性，用分布函数求概率一般较难，这里不作介绍了.

3.2　边际分布与条件分布

对于二维随机变量(X,Y)，分量X的概率分布称为(X,Y)的关于X的边际分布；分量Y的概率分布称为(X,Y)的关于Y的边际分布.

设(X,Y)的分布函数为$F(x,y)$，X的分布函数为$F_X(x)$，Y的分布函数为$F_Y(y)$，
则

$$F_X(x) = \lim_{y \to +\infty} F(x,y), \quad F_Y(y) = \lim_{x \to +\infty} F(x,y)$$

称$F_X(x)$，$F_Y(y)$分别为$F(x,y)$的关于X和Y的边际分布函数.

下面我们主要从联合分布着手考虑边际分布，分离散型与连续型讨论.

3.2.1　二维离散型随机变量的边际分布

若已知

$$P\{(X,Y) = (x_i, y_j)\} = p_{ij}, \quad i = 1,2,\cdots; j = 1,2,\cdots$$

则随机变量X的概率分布为

$$P_X(x_i) = P(X = x_i) = P(X = x_i, U) = P\left(X = x_i, \bigcup_j (Y = y_j)\right)$$

$$= \sum_j P(X = x_i, Y = y_j) = \sum_j P\{(X,Y) = (x_i, y_j)\}$$

$$= \sum_j p_{ij}$$

这里 U 是必然事件. 这样,我们得到了关于 X 的边际分布:

$$P(X = x_i) = \sum_j p_{ij} \quad (i = 1, 2, \cdots)$$

类似可得关于 Y 的边际分布

$$P(Y = y_j) = \sum_i p_{ij} \quad (j = 1, 2, \cdots)$$

例 3.2.1 设二维离散型随机变量 (X, Y) 的密度是用表格表示的(如表 3-6 所示),求关于 X 的边际分布及关于 Y 的边际分布.

表 3-6

X \ Y	-1	1	2
0	$\frac{1}{12}$	0	$\frac{3}{12}$
$\frac{3}{2}$	$\frac{2}{12}$	$\frac{1}{12}$	$\frac{1}{12}$
2	$\frac{3}{12}$	$\frac{1}{12}$	0

解 所要求的两个边际分布分别用表给出,如表 3-7、表 3-8 所示.

表 3-7

X	0	$\frac{3}{2}$	2
P	$\frac{1}{3}$	$\frac{1}{3}$	$\frac{1}{3}$

表 3-8

Y	-1	1	2
P	$\frac{3}{6}$	$\frac{1}{6}$	$\frac{2}{6}$

如果我们将 (X, Y) 的联合分布与 X, Y 的边际分布列在一个表格中,如表 3-9 所示.

表 3 - 9

X \ Y	-1	1	2	X
0	$\frac{1}{12}$	0	$\frac{3}{12}$	$\frac{1}{3}$
$\frac{3}{2}$	$\frac{2}{12}$	$\frac{1}{12}$	$\frac{1}{12}$	$\frac{1}{3}$
2	$\frac{3}{12}$	$\frac{1}{12}$	0	$\frac{1}{3}$
Y	$\frac{3}{6}$	$\frac{1}{6}$	$\frac{2}{6}$	

我们将发现"边际"二字的由来. 联合是考虑 (X,Y) 相互关系的分布列,而边际只考虑其中之一,如 X 的边际分布不考虑 Y 的变化,而把所有的 Y 一行加起来. 所以从联合分布完全确定了边际分布. 比如说我们知道一个单位人的年龄、性别、文化程度等联合分布情况,要知道其中之一的文化程度的分布是非常容易的.

例 3.2.2 求出第 3.1 节中的例 3.1.2 的两个边际分布.

解 (1) 有放回抽取的 (X,Y) 的边际分布表分别如表 3 - 10、表3 - 11所示.

表 3 - 10

X	0	1
P	$\frac{2}{5}$	$\frac{3}{5}$

表 3 - 11

Y	0	1
P	$\frac{2}{5}$	$\frac{3}{5}$

(2) 不放回抽取的 (X,Y) 的边际分布表分别如表 3 - 12、表 3 - 13 所示.

表 3 - 12

X	0	1
P	$\frac{2}{5}$	$\frac{3}{5}$

表 3 - 13

Y	0	1
P	$\frac{2}{5}$	$\frac{3}{5}$

根据边际分布的意义,将每列相加,得到 X 的分布;将每行相加,得到 Y 的分布.

从上例我们看到两个不同的联合分布可能得到相同的边际分布,也就是说不能完全由两个边际分布来确定联合分布. 那么在什么条件下才能由两个边际分布确定联合分布,我们将在第 3.3 节中介绍.

从上例我们还看到两个边际分布 X 与 Y 的取值完全相同,不但如此,它们的概率分布也完全一样.这在以后,我们把两个分布函数或分布密度完全相同的概率分布称为同分布,这在以后的章节中经常会出现.

3.2.2 二维连续型随机变量的边际分布

若二维随机变量(X,Y)为连续型随机变量,且密度函数为$f(x,y)$,则

$$F_X(x) = \lim_{y \to +\infty} F(x,y) = F(x, +\infty)$$

$$= \int_{-\infty}^{x} \mathrm{d}x \int_{-\infty}^{+\infty} f(x,y)\mathrm{d}y$$

$$= \int_{-\infty}^{x} \left[\int_{-\infty}^{+\infty} f(x,y)\mathrm{d}y \right] \mathrm{d}x$$

同理

$$F_Y(y) = \int_{-\infty}^{y} \left[\int_{-\infty}^{+\infty} f(x,y)\mathrm{d}x \right] \mathrm{d}y$$

分别称

$$f_X(x) = \int_{-\infty}^{+\infty} f(x,y)\mathrm{d}y \quad \text{和} \quad f_Y(x) = \int_{-\infty}^{+\infty} f(x,y)\mathrm{d}x$$

为X和Y的边际密度函数.

例 3.2.3 设二维随机变量(X,Y)的密度函数为

$$f(x,y) = \begin{cases} \dfrac{1}{12}x^2 y, & 0 \leqslant x \leqslant 2, 0 \leqslant y \leqslant 3; \\ 0, & \text{其他} \end{cases}$$

求边际分布密度函数$f_X(x), f_Y(y)$.

解 $f_X(x) = \displaystyle\int_{-\infty}^{+\infty} f(x,y)\mathrm{d}y.$

因为在矩形区域$0 \leqslant x \leqslant 2, 0 \leqslant y \leqslant 3$内被积函数$f(x,y)$才具有非零值,上式右端积分式的积分变量是$y$,当$x$为某一固定值时,积分是沿着某一垂直于$x$轴的直线进行的(如图3-4所示),故应注意在$x$不同的取值范围内上式的不同积分情况.

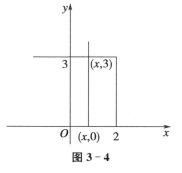

图 3-4

当$x < 0, f(x,y) = 0$,故

$$f_X(x) = \int_{-\infty}^{+\infty} f(x,y)\mathrm{d}y = 0$$

当 $0 \leqslant x \leqslant 2$,有

$$f_X(x) = \int_{-\infty}^{+\infty} f(x,y)\mathrm{d}y = \int_0^3 \frac{1}{12}x^2y\mathrm{d}y = \frac{3}{8}x^2$$

当 $x > 2, f(x,y) = 0$,故

$$f_X(x) = \int_{-\infty}^{+\infty} f(x,y)\mathrm{d}y = 0$$

所以

$$f_X(x) = \begin{cases} \dfrac{3}{8}x^2, & 0 \leqslant x \leqslant 2; \\ 0, & \text{其他} \end{cases}$$

而 $f_Y(x) = \int_{-\infty}^{+\infty} f(x,y)\mathrm{d}x$,此积分式是对固定某一 y 值,积分是沿着某一平行于 x 轴的直线进行的,方法同上.

当 $y < 0, f(x,y) = 0$,故 $f_Y(y) = 0$;

当 $0 \leqslant y \leqslant 3, f_Y(y) = \int_0^2 \frac{1}{12}x^2y\mathrm{d}x = \frac{2}{9}y$;

当 $y > 3, f(x,y) = 0$,故 $f_Y(y) = 0$.

所以

$$f_Y(y) = \begin{cases} \dfrac{2}{9}y, & 0 \leqslant y \leqslant 3; \\ 0, & \text{其他} \end{cases}$$

例 3.2.4 二元正态分布函数

$$f(x,y) = \frac{1}{2\pi\sigma_1\sigma_2\sqrt{1-\rho^2}} e^{-\frac{1}{2(1-\rho^2)}\left[\frac{(x-\mu_1)^2}{\sigma_1^2} - 2\rho\frac{(x-\mu_1)(y-\mu_2)}{\sigma_1\sigma_2} + \frac{(y-\mu_2)^2}{\sigma_2^2}\right]}$$

这里 $\mu_1, \mu_2, \sigma_1, \sigma_2, \rho$ 为常数,$\sigma_1 > 0, \sigma_2 > 0, |\rho| < 1$,称为二元正态分布密度函数.

下面我们来求出它的两个边际分布.

$$f_X(x) = \int_{-\infty}^{+\infty} f(x,y)\mathrm{d}y$$

$$\xrightarrow[\quad u=\frac{x-\mu_1}{\sigma_1}, v=\frac{y-\mu_2}{\sigma_2} \quad]{} \frac{1}{2\pi\sigma_1\sqrt{1-\rho^2}} \int_{-\infty}^{+\infty} e^{-\frac{1}{2(1-\rho^2)}(u^2 - 2\rho uv + v^2)} \mathrm{d}v$$

$$= \frac{1}{\sqrt{2\pi}\sigma_1} e^{-\frac{u^2}{2}} \int_{-\infty}^{+\infty} \frac{1}{\sqrt{2\pi(1-\rho^2)}} e^{-\frac{1}{2(1-\rho^2)}(\rho^2 u^2 - 2\rho uv + v^2)} \mathrm{d}v$$

$$= \frac{1}{\sqrt{2\pi}\sigma_1} e^{-\frac{u^2}{2}} \int_{-\infty}^{+\infty} \frac{1}{\sqrt{2\pi(1-\rho^2)}} e^{\frac{(v-\mu_i)^2}{2(1-\rho^2)}} dv$$

$$= \frac{1}{\sqrt{2\pi}\sigma_1} e^{-\frac{u^2}{2}} = \frac{1}{\sqrt{2\pi}\sigma_1} e^{\frac{(x-\mu_1)^2}{2\sigma_1^2}}$$

即 $X \sim N(\mu_1, \sigma_1)$.

同理,有

$$f_Y(y) = \frac{1}{\sqrt{2\pi}\sigma_2} e^{-\frac{(y-\mu_2)^2}{2\sigma_2^2}}$$

即 $Y \sim N(\mu_2, \sigma_2)$. 因此二元正态分布的边际分布仍为正态分布.

3.2.3 条件分布*

设二维离散型随机变量 (X,Y) 的概率分布为

$$P(X = x_i, Y = y_j) = p_{ij} \quad (i, j = 1, 2, \cdots)$$

对于固定的 j,若 $P(Y = y_j) > 0$,则称

$$P(X = x_i \mid Y = y_j) = \frac{P(X = x_i, Y = y_j)}{P(Y = y_j)} = \frac{p_{ij}}{p_j} \quad (i = 1, 2, \cdots)$$

为在条件 $Y = y_j$ 下 X 的条件概率分布.

同理,对固定的 i,若 $P(X = x_i) > 0$,则称

$$P(Y = y_j \mid X = x_i) = \frac{P(X = x_i, Y = y_j)}{P(X = x_i)} = \frac{p_{ij}}{p_i} \quad (j = 1, 2, \cdots)$$

为在条件 $X = x_i$ 下 Y 的条件概率分布.

若对于连续型随机变量,$f(x,y)$,$f_X(x)$ 及 $f_Y(y)$ 分别是 (X,Y),X 及 Y 的密度函数,若 $f(x,y)$ 在点 (x,y) 处连续,且 $f_X(x) > 0$,$f_Y(y) > 0$,则分别称 $f(y \mid x)$ $= \frac{f(x,y)}{f_X(x)}$ 为在条件 $X = x$ 下 Y 的条件密度函数;$f(x \mid y) = \frac{f(x,y)}{f_Y(y)}$ 为在条件 Y $= y$ 下 X 的条件密度函数;$F(y \mid x) = \dfrac{\int_{-\infty}^{y} f(x,v) dv}{f_X(x)}$ 为在条件 $X = x$ 下 Y 的条件

分布函数;$F(x \mid y) = \dfrac{\int_{-\infty}^{x} f(u,y) du}{f_Y(y)}$ 为在条件 $Y = y$ 下 X 的条件分布函数.

例 3.2.5 设 (X,Y) 的联合密度为

$$f(x,y) = \begin{cases} \dfrac{1}{3}(x+y), & 0 < x < 1, 0 \leqslant y \leqslant 2; \\ 0, & \text{其他} \end{cases}$$

求 $P\left(X < \dfrac{1}{2} \middle| Y > 1\right)$.

解　由条件概率公式知

$$P\left(X < \frac{1}{2} \middle| Y > 1\right) = \frac{P\left(X < \dfrac{1}{2}, Y > 1\right)}{P(Y > 1)} = \frac{\displaystyle\int_0^{\frac{1}{2}} \int_1^2 \frac{1}{3}(x+y)\,\mathrm{d}x\mathrm{d}y}{\displaystyle\int_0^1 \int_1^2 \frac{1}{3}(x+y)\,\mathrm{d}x\mathrm{d}y} = \frac{7}{16}$$

例 3.2.6　已知 (X,Y) 的概率密度为

$$f(x,y) = \begin{cases} 6xy(2-x-y), & 0 \leqslant x \leqslant 1, 0 \leqslant y \leqslant 1; \\ 0, & \text{其他} \end{cases}$$

试求 $f(x|y)$ 与 $f(y|x)$.

解　由条件密度公式知：当 $f_Y(y) > 0$ 时,有

$$f(x \mid y) = \frac{f(x,y)}{f_Y(y)}$$

当 $f_X(x) > 0$ 时,有

$$f(y \mid x) = \frac{f(x,y)}{f_X(x)}$$

其中 $f_X(x), f_Y(y)$ 分别是 X, Y 的边际概率密度.

$$\because f_X(x) = \int_{-\infty}^{+\infty} f(x,y)\,\mathrm{d}y,$$

$$\therefore f_X(x) = \begin{cases} 4x - 3x^2, & 0 < x < 1; \\ 0, & \text{其他}. \end{cases}$$

$$\because f_Y(x) = \int_{-\infty}^{+\infty} f(x,y)\,\mathrm{d}x,$$

$$\therefore f_Y(y) = \begin{cases} 4y - 3y^2, & 0 < y < 1; \\ 0, & \text{其他} \end{cases}$$

所以,当 $0 < y < 1$ 时, $f_Y(y) > 0$,则

$$f(x \mid y) = \frac{f(x,y)}{f_Y(y)} = \begin{cases} \dfrac{6x(2-x-y)}{4-3y}, & 0 < x < 1; \\ 0, & \text{其他} \end{cases}$$

当 $0 < x < 1$ 时，$f_X(x) > 0$，有

$$f(y \mid x) = \frac{f(x,y)}{f_X(x)} = \begin{cases} \dfrac{6y(2-x-y)}{4-3x}, & 0 < y < 1; \\ 0, & \text{其他} \end{cases}$$

3.3 随机变量的独立性

在第一章中我们研究了随机事件的独立性，大大方便了概率的计算. 这里随机变量的独立性仍十分重要. 下面我们来看独立性的定义.

定义 3.3.1 设 $F(x,y)$ 及 $F_X(x)$，$F_Y(y)$ 分别是二维随机变量 (X,Y) 的分布函数及边际分布函数，若对于所有的 x,y，有

$$P(X \leqslant x, Y \leqslant y) = P(X \leqslant x) P(Y \leqslant y)$$

即

$$F(x,y) = F_X(x) F_Y(y)$$

则称随机变量 X 与 Y 是相互独立的.

事实上，如果离散型变量 (X,Y) 中 X 与 Y 相互独立，则对所有的 x_i, y_j 有公式

$$P(X = x_i, Y = y_j) = P(X = x_i) P(Y = y_j)$$

恒成立. 如第 3.2 节例 3.2.2 中放回抽取的两个随机变量 X 与 Y 是相互独立的，不放回抽取是不相互独立的.

对于连续型随机变量 X 与 Y 称为相互独立的，那么对所有 x,y 有

$$f(x,y) = f_X(x) f_Y(y)$$

恒成立.

两个随机变量相互独立，则联合分布密度等于两个边际分布密度的乘积. 也就是说，当 X 与 Y 相互独立，条件分布就化为无条件分布，即

$$f_{Y|X}(y \mid x) = f_Y(y), \quad f_{X|Y}(x \mid y) = f_X(x)$$

下面考察二维正态随机变量 (X,Y) 的独立性，它的联合概率密度为

$$f(x,y) = \frac{1}{2\pi\sigma_1\sigma_2\sqrt{1-\rho^2}} e^{-\frac{1}{2(1-\rho^2)} \left[\frac{(x-\mu_1)^2}{\sigma_1^2} - 2\rho\frac{(x-\mu_1)(y-\mu_2)}{\sigma_1\sigma_2} + \frac{(y-\mu_2)^2}{\sigma_2^2} \right]} \qquad (3-2)$$

但由第 3.2 节的例 3.2.4 知，其边际概率密度 $f_X(x)$ 与 $f_Y(y)$ 的乘积为

$$f_X(x) f_Y(y) = \frac{1}{2\pi\sigma_1\sigma_2} e^{-\frac{1}{2} \left[\frac{(x-\mu_1)^2}{\sigma_1^2} + \frac{(y-\mu_2)^2}{\sigma_2^2} \right]} \qquad (3-3)$$

对比式(3-2)与式(3-3),如果 $\rho = 0$,则对于所有 x, y 有

$$f(x, y) = f_X(x) f_Y(y)$$

即 X 与 Y 是相互独立的;反之,如果 X 与 Y 相互独立,则对于所有 x, y 应有

$$f(x, y) = f_X(x) f_Y(y)$$

从而得到 $\rho = 0$.

综上所述,二维正态随机变量(X, Y)中 X 与 Y 相互独立的充分必要条件是参数 $\rho = 0$.

例 3.3.1 设二维随机变量(X, Y)的密度函数为

$$f(x, y) = \begin{cases} \dfrac{1}{12} x^2 y, & 0 \leqslant x \leqslant 2, 0 \leqslant y \leqslant 3; \\ 0, & \text{其他} \end{cases}$$

判断 X 与 Y 是否相互独立.

解 根据第 3.2 节例 3.2.3,求出的边际分布分别为

$$f_X(x) = \begin{cases} \dfrac{3}{8} x^2, & 0 \leqslant x \leqslant 2; \\ 0, & \text{其他} \end{cases}$$

$$f_Y(y) = \begin{cases} \dfrac{2}{9} y, & 0 \leqslant y \leqslant 3; \\ 0, & \text{其他} \end{cases}$$

容易验证

$$f(x, y) = f_X(x) f_Y(y)$$

所以 X 与 Y 相互独立.

例 3.3.2 一负责人到达办公室的时间均匀分布在 8~12 时,他的秘书到达办公室的时间均匀分布在 7~9 时,设他们两人到达的时间是相互独立的,求他们到达办公室的时间相差不超过 5 分钟$\left(\dfrac{1}{12} 小时\right)$的概率.

解 设 X 和 Y 分别是负责人和他的秘书到达办公室的时间,则 X 和 Y 的概率密度分别为

$$f_X(x) = \begin{cases} \dfrac{1}{4}, & 8 \leqslant x \leqslant 12, \\ 0, & \text{其他}; \end{cases} \qquad f_Y(y) = \begin{cases} \dfrac{1}{2}, & 7 \leqslant y \leqslant 9, \\ 0, & \text{其他} \end{cases}$$

因为 X 与 Y 相互独立,故(X, Y)的联合密度为

$$f(x,y) = \begin{cases} \dfrac{1}{8}, & 8 \leqslant x \leqslant 12, 7 \leqslant y \leqslant 9; \\ 0, & \text{其他} \end{cases}$$

则

$$P\left(|X-Y| \leqslant \frac{1}{12}\right) = \iint\limits_{D} f(x,y)\,\mathrm{d}x\mathrm{d}y = \frac{1}{8}D = \frac{1}{48}$$

即他们到达办公室的时间相差不超过 5 分钟$\left(\dfrac{1}{12}小时\right)$的概率为$\dfrac{1}{48}$.

例 3.3.3 设二维随机变量(X,Y)的密度函数为

$$f(x,y) = \begin{cases} \dfrac{1}{\pi}, & x^2 + y^2 \leqslant 1; \\ 0, & \text{其他} \end{cases}$$

问随机变量 X 与 Y 是否相互独立?

解 要考虑其独立性,先求 X 与 Y 的边际分布.

当$-1 < x < 1$时,有

$$f_X(x) = \int_{-\infty}^{+\infty} f(x,y)\,\mathrm{d}y = \int_{-\infty}^{-\sqrt{1-x^2}} 0\,\mathrm{d}x + \int_{-\sqrt{1-x^2}}^{\sqrt{1-x^2}} \frac{1}{\pi}\,\mathrm{d}y + \int_{\sqrt{1-x^2}}^{+\infty} 0\,\mathrm{d}y$$

$$= \frac{2}{\pi}\sqrt{1-x^2}$$

当$x < -1$ 或 $x > 1$ 时,$f_X(x) = 0$.
所以

$$f_X(x) = \begin{cases} \dfrac{2}{\pi}\sqrt{1-x^2}, & -1 < x < 1; \\ 0, & \text{其他} \end{cases}$$

同理可得

$$f_Y(y) = \begin{cases} \dfrac{2}{\pi}\sqrt{1-y^2}, & -1 < y < 1; \\ 0, & \text{其他} \end{cases}$$

由此

$$f_X(x)f_Y(y) \neq f(x,y)$$

故 X, Y 不相互独立.

例 3.3.4 设二维随机变量(X,Y)的分布如表 3-14 所示,问 X 与 Y 是否相互独立?

表 3 - 14

X Y	1	2	3	4	
1	0.06	0.02	0.04	0.08	0.20
2	0.15	0.05	0.10	0.20	0.50
3	0.09	0.03	0.06	0.12	0.30
	0.30	0.10	0.20	0.40	

解　由表 3 - 16 易证

$$p_{ij} = p_i p_j$$

故 X 与 Y 相互独立.

从定义出发来验证随机变量的独立性一般比较困难,在实际上,如果两个随机变量的取值互相不影响,通常就看作是相互独立的.

仿照二维随机变量的独立性,我们可以定义 n 维随机变量的相互独立性.

设 $X_1, X_2, \cdots, X_n$ 为 n 个随机变量,若对于任意的 $x_1, x_2, \cdots, x_n$,有

$$P(X_1 \leqslant x_1, X_2 \leqslant x_2, \cdots, X_n \leqslant x_n) = P(X_1 \leqslant x_1)P(X_2 \leqslant x_2)\cdots P(X_n \leqslant x_n)$$

则称 $X_1, X_2, \cdots, X_n$ 是相互独立的.

对于连续型随机变量,有

$$f(x_1, x_2, \cdots, x_n) = f_{X_1}(x_1)f_{X_2}(x_2)\cdots f_{X_n}(x_n)$$

即联合分布密度等于各个边际分布密度的乘积.

此外,若 $X_1, X_2, \cdots, X_n$ 相互独立,则任意 $r(2 \leqslant r \leqslant n)$ 个随机变量也相互独立.

在数理统计中,独立性概念是一个非常有用且应用比较广泛的概念,如有些随机变量虽不相互独立,但影响不大,有时也近似看作独立性去处理.

两两独立不一定相互独立.独立性的很多理论与应用这里不再列举,请读者参阅其他教材.

3.4　二维随机变量函数的分布

与二维随机变量一样,随机变量函数仍为随机变量,它们也有相应的概率分布,这在数理统计学应用较为广泛,本节介绍这方面几个特殊函数的具体做法.

3.4.1　二维离散型随机变量函数的分布

对于离散型随机变量,只要将函数所有的函数取值求出,并求出相应的取值

的概率.

例 3.4.1 设(X,Y)的联合分布列如表 3-15 所示,分别求 $X+Y,X-Y,X\cdot Y,X^2+1$ 的分布列.

表 3-15

Y X	−1	0	1	2
−1	$\frac{4}{20}$	$\frac{3}{20}$	$\frac{2}{20}$	$\frac{6}{20}$
2	$\frac{2}{20}$	0	$\frac{2}{20}$	$\frac{1}{20}$

解 为了直观起见,先列出表格 3-16.

表 3-16

P	$\frac{4}{20}$	$\frac{3}{20}$	$\frac{2}{20}$	$\frac{6}{20}$	$\frac{2}{20}$	$\frac{2}{20}$	$\frac{1}{20}$
(X,Y)	$(-1,-1)$	$(-1,0)$	$(-1,1)$	$(-1,2)$	$(2,-1)$	$(2,1)$	$(2,2)$
$X+Y$	−2	−1	0	1	1	3	4
$X-Y$	0	−1	−2	−3	3	1	0
$X\cdot Y$	1	0	−1	−2	−2	2	4
X^2+1	2	2	2	2	5	5	5

合并 $X+Y=1$ 值,即得 $X+Y$ 的分布列(见表 3-17).

表 3-17

$X+Y$	−2	−1	0	1	3	4
P	$\frac{4}{20}$	$\frac{3}{20}$	$\frac{2}{20}$	$\frac{8}{20}$	$\frac{2}{20}$	$\frac{1}{20}$

$X-Y$ 的分布列如表 3-18 所示.

表 3-18

$X-Y$	0	−1	−2	−3	3	1	0
P	$\frac{4}{20}$	$\frac{3}{20}$	$\frac{2}{20}$	$\frac{6}{20}$	$\frac{2}{20}$	$\frac{2}{20}$	$\frac{1}{20}$

合并 $X \cdot Y = -2$ 的值,即得 $X \cdot Y$ 的分布列(见表 3-19).

表 3-19

$X \cdot Y$	1	0	-1	-2	2	4
P	$\dfrac{4}{20}$	$\dfrac{3}{20}$	$\dfrac{2}{20}$	$\dfrac{8}{20}$	$\dfrac{2}{20}$	$\dfrac{1}{20}$

分别合并 $X^2 + 1 = 2$ 和 $X^2 + 1 = 5$ 的值,即得 $X^2 + 1$ 的分布列(见表 3-20).

表 3-20

$X^2 + 1$	2	5
P	$\dfrac{15}{20}$	$\dfrac{5}{20}$

3.4.2 二维连续型随机变量函数的分布

若已知 (X, Y) 的联合分布密度 $f(x, y)$,则 $z = X + Y$ 的分布为

$$F_Z(z) = P(Z \leqslant z) = \iint\limits_{x+y \leqslant z} f(x, y) \mathrm{d}x \mathrm{d}y = \int_{-\infty}^{+\infty} \left[\int_{-\infty}^{z-y} f(x, y) \mathrm{d}x \right] \mathrm{d}y \quad (3-4)$$

将式(3-4)对 z 求导数,得到 Z 的概率密度为

$$f_Z(z) = \int_{-\infty}^{+\infty} f(z - y, y) \mathrm{d}y \quad (3-5)$$

由于 X, Y 的对称性,也可以得到

$$f_Z(z) = \int_{-\infty}^{+\infty} f(x, z - x) \mathrm{d}x \quad (3-6)$$

特别,当 X 和 Y 相互独立时,对所有 x, y 有

$$f(x, y) = f_X(x) \cdot f_Y(y)$$

代入式(3-5)、式(3-6)得到

$$f_Z(z) = \int_{-\infty}^{+\infty} f_X(z - y) f_Y(y) \mathrm{d}y \quad (3-7)$$

或

$$f_Z(z) = \int_{-\infty}^{+\infty} f_X(x) f_Y(z - x) \mathrm{d}x \quad (3-8)$$

式(3-7)和式(3-8)称为卷积公式,记为 $f_X \times f_Y$,即

$$f_X \times f_Y = \int_{-\infty}^{+\infty} f_X(z-y) f_Y(y) \mathrm{d}y$$

$$= \int_{-\infty}^{+\infty} f_X(x) f_Y(z-x) \mathrm{d}x$$

例 3.4.2 设 X 与 Y 相互独立,它们都服从正态分布 $N(0,1)$,即

$$f_X(x) = \frac{1}{\sqrt{2\pi}} \mathrm{e}^{-\frac{x^2}{2}}, \quad -\infty < x < +\infty$$

$$f_Y(y) = \frac{1}{\sqrt{2\pi}} \mathrm{e}^{-\frac{y^2}{2}}, \quad -\infty < y < +\infty$$

求 $z = X + Y$ 的概率分布密度.

解 由卷积公式,有

$$f_Z(z) = \int_{-\infty}^{+\infty} f_X(x) f_Y(z-x) \mathrm{d}x = \frac{1}{2\pi} \int_{-\infty}^{+\infty} \mathrm{e}^{-\frac{x^2}{2}} \cdot \mathrm{e}^{-\frac{(z-x)^2}{2}} \mathrm{d}x$$

$$= \frac{1}{2\pi} \mathrm{e}^{-\frac{z^2}{4}} \int_{-\infty}^{+\infty} \cdot \mathrm{e}^{-\left(x-\frac{z}{2}\right)^2} \mathrm{d}x$$

令 $t = x - \dfrac{z}{2}$,则

$$f_Z(z) = \frac{1}{2\pi} \mathrm{e}^{-\frac{z^2}{4}} \int_{-\infty}^{+\infty} \cdot \mathrm{e}^{-t^2} \mathrm{d}t = \frac{1}{2\pi} \mathrm{e}^{-\frac{z^2}{4}} \cdot \sqrt{\pi} = \frac{1}{2\sqrt{\pi}} \mathrm{e}^{-\frac{z^2}{4}}$$

所以,Z 的分布是正态分布 $N(0,2)$.

一般的,设 X,Y 相互独立且 $X \sim N(\mu_1, \sigma_1^2)$,$Y \sim N(\mu_2, \sigma_2^2)$,则 $z = X + Y$ 仍然是正态分布,且形式为 $Z \sim N(\mu_1 + \mu_2, \sigma_1^2 + \sigma_2^2)$.

这个结论还能推广到 n 个随机变量的和的形式. 若 $X_i \sim N(\mu_i, \sigma_i^2)(i = 1, 2, \cdots, n)$,且它们相互独立,则它们的和 $z = X_1 + X_2 + \cdots + X_n$ 仍然服从正态分布,且 $Z \sim N\left(\sum_{i=1}^{n} \mu_i, \sum_{i=1}^{n} \sigma_i^2\right)$

特别,若 $X_1, X_2, \cdots, X_n$ 独立且具有相同的分布 $N(\mu, \sigma^2)$,则 $\bar{X} = \dfrac{1}{n} \sum_{i=1}^{n} X_i \sim N\left(\mu, \dfrac{\sigma^2}{n}\right)$.

例 3.4.3 设 X, Y 相互独立且都服从 $N(0,1)$,求 $z = X^2 + Y^2$ 的概率分布密度.

解 (X, Y) 的联合密度为 $\dfrac{1}{2\pi} \mathrm{e}^{-\frac{1}{2}(x^2 + y^2)}$.

当 $z \leqslant 0$ 时,$P(x^2 + y^2 \leqslant z) = 0$;

当 $z > 0$ 时,有

$$P(x^2 + y^2 \leqslant z) = \iint_D \frac{1}{2\pi} e^{-\frac{1}{2}(x^2 + y^2)} \mathrm{d}x\mathrm{d}y = \int_0^{2\pi} \left(\int_0^{\sqrt{z}} \frac{1}{2\pi} e^{-\frac{1}{2}r^2} r \mathrm{d}r \right) \mathrm{d}\theta$$

$$= \frac{1}{2\pi} \int_0^{2\pi} \left[-e^{-\frac{1}{2}r^2} \right]_0^{\sqrt{z}} \mathrm{d}\theta = 1 - e^{-\frac{z}{2}}$$

从而 $z = X^2 + Y^2$ 的概率分布密度为

$$\varphi(z) = \begin{cases} \dfrac{1}{2} e^{-\frac{z}{2}}, & z > 0; \\ 0, & \text{其他} \end{cases}$$

仿照上例,当 X, Y 相互独立且都服从 $N(0, \sigma^2)$ 时,$z = \sqrt{X^2 + Y^2}$ 的概率分布密度为

$$\varphi(z) = \begin{cases} \dfrac{z}{\sigma^2} e^{-\frac{z^2}{2\sigma^2}}, & z > 0; \\ 0, & \text{其他} \end{cases}$$

称这个分布为瑞利分布.

习　题　三

3.1　设二维随机变量 (X, Y) 的密度函数为

$$f(x, y) = \begin{cases} k e^{-(3x + 4y)}, & x \geqslant 0, y \geqslant 0; \\ 0, & \text{其他} \end{cases}$$

(1) 确定 k 值;

(2) 求 $P(0 \leqslant X \leqslant 1, 0 \leqslant Y \leqslant 2)$.

3.2　将两封信随机地往编号分别为 $1, 2, 3, 4$ 的四个邮筒内投放,以 X_i 表示"第 i 个邮筒内信的数目"$(i = 1, 2)$,写出 (X_1, X_2) 的联合分布列.

3.3　袋中有六只球(三白二红一黑),任取两只,以 X_1 表示"取到的白球数",以 X_2 表示"取到的红球数",试写出 (X_1, X_2) 的联合分布列.

3.4　设 (X, Y) 的联合分布函数为

$$F(x, y) = \frac{1}{\pi^2} \left(\frac{\pi}{2} + \arctan \frac{x}{2} \right) \left(\frac{\pi}{2} + \arctan \frac{y}{3} \right)$$

求:(1) (X, Y) 的联合密度函数 $f(x, y)$;(2) $P(0 \leqslant X < 2, Y < 3)$.

3.5　设 (X, Y) 的联合密度为

$$f(x,y) = \begin{cases} Ae^{-(2x+3y)}, & x>0, y>0; \\ 0, & 其他 \end{cases}$$

求：(1) 常数 A；(2) (X,Y) 的联合分布函数 $F(x,y)$；(3) $P(-1 \leqslant X \leqslant 1, -2 \leqslant Y \leqslant 2)$.

3.6　设随机变量 (X,Y) 在椭圆 $\dfrac{x^2}{a^2} + \dfrac{y^2}{b^2} = 1$ 围成的平面区域 D 内服从均匀分布，试求概率密度函数 $f(x,y)$.

3.7　将两封信随机地往编号分别为 $1,2,3,4$ 的四个邮筒内投放，X_i 表示"第 i 个邮箱内信的数目"$(i=1,2)$，试分别写出 $X_i(i=1,2)$ 的边际分布.

3.8　已知 X 服从参数 $p=0.6$ 的二点分布，在 $X=0$ 与 $X=1$ 下，关于 Y 的条件分布分别如表 $3-21$ 和表 $3-22$ 所示，求：(1) (X,Y) 的联合分布；(2) $Y \neq 1$ 时关于 X 的条件分布.

表 3 - 21

Y	1	2	3
$P(Y|X=0)$	$\dfrac{1}{4}$	$\dfrac{1}{2}$	$\dfrac{1}{4}$

表 3 - 22

X	1	2	3
$P(Y|X=1)$	$\dfrac{1}{2}$	$\dfrac{1}{6}$	$\dfrac{1}{3}$

3.9　设 (X,Y) 的联合密度函数为

$$f(x,y) = \begin{cases} Ae^{-(2x+3y)}, & x>0, y>0; \\ 0, & 其他 \end{cases}$$

求：(1) 常数 A；(2) 边际分布 $f_X(x)$ 与 $f_Y(y)$.

3.10　已知随机变量 (X,Y) 在圆 $x^2+y^2=a^2$ 内服从均匀分布，试求：

(1) (X,Y) 的联合分布密度；

(2) X 与 Y 的边际分布密度；

(3) 条件分布密度 $f_{X|Y}(x|y)$ 与 $f_{Y|X}(y|x)$.

3.11　设 (X,Y) 的联合密度为

$$f(x,y) = \begin{cases} 1, & |y|<x, 0 \leqslant x \leqslant 1; \\ 0, & 其他 \end{cases}$$

求出边际分布 $f_X(x)$ 与 $f_Y(y)$.

3.12　设随机变量 (X,Y) 的联合分布列为

$$f(x,y)=\begin{cases}2, & (x,y)\in D; \\ 0, & 其他\end{cases}$$

其中 D 为 x 轴、y 轴和直线 $x+y=1$ 所围成的区域.

(1) 求边缘分布 $f_X(x)$ 和 $f_Y(y)$;

(2) 判断 X,Y 是否相互独立.

3.13　设 (X,Y) 的联合密度为

$$f(x,y)=\begin{cases}8xy, & 0\leqslant x\leqslant y,0\leqslant y\leqslant 1; \\ 0, & 其他\end{cases}$$

问 X 与 Y 是否相互独立?

3.14　设 X 与 Y 相互独立,它们的密度函数分别为

$$f_X(y)=\begin{cases}1, & 0\leqslant x\leqslant 1, \\ 0, & 其他;\end{cases}\quad f_Y(y)=\begin{cases}e^{-y}, & y>0, \\ 0, & y\leqslant 0\end{cases}$$

求 (X,Y) 的联合密度函数.

3.15　设 X 服从参数为 $\frac{1}{2}$ 的指数分布,Y 服从参数为 $\frac{1}{3}$ 的指数分布,且 X 与 Y 独立,求 $z=X+Y$ 的密度函数.

3.16　设二维连续型随机变量 (X,Y) 的联合密度为

$$f(x,y)=\begin{cases}Ae^{-(2x+3y)}, & x>0,y>0; \\ 0, & 其他\end{cases}$$

求:(1) 系数 A;

(2) (X,Y) 落在三角形区域 $D=\{(x,y)|x\geqslant 0,y\geqslant 0,2x+3y\leqslant 6\}$ 内的概率.

(3) (X,Y) 的分布函数.

3.17　设二维离散型随机变量 (X,Y) 的联合分布如表 3-23 所示,求 X 与 Y 的边缘分布.

表 3-23

X＼Y	0	1
0	$\frac{1}{3}$	$\frac{4}{21}$
1	$\frac{1}{3}$	$\frac{3}{21}$

3.18 设二维随机变量(X,Y)的联合密度为

$$f(x,y) = \begin{cases} 4xy\mathrm{e}^{-x^2-y^2}, & x \geqslant 0, y \geqslant 0; \\ 0, & \text{其他} \end{cases}$$

(1) 求$f_X(x), f_Y(y)$；

(2) 判断X与Y是否独立.

3.19 把一枚均匀的硬币连掷三次，以X表示"三次中出现正面的次数"，以Y"表示在三次中出现正面次数与出现反面的次数差的绝对值"，求(X,Y)的联合分布.

3.20 设(X,Y)服从二维正态分布，其概率密度函数为

$$f(x,y) = \frac{1}{2\pi\sigma^2}\mathrm{e}^{-\frac{x^2+y^2}{2\sigma^2}}, \quad -\infty < x, y < +\infty$$

求$P(X<Y)$.

3.21 设随机变量(X,Y)的概率密度函数为

$$f(x,y) = \begin{cases} x^2 + \dfrac{xy}{3}, & 0 \leqslant x \leqslant 1, 0 \leqslant y \leqslant 2; \\ 0, & \text{其他} \end{cases}$$

求$P(X+Y \geqslant 1)$.

3.22 已知X与Y是相互独立的随机变量，X在$(0,0.2)$上服从均匀分布，Y的概率密度函数是

$$f_Y(y) = \begin{cases} 5\mathrm{e}^{-5y}, & y > 0; \\ 0, & \text{其他} \end{cases}$$

求：(1) (X,Y)的联合密度函数；(2) $P(Y \leqslant x)$.

3.23 已知随机变量(X,Y)的概率密度为

$$f(x,y) = \frac{A}{\pi^2(16+x^2)(25+y^2)}, \quad -\infty < x, y < +\infty$$

求：(1) 常数A；(2) 分布函数$F(x,y)$.

3.24 设随机变量(X,Y)的概率密度函数为

$$f(x,y) = \frac{1}{2\pi\sigma^2}\mathrm{e}^{-\frac{x^2+y^2}{2\sigma^2}}, \quad -\infty < x, y < +\infty$$

求$z = X^2 + Y^2$的概率密度.

3.25 设(X,Y)的联合分布密度为

$$f(x,y) = \begin{cases} 3x, & 0 < x < 1, 0 < y < x; \\ 0, & \text{其他} \end{cases}$$

求 $z = X - Y$ 的密度函数.

　　3.26　若 (X,Y) 的联合密度函数为

$$f(x,y) = \begin{cases} 4xy, & 0 \leqslant x \leqslant 1, 0 \leqslant y \leqslant 1; \\ 0, & \text{其他} \end{cases}$$

问 X 与 Y 是否相互独立?

　　3.27　设 X 与 Y 相互独立,且它们分别服从参数为 λ_1, λ_2 的 Poisson 分布,试证 $Z = X + Y$ 服从参数为 $\lambda_1 + \lambda_2$ 的 Poisson 分布.

第四章　随机变量的数字特征

概率分布全面地描述了随机变量取值的统计规律性.但是在实际问题中,概率分布往往难以准确地给出,并且有时并不需要考察其全面的变化规律,仅仅对随机变量的某些特征感兴趣,这时,一些能集中、概括地反映随机变量统计特征的量,即数字特征,会使问题处理变得很方便,往往能够比较迅速地作出推断.此外,对某些重要分布,只要知道它的某些数字特征就可以完全确定其概率分布,这时对数字特征的研究等同于对概率分布的研究.

本章主要介绍随机变量的常用数字特征(即数学期望、方差、协方差、相关系数和矩)的含义、计算公式、性质以及常见分布的数字特征,在此基础上介绍它们的简单应用.

4.1　随机变量的数学期望

4.1.1　离散型随机变量的数学期望

设一个地区的总人口为 S,其中五分之一的人月收入为 4 千元,五分之二的人月收入为 3 千元,十分之三的人月收入为 2 千元,十分之一的人月收入为 1 千元,则这个地区的人均收入为这个地区人们的总收入除以这个地区的总人口,即

$$\frac{\frac{1}{5}S\times 4+\frac{2}{5}S\times 3+\frac{3}{10}S\times 2+\frac{1}{10}S\times 1}{S}=2.7(千元)$$

将上述公式改写为

$$\frac{1}{5}\times 4+\frac{2}{5}\times 3+\frac{3}{10}\times 2+\frac{1}{10}\times 1 \qquad (4-1)$$

由式(4-1)可知,这个地区人们的平均收入是总收入的加权和,权系数是相应收入的频率(在这里就是该地区人们取各种收入的概率).不妨假设该地区人们的收入为随机变量 X,则 X 的分布列如表 4-1 所示.

表 4 - 1

X	1	2	3	4
$P(X)$	$\dfrac{1}{10}$	$\dfrac{3}{10}$	$\dfrac{2}{5}$	$\dfrac{1}{5}$

这样,这个地区人们的平均收入就是以概率为权的随机变量的加权平均值. 由此引入如下定义.

定义 4.1.1　设离散型随机变量 X 的分布列为

$$P(X = x_k) = p_k, \quad k = 1, 2, \cdots$$

若级数 $\displaystyle\sum_{k=1}^{+\infty} x_k p_k$ 绝对收敛,则称级数 $\displaystyle\sum_{k=1}^{+\infty} x_k p_k$ 的和为随机变量 X 的数学期望,记为 $E(X)$,即

$$E(X) = \sum_{k=1}^{+\infty} x_k p_k \tag{4-2}$$

数学期望 $E(X)$ 是随机变量最重要的数字特征之一,它表征的是随机变量 X 取值的平均值,即重心位置,因此也称 $E(X)$ 为"均值". 实际中,经常会遇到求解"均值"的问题. 例如,已知某种元件的寿命分布,希望了解该元件的平均寿命;又如,需要确知某地区的人均收入和人均消费水平.

由定义知,当 $\displaystyle\sum_{k=1}^{+\infty} x_k p_k$ 不绝对收敛时,X 的数学期望不存在.

例 4.1.1　设随机变量 X 的分布列为

$$P\left\{X = \frac{2^k}{k}\right\} = \frac{1}{2^k}, \quad k = 1, 2, \cdots$$

试证明 $E(X)$ 不存在.

证明　因为 $\displaystyle\sum_{k=1}^{+\infty} |x_k P\{X = x_k\}| = \sum_{k=1}^{+\infty} \frac{1}{k}$ 不收敛,所以根据定义 4.1.1 可知 $E(X)$ 不存在.

注意:随机变量的数学期望不再是随机变量,而是确定的实数;另外,若无穷级数绝对收敛,则可保证求和不受各项次序变动的影响.

下面以常用离散型随机变量为例讨论数学期望的求法.

例 4.1.2　设随机变量 X 的分布列如表 4 - 2 所示,求 $E(X)$.

表 4 - 2

X	-1	1	2
$P(X)$	0.1	0.7	0.2

解 按式(4-2),则 $E(X)=(-1)\times0.1+1\times0.7+2\times0.2=1$.

例 4.1.3 设 $X\sim B(n,p)$,求 $E(X)$.

解 因为 X 的分布列为

$$P(X=k)=C_n^k p^k q^{n-k},\quad k=0,1,\cdots,n;0<p<1;p+q=1$$

所以

$$E(X)=\sum_{k=0}^n kP(X=k)=\sum_{k=0}^n k\frac{n!}{k!(n-k)!}p^k q^{n-k}$$

$$=np\sum_{k=1}^n\frac{(n-1)!}{(k-1)!(n-k)!}p^{k-1}q^{n-k}\xrightarrow{i=k-1}np\sum_{i=0}^{n-1}C_{n-1}^i p^i q^{n-1-i}$$

$$=np$$

特别的,当 $X\sim B(1,p)$ 时,$E(X)=p$.

例 4.1.4 设 $X\sim P(\lambda)(\lambda>0)$,求 $E(X)$.

解 因为 X 的分布列为 $P(X=k)=\dfrac{\lambda^k}{k!}e^{-\lambda}$,$k=0,1,2,\cdots$,所以

$$E(X)=\sum_{k=0}^\infty kP(X=k)=\sum_{k=0}^\infty k\frac{\lambda^k}{k!}e^{-\lambda}=\lambda e^{-\lambda}\sum_{k=1}^\infty\frac{\lambda^{k-1}}{(k-1)!}=\lambda$$

4.1.2 连续型随机变量的数学期望

对一维连续型随机变量 X 的数学期望可仿照离散型随机变量数学期望定义.

定义 4.1.2 设连续型随机变量 X 的概率密度为 $f(x)$,若积分 $\displaystyle\int_{-\infty}^{+\infty}xf(x)\mathrm{d}x$ 绝对收敛,则称 $\displaystyle\int_{-\infty}^{+\infty}xf(x)\mathrm{d}x$ 的值为随机变量 X 的数学期望,记为 $E(X)$,即

$$E(X)=\int_{-\infty}^{+\infty}xf(x)\mathrm{d}x \tag{4-3}$$

若积分 $\displaystyle\int_{-\infty}^{+\infty}|xf(x)|\mathrm{d}x$ 不收敛,则 X 的数学期望不存在.

例 4.1.5 设随机变量 X 服从柯西分布,即有

$$f(x)=\frac{1}{\pi(1+x^2)},\quad -\infty<x<+\infty$$

求数学期望 $E(X)$.

解 按式(4-3),应有

$$E(X) = \frac{1}{\pi} \int_{-\infty}^{+\infty} \frac{x}{1+x^2} \mathrm{d}x$$

但反常积分 $\int_{-\infty}^{+\infty} \frac{x}{1+x^2} \mathrm{d}x$ 不绝对收敛,所以数学期望 $E(X)$ 不存在.

例 4.1.6 设 $X \sim U(a,b)(a<b)$,求 $E(X)$.

解 因为 X 的密度函数为

$$f(x) = \begin{cases} \dfrac{1}{b-a}, & a \leqslant x \leqslant b; \\ 0, & 其他 \end{cases}$$

所以

$$E(X) = \int_{-\infty}^{+\infty} xf(x)\mathrm{d}x = \int_a^b \frac{x}{b-a}\mathrm{d}x = \frac{1}{b-a} \frac{x^2}{2}\bigg|_a^b = \frac{a+b}{2}$$

从几何角度看,均匀分布的期望(或重心)正好是区间 $[a,b]$ 的几何中心位置,即 $\dfrac{a+b}{2}$.

例 4.1.7 设 $X \sim e(\lambda)(\lambda>0)$,求 $E(X)$.

解 因为 X 的密度函数为

$$f(x) = \begin{cases} \lambda\mathrm{e}^{-\lambda x}, & x>0; \\ 0, & x \leqslant 0 \end{cases}$$

所以

$$E(X) = \int_{-\infty}^{+\infty} xf(x)\mathrm{d}x = \int_0^{+\infty} x\lambda\mathrm{e}^{-\lambda x}\mathrm{d}x = \frac{1}{\lambda}$$

由此可见,指数分布中参数的倒数是随机变量的期望值.

例 4.1.8 设 $X \sim N(\mu,\sigma^2)$,$(\sigma>0)$,求 $E(X)$.

解 因为 X 的密度函数为 $f(x) = \dfrac{1}{\sqrt{2\pi}\sigma}\mathrm{e}^{-\frac{(x-\mu)^2}{2\sigma^2}}$,$x\in(-\infty,+\infty)$,所以

$$E(X) = \int_{-\infty}^{+\infty} xf(x)\mathrm{d}x = \int_{-\infty}^{+\infty} x\frac{1}{\sqrt{2\pi}\sigma}\mathrm{e}^{-\frac{(x-\mu)^2}{2\sigma^2}}\mathrm{d}x \xlongequal{t=\frac{x-\mu}{\sigma}} \int_{-\infty}^{+\infty}(\sigma t+\mu)\frac{1}{\sqrt{2\pi}}\mathrm{e}^{-\frac{t^2}{2}}\mathrm{d}t$$

$$= \sigma\int_{-\infty}^{+\infty} \frac{t}{\sqrt{2\pi}}\mathrm{e}^{-\frac{t^2}{2}}\mathrm{d}t + \mu\int_{-\infty}^{+\infty} \frac{1}{\sqrt{2\pi}}\mathrm{e}^{-\frac{t^2}{2}}\mathrm{d}t = \mu$$

由此可见,正态分布中的参数 μ 就是正态随机变量的期望值.

4.1.3　随机变量函数的数学期望

在实际中常常遇到这样的问题：已知一批机械零件截面圆的直径 X 服从正态分布，求这批零件截面的平均面积 $E\left(\dfrac{\pi}{4}X^2\right)$，这实际上是求随机变量函数的数学期望. 下面介绍求解这类问题的计算公式.

定理 4.1.1　设 X 是离散型随机变量，它的分布列为

$$P(X = x_k) = p_k, \quad k = 1, 2, \cdots$$

若 $\displaystyle\sum_{k=1}^{\infty} g(x_k) p_k$ 绝对收敛，则有

$$E[g(X)] = \sum_{k=1}^{\infty} g(x_k) p_k \tag{4-4}$$

例 4.1.9　设随机变量 X 的分布列如表 4-3 所示，求随机变量 $Y = 2X^2$ 的数学期望.

表 4-3

X	-1	0	1	2
$P(X)$	0.1	0.4	0.2	0.3

解　由式 (4-4)，得

$$E(Y) = 2(-1)^2 \times 0.1 + 2 \times 0^2 \times 0.4 + 2 \times 1^2 \times 0.2 + 2 \times 2^2 \times 0.3 = 3$$

容易验证这与先求出随机变量函数 $Y = 2X^2$ 的概率分布，然后再按式 (4-2) 计算得到的结果是相同的：

$$E(Y) = 2 \times 0.1 + 0 \times 0.4 + 2 \times 0.2 + 8 \times 0.3 = 3$$

定理 4.1.2　设 X 是连续型随机变量，且它的概率密度为 $f(x)$，如果 $\displaystyle\int_{-\infty}^{+\infty} g(x) f(x)\,\mathrm{d}x$ 绝对收敛，则有

$$E[g(X)] = \int_{-\infty}^{+\infty} g(x) f(x)\,\mathrm{d}x \tag{4-5}$$

例 4.1.10　设随机变量 X 在区间 $[0, \pi]$ 上服从均匀分布，求随机变量函数 $Y = \sin X$ 的数学期望.

解　易知随机变量 X 的密度函数

$$f(x) = \begin{cases} \dfrac{1}{\pi}, & 0 \leqslant x \leqslant \pi; \\ 0, & \text{其他} \end{cases}$$

按式(4-5)得

$$E(Y) = \int_0^\pi \sin x \cdot \frac{1}{\pi} \mathrm{d}x = \frac{1}{\pi} \int_0^\pi \sin x \mathrm{d}x = \frac{2}{\pi}$$

容易验证这与先求出随机变量函数 $Y = \sin X$ 的概率密度,然后再按式(4-3)计算得到的结果是相同的:

$$E(Y) = \int_0^1 y \cdot \frac{2}{\pi} \frac{1}{\sqrt{1-y^2}} \mathrm{d}y = \frac{2}{\pi} \int_0^1 \frac{y}{\sqrt{1-y^2}} \mathrm{d}y = \frac{2}{\pi}$$

上述定理还可以推广到两个或两个以上随机变量的函数情况,这里我们给出两个随机变量的函数 $Z = g(X,Y)$ 的情况.

定理 4.1.3　设 Z 是随机变量 (X,Y) 的函数,这里 $z = g(x,y)$ 是二元连续函数.

(1) 设二维离散型随机变量 (X,Y) 的分布列为

$$P(X = x, Y = y) = p_{ij} \quad (i,j = 1,2,\cdots)$$

如果级数 $\displaystyle\sum_{i=1}^{+\infty} \sum_{j=1}^{+\infty} g(x_i, y_j) p_{ij}$ 绝对收敛,即 $\displaystyle\sum_{i=1}^{+\infty} \sum_{j=1}^{+\infty} |g(x_i, y_j) p_{ij}|$ 收敛,则有

$$E(Z) = E[g(X,Y)] = \sum_{i=1}^{+\infty} \sum_{j=1}^{+\infty} g(x_i, y_j) p_{ij} \tag{4-6}$$

(2) 设二维连续型随机变量 (X,Y) 的概率密度函数为 $f(x,y)$,如果积分

$$\int_{-\infty}^{+\infty} \int_{-\infty}^{+\infty} g(x,y) f(x,y) \mathrm{d}x \mathrm{d}y$$

绝对收敛,即

$$\int_{-\infty}^{+\infty} \int_{-\infty}^{+\infty} |g(x,y)| f(x,y) \mathrm{d}x \mathrm{d}y$$

收敛,则有

$$E(Z) = E[g(X,Y)] = \int_{-\infty}^{+\infty} \int_{-\infty}^{+\infty} g(x,y) f(x,y) \mathrm{d}x \mathrm{d}y \tag{4-7}$$

例 4.1.11　设二维随机变量 (X,Y) 的联合概率密度为

$$f(x,y) = \begin{cases} \dfrac{8}{\pi\,(x^2+y^2+1)^3}, & x \geqslant 0, y \geqslant 0; \\ 0, & \text{其他} \end{cases}$$

求随机变量函数 $Z = X^2 + Y^2$ 的数学期望.

解　按式(4-7),得

$$E(Z) = E(X^2 + Y^2)$$

$$= \int_0^{+\infty}\int_0^{+\infty} (x^2+y^2)\cdot\frac{8}{\pi\,(x^2+y^2+1)^3}\mathrm{d}x\mathrm{d}y$$

$$= \frac{8}{\pi}\int_0^{+\infty}\int_0^{+\infty}\frac{x^2+y^2}{(x^2+y^2+1)^3}\mathrm{d}x\mathrm{d}y$$

$$= \frac{8}{\pi}\int_0^{\frac{\pi}{2}}\mathrm{d}\theta\int_0^{+\infty}\frac{r^2}{(r^2+1)^3}r\mathrm{d}r$$

$$= \frac{8}{\pi}\cdot\frac{\pi}{2}\cdot\frac{1}{4} = 1$$

不难验证这与先求出随机变量函数 $Z=X^2+Y^2$ 的概率密度,再按式(4-7)计算得到的结果是相同的:

$$E(Z) = \int_0^{+\infty} z\cdot\frac{2}{(z+1)^3}\mathrm{d}z = 2\int_0^{+\infty}\frac{z}{(z+1)^3}\mathrm{d}z = 2\cdot\frac{1}{2} = 1$$

4.1.4　数学期望的性质

数学期望之所以在理论和应用上都极为重要,除了它本身的含义外,还有一个原因就是它具有良好的性质,这些性质使得它在应用上很方便.下面介绍数学期望的基本性质.

(1) 设 c 是常数,则有

$$E(c) = c$$

(2) 设 X 是随机变量,a,b 是任意常数,则有

$$E(aX+b) = aE(X)+b$$

(3) 设 X,Y 是任意两个随机变量,a,b 是任意常数,则有

$$E(aX+bY) = aE(X)+bE(Y)$$

利用数学归纳法,可以把性质(3)推广到任意有限多个随机变量的情形.

(3)* 设 $X_1,X_2,\cdots,X_n$ 是 n 个随机变量,$c_1,c_2,\cdots,c_n$ 是常数,则有

$$E\Big(\sum_{i=1}^{n}c_{i}X_{i}\Big)=\sum_{i=1}^{n}c_{i}E(X_{i})$$

（4）设 X,Y 是相互独立的两个随机变量，则有

$$E(XY)=E(X)E(Y)$$

利用数学归纳法，可以把性质（4）推广到任意有限多个随机变量的情形.

（4）* 设 $X_{1},X_{2},\cdots,X_{n}$ 是 n 个相互独立的随机变量，则有

$$E\Big(\prod_{i=1}^{n}X_{i}\Big)=\prod_{i=1}^{n}E(X_{i})$$

性质（1）显然成立.下面不妨设 (X,Y) 为连续型随机变量，$f_{X}(x),f_{Y}(y)$ 和 $f(x,y)$ 分别为 X,Y 和 (X,Y) 的密度函数，证明性质（2），（3）和（4）.

证明　（2）$E(aX+b)=\displaystyle\int_{-\infty}^{+\infty}(ax+b)f_{X}(x)\mathrm{d}x$

$$=a\int_{-\infty}^{+\infty}xf_{X}(x)\mathrm{d}x+b\int_{-\infty}^{+\infty}f_{X}(x)\mathrm{d}x$$

$$=aE(X)+b$$

（3）$E(aX+bY)=\displaystyle\int_{-\infty}^{+\infty}\int_{-\infty}^{+\infty}(ax+by)f(x,y)\mathrm{d}x\mathrm{d}y$

$$=a\int_{-\infty}^{+\infty}\int_{-\infty}^{+\infty}xf(x,y)\mathrm{d}x\mathrm{d}y+b\int_{-\infty}^{+\infty}\int_{-\infty}^{+\infty}yf(x,y)\mathrm{d}x\mathrm{d}y$$

$$=aE(X)+bE(Y)$$

（4）$E(XY)=\displaystyle\int_{-\infty}^{+\infty}\int_{-\infty}^{+\infty}xyf(x,y)\mathrm{d}x\mathrm{d}y$

$$=\int_{-\infty}^{+\infty}\int_{-\infty}^{+\infty}xyf_{X}(x)f_{Y}(y)\mathrm{d}x\mathrm{d}y \quad （利用 X 与 Y 的独立性）$$

$$=\Big(\int_{-\infty}^{+\infty}xf_{X}(x)\mathrm{d}x\Big)\Big(\int_{-\infty}^{+\infty}yf_{Y}(y)\mathrm{d}y\Big)$$

$$=E(X)E(Y)$$

以上证明对离散型随机变量类似.

例 4.1.12　设随机变量 X 与 Y 相互独立，且 $X\sim N(2,4),Y\sim e(5)$，求 $E(2X-5Y+1)$ 和 $E(-3XY)$.

解　因为 $X\sim N(2,4),Y\sim e(5)$，所以 $E(X)=2,E(Y)=\dfrac{1}{5}=0.2$，从而

$$E(2X-5Y+1)=2E(X)-5E(Y)+1=4$$

$$E(-3XY)=-3E(X)E(Y)=-1.2$$

例 4.1.13 设一台设备由四个部件组装而成,部件的正常运转决定着设备的正常运转.在设备运转中部件需要调整的概率分别为 $0.1,0.2,0.25,0.15$,假设各部件的运转状态相互独立,用 X 表示"同时需要调整的部件数",试求 X 的数学期望.

解 设

$$X_i=\begin{cases}1, & \text{第 } i \text{ 个部件需要调整;} \\ 0, & \text{第 } i \text{ 个部件不需要调整}\end{cases} \quad (i=1,2,3,4)$$

易见 $X=X_1+X_2+X_3+X_4$. 由题设知

$$X_i\sim B(1,p_i), \quad i=1,2,3,4$$

其中 $p_1=0.1,p_2=0.2,p_3=0.25,p_4=0.15$,则

$$\begin{aligned} E(X)&=E(X_1)+E(X_2)+E(X_3)+E(X_4) \\ &=0.1+0.2+0.25+0.15=0.7 \end{aligned}$$

4.1.5 数学期望的应用

在某些随机性决策问题中有许多随机变量数学期望的应用,如下面的这道例题.

例 4.1.14 某保险公司制订赔偿方案:如果在一年内一个顾客的投保事件 A 发生,该公司就赔偿顾客 a 元. 若已知一年内事件 A 发生的概率为 p,为使保险公司收益的期望值等于 a 的 5%,该公司应该要求顾客交纳多少保险费?

解 设顾客交纳 x(元/年)保险费,公司收益用 Y 表示,则有

$$Y=\begin{cases}x, & \text{若事件 } A \text{ 不发生;} \\ x-a, & \text{若事件 } A \text{ 发生}\end{cases}$$

故

$$E(Y)=xP(\overline{A})+(x-a)P(A)=x(1-p)+(x-a)p=x-ap$$

为使保险公司收益的期望值等于 a 的 5%,即 $x-ap=a\cdot5\%$,则 $x=a(p+5\%)$.

4.2 随机变量的方差

4.2.1 方差的概念

为了表现随机变量的数字特征,单凭一个数字——随机变量的数学期望是不够的. 例如,有两家企业生产同一种产品,各自产品的质量指标平均来讲都能达到

质量要求,但一家企业的产品质量指标波动很小,质量稳定,另一家企业的产品质量指标则波动较大,出现产品质量指标超标或低于标准的现象,这两者的实际后果当然不同.对产品质量指标的波动性刻画可以使用随机变量的另一个数字特征——方差.

假设随机变量 X 的数学期望为 $E(X)$,则随机变量 X 与 $E(X)$ 的偏离量 $X-E(X)$ 也是一个随机变量,但由于正负偏离量相互抵消,偏离量 $X-E(X)$ 的数学期望为 0,我们不能用偏离量 $X-E(X)$ 的数学期望来描述随机变量分布的分散程度.为避免正负偏离量相互抵消,最简单的是考虑偏离量的绝对值的平均,即 $E|X-E(X)|$.不过 $y=|x|$ 是一个不可导的函数,在数学上处理很不方便,人们就使用了另一种方法——求 $[X-E(X)]^2$ 的平均值即 $E\{[X-E(X)]^2\}$ 来描述随机变量分布的分散程度.

定义 4.2.1 设 X 是一个随机变量,如果 $E\{[X-E(X)]^2\}$ 存在,则称 $E\{[X-E(X)]^2\}$ 为随机变量 X 的方差,记为 $D(X)$,即

$$D(X) = E\{[X-E(X)]^2\} \tag{4-8}$$

(1)设离散型随机变量 X 的分布律为 $P(X=x_k)=p_k, k=1,2,\cdots$,则按式(4-8)得

$$D(X) = \sum_k [x_k - E(X)]^2 p_k \tag{4-9}$$

(2)设连续型随机变量 X 的概率密度为 $f(x)$,则按式(4-8)得

$$D(X) = \int_{-\infty}^{+\infty} [x - E(X)]^2 f(x) \mathrm{d}x \tag{4-10}$$

由方差的定义可知,随机变量的方差总是一个正数.显然,当随机变量的可能值密集在数学期望的附近时,方差较小;在相反的情况下,方差较大.所以,由方差的大小可以推断随机变量分布的分散程度.

不难看出,随机变量方差的量纲是随机变量量纲的平方.在实用上为了方便起见,我们有时不用方差而采用方差的算术平方根.随机变量 X 的方差的算术平方根叫作随机变量 X 的标准差或均方差,记作 $\sigma(X)$,即

$$\sigma(X) = \sqrt{D(X)} \tag{4-11}$$

或

$$D(X) = \sigma^2(X) \tag{4-12}$$

显然,随机变量的标准差与随机变量有相同的量纲.

注意:随机变量 X 的方差存在,则数学期望一定存在;反之则不然.

根据期望的性质可得方差的另一表达式：

$$D(X) = E(X^2) - [E(X)]^2 \tag{4-13}$$

方差的这个表达式在计算上往往较为方便. 另一方面,当知道 X 的期望和方差时,就可以按下式计算 $E(X^2)$：

$$E(X^2) = D(X) + [E(X)]^2 \tag{4-14}$$

例 4.2.1 设随机变量 X 服从"$0-1$ 分布",求方差 $D(X)$.

解 先求 $E(X) = 1 \times p + 0 \times (1-p) = p$,再计算 $E(X^2)$：

$$E(X^2) = 1^2 \times p + 0^2 \times (1-p) = p$$

按式(4-13)得

$$D(X) = E(X^2) - [E(X)]^2 = p - p^2 = p(1-p) = pq$$

例 4.2.2 设 $X \sim P(\lambda)(\lambda > 0)$,求 $D(X)$.

解 我们已经求得 $E(X) = \lambda$,现在计算 $E(X^2)$：

$$E(X^2) = \sum_{k=0}^{\infty} k^2 P(X=k) = \sum_{k=0}^{\infty} k^2 \frac{\lambda^k}{k!} \mathrm{e}^{-\lambda} = \lambda \mathrm{e}^{-\lambda} \sum_{k=1}^{\infty} k \frac{\lambda^{k-1}}{(k-1)!}$$

$$= \lambda \mathrm{e}^{-\lambda} \sum_{k=0}^{\infty} (k+1) \frac{\lambda^k}{k!} = \lambda \mathrm{e}^{-\lambda} \lambda \sum_{k=1}^{\infty} \frac{\lambda^{k-1}}{(k-1)!} + \lambda \mathrm{e}^{-\lambda} \sum_{k=0}^{\infty} \frac{\lambda^k}{k!}$$

$$= \lambda \mathrm{e}^{-\lambda} \lambda \mathrm{e}^{\lambda} + \lambda \mathrm{e}^{-\lambda} \mathrm{e}^{\lambda} = \lambda(\lambda+1)$$

按式(4-13)得

$$D(X) = E(X^2) - [E(X)]^2 = \lambda(\lambda+1) - \lambda^2 = \lambda$$

由此可见,泊松分布中唯一的参数 λ 既是它的期望又是它的方差.

例 4.2.3 设 $X \sim B(n,p)$,求 $D(X)$.

解 我们已经求得 $E(X) = np$,现在计算 $E(X^2)$：

$$E(X^2) = \sum_{k=0}^{n} k^2 P(X=k) = \sum_{k=1}^{n} k^2 C_n^k p^k q^{n-k} = np \sum_{k=1}^{n} k C_{n-1}^{k-1} p^{k-1} q^{n-k}$$

$$= np \sum_{k=0}^{n-1} (k+1) C_{n-1}^k p^k q^{n-1-k}$$

$$= np \sum_{k=0}^{n-1} k C_{n-1}^k p^k q^{n-1-k} + np \sum_{k=0}^{n-1} C_{n-1}^k p^k q^{n-1-k}$$

$$= np(n-1)p + np = np(np+q)$$

按式(4-13)得

$$D(X) = E(X^2) - [E(X)]^2 = np(np+q) - (np)^2 = npq$$

例 4.2.4 设 $X \sim U(a,b)(a < b)$,求 $D(X)$.

解 我们已经知道均匀分布的 $E(X) = \dfrac{a+b}{2}$,而

$$E(X^2) = \int_{-\infty}^{+\infty} x^2 f(x)\mathrm{d}x = \int_a^b \frac{x^2}{b-a}\mathrm{d}x = \frac{1}{b-a} \frac{x^3}{3}\Big|_a^b = \frac{a^2+ab+b^2}{3}$$

从而

$$D(X) = E(X^2) - [E(X)]^2 = \frac{a^2+ab+b^2}{3} - \left(\frac{a+b}{2}\right)^2 = \frac{1}{12}(b-a)^2$$

例 4.2.5 设 $X \sim e(\lambda)(\lambda > 0)$,求 $D(X)$.

解 我们已经知道指数分布的 $E(X) = \dfrac{1}{\lambda}$,而

$$E(X^2) = \int_{-\infty}^{+\infty} x^2 f(x)\mathrm{d}x = \int_0^{+\infty} x^2 \lambda \mathrm{e}^{-\lambda x}\mathrm{d}x = \frac{2}{\lambda^2}$$

从而

$$D(X) = E(X^2) - [E(X)]^2 = \frac{2}{\lambda^2} - \left(\frac{1}{\lambda}\right)^2 = \frac{1}{\lambda^2}$$

例 4.2.6 设 $X \sim N(\mu,\sigma^2)(\sigma > 0)$,求 $D(X)$.

解 我们已经知道正态分布的 $E(X) = \mu$,而

$$E(X^2) = \int_{-\infty}^{+\infty} x^2 f(x)\mathrm{d}x = \int_{-\infty}^{+\infty} x^2 \frac{1}{\sqrt{2\pi}\sigma} \mathrm{e}^{-\frac{(x-\mu)^2}{2\sigma^2}}\mathrm{d}x \xLongequal{t=\frac{x-\mu}{\sigma}} \int_{-\infty}^{+\infty} (\sigma t + \mu)^2 \frac{1}{\sqrt{2\pi}} \mathrm{e}^{-\frac{t^2}{2}}\mathrm{d}t$$

$$= \sigma^2 \int_{-\infty}^{+\infty} \frac{t^2}{\sqrt{2\pi}} \mathrm{e}^{-\frac{t^2}{2}}\mathrm{d}t + 2\mu\sigma \int_{-\infty}^{+\infty} \frac{t}{\sqrt{2\pi}} \mathrm{e}^{-\frac{t^2}{2}}\mathrm{d}t + \mu^2 \int_{-\infty}^{+\infty} \frac{1}{\sqrt{2\pi}} \mathrm{e}^{-\frac{t^2}{2}}\mathrm{d}t$$

$$= \sigma^2 + \mu^2$$

从而

$$D(X) = E(X^2) - [E(X)]^2 = \sigma^2 + \mu^2 - \mu^2 = \sigma^2$$

由此可见,正态分布中的参数 σ^2 就是正态随机变量的方差.

4.2.2 方差的性质

方差具有以下性质:

（1）设 c 为常数，则

$$D(c) = 0$$

（2）设 X 是随机变量，a,b 是任意常数，则有

$$D(aX + b) = a^2 D(X)$$

（3）设 X,Y 是任意两个随机变量，则有

$$D(X \pm Y) = D(X) + D(Y) \pm 2E[(X - E(X))(Y - E(Y))]$$

特别的，如果 X,Y 相互独立，则

$$D(X \pm Y) = D(X) + D(Y)$$

利用数学归纳法，可以把性质（3）推广到任意有限多个独立随机变量的情形.

（3）* 设 $X_1, X_2, \cdots, X_n$ 是 n 个相互独立的随机变量，则有

$$D\left(\sum_{i=1}^{n} X_i \right) = \sum_{i=1}^{n} D(X_i)$$

性质（1）和（2）显然成立，下面证明性质（3）.

证明　$D(X \pm Y) = E\{[(X \pm Y) - E(X \pm Y)]^2\}$

$\qquad\qquad = E\{[(X - E(X)) \pm (Y - E(Y))]^2\}$

$\qquad\qquad = E[(X - E(X))^2 + (Y - E(Y))^2 \pm 2(X - E(X))(Y - E(Y))]$

$\qquad\qquad = E[(X - E(X))^2] + E[(Y - E(Y))^2] \pm$

$\qquad\qquad\quad 2E[(X - E(X))(Y - E(Y))]$

$\qquad\qquad = D(X) + D(Y) \pm 2E[(X - E(X))(Y - E(Y))]$

特别的，如果 X,Y 相互独立，则

$$E[(X - E(X))(Y - E(Y))] = E(XY) - E(X)E(Y) = 0$$

于是

$$D(X \pm Y) = D(X) + D(Y)$$

例 4.2.7　已知随机变量 X 的数学期望为 $E(X)$，标准差为 $\sigma(X) > 0$，设随机变量

$$X^* = \frac{X - E(X)}{\sigma(X)} \quad （通常把 X^* 叫作标准化的随机变量）$$

证明：$E(X^*) = 0，D(X^*) = 1$.

证明　应用随机变量的数学期望及方差的性质,并注意到 $E(X)$ 及 $\sigma(X)$ 都是常数,易知

$$E(X^*) = E\left[\frac{X-E(X)}{\sigma(X)}\right] = \frac{E[X-E(X)]}{\sigma(X)} = \frac{E(X)-E(X)}{\sigma(X)} = 0$$

$$D(X^*) = D\left[\frac{X-E(X)}{\sigma(X)}\right] = \frac{D[X-E(X)]}{\sigma^2(X)} = \frac{D(X)}{\sigma^2(X)} = 1$$

例 4.2.8　设随机变量 X,Y 相互独立,且 $X \sim N(720,30^2)$,$Y \sim N(640,25^2)$,求概率 $P\{X>Y\}$ 和 $P\{X+Y>1\,400\}$.

解　由 X,Y 相互独立知

$$E(X-Y) = E(X) - E(Y) = 720 - 640 = 80$$

$$D(X-Y) = D(X) + D(Y) = 900 + 625 = 1\,525$$

且 $X-Y \sim N(80,1\,525)$,所以得

$$P\{X>Y\} = P\{X-Y>0\} = 1 - \Phi\left(\frac{0-80}{\sqrt{1\,525}}\right) = \Phi(2.048\,6) = 0.979\,8$$

同理可知 $X+Y \sim N(1\,360,1\,525)$,所以得

$$P\{X+Y>1\,400\} = 1 - \Phi\left(\frac{1\,400-1\,360}{\sqrt{1\,525}}\right) = 1 - \Phi(1.02)$$

$$= 1 - 0.846\,1 = 0.153\,9$$

4.3　协方差和相关系数

随机变量的数学期望和方差仅能反映随机变量自身的特征,然而随机变量之间可能存在着某种相关关系,如人的身高与体重、气象中的温度与湿度、商品的广告费用与销量等. 因此,对于二维随机变量(X,Y),我们除了讨论随机变量 X 与 Y 的数学期望和方差之外,还要给出一个描述 X 与 Y 之间相互关系的数字特征.

4.3.1　协方差

在本章第 4.2 节对方差性质的证明中我们已经看到,当 X 与 Y 相互独立时,有

$$E\{[X-E(X)][Y-E(Y)]\} = 0$$

这意味着当

$$E\{[X-E(X)][Y-E(Y)]\} \neq 0$$

时,X 与 Y 必定不相互独立,而是有一定的关系的.因此给出以下定义.

定义 4.3.1   设 (X,Y) 是一个二维随机变量,若 $E\{[X-E(X)][Y-E(Y)]\}$ 存在,则称它是随机变量 X 与 Y 的协方差,记为 $\mathrm{cov}(X,Y)$,即

$$\mathrm{cov}(X,Y) = E\{[X-E(X)][Y-E(Y)]\} \tag{4-15}$$

当 (X,Y) 是离散型随机变量,联合分布列为 $P(X=x_i,Y=y_j)=p_{ij}$ 时

$$\mathrm{cov}(X,Y) = \sum_{i=1}^{\infty}\sum_{j=1}^{\infty}[x_i-E(X)][y_j-E(Y)]p_{ij} \tag{4-16}$$

当 (X,Y) 是连续型随机变量,联合密度函数为 $f(x,y)$ 时

$$\mathrm{cov}(X,Y) = \int_{-\infty}^{+\infty}\int_{-\infty}^{+\infty}[x-E(x)][y-E(Y)]f(x,y)\mathrm{d}x\mathrm{d}y \tag{4-17}$$

关于协方差,我们有下面的定理.

定理 4.3.1   随机变量 X 与 Y 的协方差等于这两个随机变量的乘积的数学期望减去各个随机变量的数学期望的乘积,即

$$\mathrm{cov}(X,Y) = E(XY) - E(X)E(Y) \tag{4-18}$$

证明   按公式 $(4-15)$,并利用关于数学期望的性质得

$$\begin{aligned}
\mathrm{cov}(X,Y) &= E\{[X-E(X)][Y-E(Y)]\} \\
&= E[XY - XE(Y) - YE(X) + E(X)E(Y)] \\
&= E(XY) - E(X)E(Y) - E(X)E(Y) + E(X)E(Y) \\
&= E(XY) - E(X)E(Y)
\end{aligned}$$

利用已证明的上述定理,可以简化协方差的计算.

例 4.3.1   设二维随机变量 (X,Y) 的联合分布列如表 $4-4$ 所示,其中 $p+q=1$,求协方差 $\mathrm{cov}(X,Y)$.

表 4-4

Y \ X	0	1
0	q	0
1	0	p

解   由上面的分布列,可得随机变量 X 与 Y 的边缘分布列分别如表 $4-5$、表

4-6 所示:

	表 4-5	
X	0	1
P	q	p

	表 4-6	
Y	0	1
P	q	p

X 与 Y 均服从(0-1)分布,故知

$$E(X) = p, \quad E(Y) = p$$

于是有

$$\mathrm{cov}(X, Y) = E(XY) - E(X)E(Y)$$
$$= 0 \times 0 \times q + 0 \times 1 \times 0 + 1 \times 0 \times 0 + 1 \times 1 \times p - p \times p$$
$$= p - p^2 = pq$$

例 4.3.2 设二维随机变量 (X, Y) 的联合密度函数为

$$f(x, y) = \begin{cases} \dfrac{1}{(b-a)(d-c)}, & a \leqslant x \leqslant b, c \leqslant y \leqslant d; \\ 0, & \text{其他} \end{cases}$$

求 $\mathrm{cov}(X, Y)$.

解 因为

$$E(X) = \int_a^b \int_c^d x \cdot \frac{1}{(b-a)(d-c)} \mathrm{d}y \mathrm{d}x = \frac{a+b}{2}$$

$$E(Y) = \int_a^b \int_c^d y \cdot \frac{1}{(b-a)(d-c)} \mathrm{d}y \mathrm{d}x = \frac{c+d}{2}$$

$$E(XY) = \int_a^b \int_c^d xy \cdot \frac{1}{(b-a)(d-c)} \mathrm{d}y \mathrm{d}x = \frac{(a+b)(c+d)}{4}$$

所以

$$\mathrm{cov}(X, Y) = E(XY) - E(X)E(Y) = 0$$

定理 4.3.2 设随机变量 X 与 Y 相互独立,则它们的协方差等于零,即

$$\mathrm{cov}(X, Y) = 0$$

证明 因为 X 与 Y 相互独立,所以由本章第 4.1 节中数学期望的性质知

$$E(XY) = E(X)E(Y)$$

于是,由公式(4 - 15)即得

$$\text{cov}(X,Y) = E(XY) - E(X)E(Y) = E(X)E(Y) - E(X)E(Y) = 0$$

由定理 4.3.2 可知,如果随机变量的协方差不等于零,则它们是不独立的,或者说,它们之间具有某种联系. 但是,必须指出,协方差等于零只是随机变量独立的必要条件,而不是充分条件;也就是说,由随机变量的协方差等于零决不能推断它们是独立的.

例 4.3.3 设 X 与 Y 是任意两个随机变量,证明:

$$D(X+Y) = D(X) + D(Y) + 2\text{cov}(X,Y) \tag{4-19}$$

证明   由随机变量方差的定义,并利用数学期望的性质得

$$\begin{aligned}
D(X+Y) &= E\{[(X+Y) - E(X+Y)]^2\} \\
&= E\{[(X-E(X)) + (Y-E(Y))]^2\} \\
&= E\{[X-E(X)]^2 + [Y-E(Y)]^2 + 2[X-E(X)][Y-E(Y)]\} \\
&= E\{[X-E(X)]^2\} + E\{[Y-E(Y)]^2\} + 2E\{[X-E(X)][Y-E(Y)]\} \\
&= D(X) + D(Y) + 2\text{cov}(X,Y)
\end{aligned}$$

由此可知,如果随机变量 X 与 Y 相互独立,则因为 $\text{cov}(X,Y) = 0$,即得到公式

$$D(X+Y) = D(X) + D(Y)$$

协方差具有下述性质:

① $\text{cov}(X,Y) = \text{cov}(Y,X)$;

② $\text{cov}(aX,bY) = ab\text{cov}(X,Y)$,其中 a,b 为常数;

③ $\text{cov}(X+Y,Z) = \text{cov}(X,Z) + \text{cov}(Y,Z)$.

以上性质由协方差的定义和数学期望的性质即可证明.

4.3.2 相关系数

由协方差的性质 ②,我们知道协方差的数值虽然在一定的程度上反映了随机变量 X 与 Y 之间的相互联系,但它还受 X 与 Y 本身的数值大小的影响. 因为当 X 与 Y 所取的数值各自增大了 k 倍时 $\text{cov}(kX,kY) = k^2\text{cov}(X,Y)$,即协方差增大了 k^2 倍. 前面我们在叙述正态分布时提到过标准化的问题,为了使随机变量 X 的数字特征不受 X 自身大小的影响,先对随机变量 X 进行标准化. 取

$$X^* = \frac{X - E(X)}{\sqrt{D(X)}}$$

可以计算得到 $E(X^*)=0,D(X^*)=1$,所以 X^* 是对随机变量 X 进行标准化以后得到的随机变量.

定义 4.3.2　设 (X,Y) 是一个二维随机变量,若 $E\left\{\dfrac{[X-E(X)][Y-E(Y)]}{\sqrt{D(X)}\ \sqrt{D(Y)}}\right\}$ 存在,则称它是随机变量 X 与 Y 的相关系数,记为 ρ_{XY},即

$$\rho_{XY}=E\left\{\frac{[X-E(X)][Y-E(Y)]}{\sqrt{D(X)}\ \sqrt{D(Y)}}\right\}=\frac{\mathrm{cov}(X,Y)}{\sqrt{D(X)}\ \sqrt{D(Y)}} \qquad (4-20)$$

由相关系数定义,显然有 $\rho_{XY}=\mathrm{cov}(X^*,Y^*)$,且随机变量 X 与 Y 的相关系数 ρ_{XY} 是一个无量纲的数.

例 4.3.4　求例 4.3.1 中的相关系数 ρ_{XY}.

解　由上面的例 4.3.1 可知 X 与 Y 均服从 $(0-1)$ 分布,故知

$$D(X)=pq,\quad D(Y)=pq,\quad \mathrm{cov}(X,Y)=pq$$

于是有

$$\rho_{XY}=\frac{\mathrm{cov}(X,Y)}{\sqrt{D(X)}\ \sqrt{D(Y)}}=\frac{pq}{\sqrt{pq}\ \sqrt{pq}}=1$$

下面我们来讨论相关系数的性质,进而说明相关系数反映的随机变量间的一种相互关系的本质.

性质①　$|\rho_{XY}|\leqslant 1$.

证明　由

$$D(X^*\pm Y^*)=D(X^*)+D(Y^*)\pm 2\mathrm{cov}(X^*,Y^*)$$
$$=1+1\pm 2\mathrm{cov}(X^*,Y^*)$$
$$=2(1\pm\rho_{XY})\geqslant 0$$

即

$$1\pm\rho_{XY}\geqslant 0\Rightarrow |\rho_{XY}|\leqslant 1$$

性质②　$|\rho_{XY}|=1$ 的充分必要条件是 X 与 Y 以概率 1 线性相关,即 $P(Y=aX+b)=1$,其中 $a\neq 0,a,b$ 为常数.

证明　由方差的性质,知

$$P(Y=aX+b)=P(Y-aX-b=0)=1$$

成立的充分必要条件为

$$D(Y-aX-b) = E[(Y-aX-b)^2]-[E(Y-aX-b)]^2$$
$$= E[(Y-aX-b)^2] = 0$$

而

$$E[(Y-aX-b)^2] = E\{[(Y-E(Y))-a(X-E(X))+(E(Y)-aE(X)-b)]^2\}$$
$$= E[(Y-E(Y))^2]+a^2E[(X-E(X))^2]+E[(E(Y)-aE(X)$$
$$-b)^2]-2aE\{[Y-E(Y)][X-E(X)]\}+2E\{[Y-E(Y)][E(Y)$$
$$-aE(X)-b]\}-2aE\{[X-E(X)][E(Y)-aE(X)-b]\}$$
$$= D(Y)+a^2D(X)+[E(Y)-aE(X)-b]^2-2a\,\mathrm{cov}(X,Y)$$
$$= D(X)\Big[a-\frac{\mathrm{cov}(X,Y)}{D(X)}\Big]^2+D(Y)\Big[1-\Big(\frac{\mathrm{cov}(X,Y)}{\sqrt{D(X)}\sqrt{D(Y)}}\Big)^2\Big]$$
$$+[E(Y)-aE(X)-b]^2$$

上式右端三项均是非负的,故由 $E[(Y-aX-b)^2]=0$ 必有

$$1-\Big(\frac{\mathrm{cov}(X,Y)}{\sqrt{D(X)}\sqrt{D(Y)}}\Big)^2 = 0$$

即

$$1-\rho_{XY}^2 = 0$$

从而

$$|\rho_{XY}| = 1$$

若考虑用 X 的任意线性函数 $\alpha X+\beta$ 来近似表示 Y,则有误差 $Y-\alpha X-\beta$. 我们以均方误差

$$E[Y-\alpha X-\beta]^2 = D(X)\Big[\alpha-\frac{\mathrm{cov}(X,Y)}{D(X)}\Big]^2+D(Y)(1-\rho_{XY}^2)$$
$$+[E(Y)-\alpha E(X)-\beta]^2$$

来衡量用 $\alpha X+\beta$ 近似表示 Y 的好坏程度. 均方误差的值越小,表示 $\alpha X+\beta$ 与 Y 的近似程度越好. 由于上式右端每项均是非负的,故若取第一、三项为零,则均方误差取得最小值

$$D(Y)(1-\rho_{XY}^2)$$

即取

$$\hat{a} = \frac{\text{cov}(X,Y)}{D(X)} = \rho_{XY}\sqrt{\frac{D(Y)}{D(X)}}$$

$$\hat{\beta} = E(Y) - \alpha E(X) = E(Y) - \rho_{XY}E(X)\sqrt{\frac{D(Y)}{D(X)}}$$

$$E[Y - \hat{\alpha}X - \hat{\beta}]^2 = \min_{\alpha,\beta}[Y - \alpha X - \beta]^2 = D(Y)(1 - \rho_{XY}^2) \qquad (4-21)$$

式(4-21)表明,用线性函数 $\hat{\alpha}X + \hat{\beta}$ 表示 Y,比用其他任何线性函数 $\alpha X + \beta$ 表示 Y 都好.由式(4-21)知,均方误差是 $|\rho_{XY}|$ 的严格单调减少函数,$|\rho_{XY}|$ 越大,均方误差越小,这时 Y 与 X 的线性关系就越密切,当 $|\rho_{XY}| = 1$ 时,Y 与 X 就有线性关系;反之,$|\rho_{XY}|$ 越小,均方误差就越大,说明 Y 与 X 的线性关系就越差,若 $|\rho_{XY}| = 0$,则均方误差最大,表明 Y 与 X 间无线性关系,故称 X 与 Y 是不相关的.可见,$|\rho_{XY}|$ 的大小确是 X 与 Y 间线性关系强弱的一种度量.

设随机变量 X 与 Y 的相关系数 ρ_{XY} 存在.若 X 与 Y 相互独立,则有 $\text{cov}(X, Y) = 0$,从而 $\rho_{XY} = 0$,即若 X 与 Y 相互独立,则 X 与 Y 不相关;反之,若 X 与 Y 不相关,则 X 与 Y 却不一定是相互独立的.这说明"不相关"与"相互独立"是两个不同的概念,其含义是不同的,不相关只是就线性关系而言的,而相互独立是就一般关系而言的.

例 4.3.5 若 $X \sim N(0,1)$,且 $Y = X^2$,问 X 与 Y 是否不相关?

解 因为 $X \sim N(0,1)$,密度函数 $f(x) = \frac{1}{\sqrt{2\pi}}e^{-\frac{x^2}{2}}$ 为偶函数,所以 $E(X) = E(X^3) = 0$. 于是由

$$\text{cov}(X,Y) = E(XY) - E(X)E(Y) = E(X^3) - E(X)E(X^2) = 0$$

得

$$\rho_{XY} = \frac{\text{cov}(X,Y)}{\sqrt{D(X)}\sqrt{D(Y)}} = 0$$

这说明 X 与 Y 是不相关的,但 $Y = X^2$,显然,X 与 Y 是不相互独立的.

例 4.3.6 设 (X,Y) 服从二维正态分布,即 $(X,Y) \sim N(\mu_1, \sigma_1^2; \mu_2, \sigma_2^2; \rho)$,求 ρ_{XY}.

解 由 (X,Y) 服从二维正态分布,有 $X \sim N(\mu_1, \sigma_1^2)$,$Y \sim N(\mu_2, \sigma_2^2)$,即有

$$E(X) = \mu_1, D(X) = \sigma_1^2, E(Y) = \mu_2, D(Y) = \sigma_2^2$$

而

$$\text{cov}(X,Y) = \int_{-\infty}^{+\infty} \int_{-\infty}^{+\infty} (x-\mu_1)(y-\mu_2) f(x,y)\mathrm{d}x\mathrm{d}y$$

$$= \frac{1}{2\pi\sigma_1\sigma_2 \sqrt{1-\rho^2}} \int_{-\infty}^{+\infty} \int_{-\infty}^{+\infty} (x-\mu_1)(y-\mu_2)$$

$$\cdot \mathrm{e}^{-\frac{1}{2(1-\rho^2)}\left[\frac{(x-\mu_1)^2}{\sigma_1^2} - 2\rho\frac{(x-\mu_1)(y-\mu_2)}{\sigma_1\sigma_2} + \frac{(y-\mu_2)^2}{\sigma_2^2}\right]} \mathrm{d}x\mathrm{d}y$$

$$= \frac{1}{2\pi\sigma_1\sigma_2 \sqrt{1-\rho^2}} \int_{-\infty}^{+\infty} (x-\mu_1) \mathrm{e}^{-\frac{(x-\mu_1)^2}{2\sigma_1^2}} \mathrm{d}x$$

$$\cdot \int_{-\infty}^{+\infty} (y-\mu_2) \mathrm{e}^{-\frac{1}{2(1-\rho^2)}\left(\frac{y-\mu_2}{\sigma_2} - \rho\frac{x-\mu_1}{\sigma_1}\right)^2} \mathrm{d}y$$

令

$$t = \frac{1}{\sqrt{1-\rho^2}}\left(\frac{y-\mu_2}{\sigma_2} - \rho\frac{x-\mu_1}{\sigma_1}\right), \quad u = \frac{x-\mu_1}{\sigma_1}$$

则有

$$\text{cov}(X,Y) = \frac{1}{2\pi} \int_{-\infty}^{+\infty} \int_{-\infty}^{+\infty} (\sigma_1\sigma_2 \sqrt{1-\rho^2}\, tu + \rho\sigma_1\sigma_2 \mathrm{e}^{-\frac{u^2}{2} - \frac{t^2}{2}} u^2)\mathrm{d}t\mathrm{d}u$$

$$= \frac{\rho\sigma_1\sigma_2}{2\pi}\left(\int_{-\infty}^{+\infty} u^2 \mathrm{e}^{-\frac{u^2}{2}} \mathrm{d}u\right)\left(\int_{-\infty}^{+\infty} \mathrm{e}^{-\frac{t^2}{2}} \mathrm{d}t\right) + \frac{\sigma_1\sigma_2 \sqrt{1-\rho^2}}{2\pi}$$

$$\cdot \left(\int_{-\infty}^{+\infty} u\mathrm{e}^{-\frac{u^2}{2}} \mathrm{d}u\right)\left(\int_{-\infty}^{+\infty} t\mathrm{e}^{-\frac{t^2}{2}} \mathrm{d}t\right)$$

$$= \frac{\rho\sigma_1\sigma_2}{2\pi} \sqrt{2\pi} \cdot \sqrt{2\pi} = \rho\sigma_1\sigma_2$$

于是

$$\rho_{XY} = \frac{\text{cov}(X,Y)}{\sqrt{D(X)} \sqrt{D(Y)}} = \rho$$

可见二维正态随机变量(X,Y)的密度函数中的参数 ρ 就是 X 与 Y 的相关系数,因此,二维正态随机变量的分布完全可由每个变量的数学期望 μ_1,μ_2,方差 σ_1^2, σ_2^2 及相关系数 ρ 确定.

大家已经知道,对二维正态随机变量(X,Y)来说,X 与 Y 相互独立的重要条件为 $\rho=0$. 现在又知 $\rho_{XY}=\rho$,故对二维正态随机变量(X,Y)来说,X 与 Y 不相关和 X 与 Y 相互独立是等价的.

4.4　随机变量的矩

数学期望与方差是随机变量的最常用的数字特征,但它们形式上又都属于随机变量的某阶矩. 矩是随机变量的最广泛的数字特征,在概率论与数理统计中占有重要地位,最常用的有所谓原点矩与中心矩.

4.4.1　原点矩的定义

随机变量 X 的 k 次幂 X^k 的数学期望称为 X 的 k 阶原点矩,记为 $\upsilon_k(X)$,即

$$\upsilon_k(X) = E(X^k) \tag{4-22}$$

于是,对于离散随机变量,我们有

$$\upsilon_k(X) = \sum_i x_i^k p(x_i) \tag{4-23}$$

对于连续随机变量,我们有

$$\upsilon_k(X) = \int_{-\infty}^{+\infty} x^k f(x) \mathrm{d}x \tag{4-24}$$

特别的, X 的一阶原点矩就是 X 的数学期望.

4.4.2　中心矩的定义

随机变量 X 的离差的 k 次幂 $[X-E(X)]^k$ 的数学期望称为 X 的 k 阶中心矩,记为 $\mu_k(X)$,即

$$\mu_k(X) = E\{[X-E(X)]^k\} \tag{4-25}$$

从而,对于离散随机变量,我们有

$$\mu_k(X) = \sum_i [x_i - E(X)]^k p(x_i) \tag{4-26}$$

对于连续随机变量, 我们有

$$\mu_k(X) = \int_{-\infty}^{+\infty} [x - E(X)]^k f(x) \mathrm{d}x \tag{4-27}$$

特别的, X 的一阶中心矩恒为零,即

$$\mu_1(X) = 0$$

二阶中心矩就是 X 的方差,即

$$\mu_2(X) = D(X)$$

4.4.3 原点矩与中心矩的关系

原点矩与中心矩之间存在着某种关系式. 为了方便起见,我们下面把 $\nu_k(X)$ 与 $\mu_k(X)$ 分别简记为 ν_k 与 μ_k,我们只写出较低阶的矩,因为它们在数理统计学中有比较重要的应用.

因为

$$(X - \nu_1)^k = \sum_{j=0}^{k} C_k^j X^j (-\nu_1)^{k-j}$$

故

$$\mu_k = E[(X - \nu_1)^k] = \sum_{j=0}^{k} C_k^j E(X^j) (-\nu_1)^{k-j} = \sum_{j=0}^{k} C_k^j \nu_j (-\nu_1)^{k-j} \quad (4-28)$$

特别的,有

$$\mu_2 = \nu_2 - \nu_1^2 \quad\quad\quad\quad\quad\quad (4-29)$$

$$\mu_3 = \nu_3 - 3\nu_2\nu_1 + 2\nu_1^3 \quad\quad\quad\quad (4-30)$$

$$\mu_4 = \nu_4 - 4\nu_3\nu_1 + 6\nu_2\nu_1^2 - 3\nu_1^4 \quad\quad (4-31)$$

例 4.4.1 设随机变量 X 服从指数分布 $e(\lambda)$,求 X 的 k 阶原点矩及三、四阶中心矩.

解 因为随机变量 X 的概率密度

$$f(x) = \begin{cases} \lambda e^{-\lambda x}, & x > 0; \\ 0, & x \leqslant 0 \end{cases}$$

所以,按公式(4-24)得 X 的 k 阶原点矩

$$\nu_k(X) = \int_0^{+\infty} x^k \lambda e^{-\lambda x} dx = \lambda \int_0^{+\infty} x^k e^{-\lambda x} dx$$

置换积分变量 $\lambda x = t$,得

$$\nu_k(X) = \frac{1}{\lambda^k} \int_0^{+\infty} t^k e^{-t} dt$$

$$= \frac{\Gamma(k+1)}{\lambda^k} = \frac{k!}{\lambda^k}, \quad k = 1, 2, 3, 4, \cdots$$

于是,按公式(4-30)得 X 的三阶中心矩

$$\mu_3(X) = \frac{3!}{\lambda^3} - 3 \cdot \frac{2!}{\lambda^2} \cdot \frac{1}{\lambda} + 2\left(\frac{1}{\lambda}\right)^3 = \frac{2}{\lambda^3}$$

按公式(4-31)得 X 的四阶中心矩

$$\mu_4(X) = \frac{4!}{\lambda^4} - 4 \cdot \frac{3!}{\lambda^3} \cdot \frac{1}{\lambda} + 6 \cdot \frac{2!}{\lambda^2} \cdot \left(\frac{1}{\lambda}\right)^2 - 3 \cdot \left(\frac{1}{\lambda}\right)^4 = \frac{9}{\lambda^4}$$

习 题 四

4.1 设随机变量 X 的分布列如表 4-7 所示,求 $E(X),E(-X+1),E(X^2)$.

表 4-7

X	-1	0	$\frac{1}{2}$	1	2
P	$\frac{1}{3}$	$\frac{1}{6}$	$\frac{1}{6}$	$\frac{1}{12}$	$\frac{1}{4}$

4.2 已知离散型随机变量 X 的可能取值为 $-1,0,1,E(X)=0.1,E(X^2)=0.9$,求 $P(X=-1),P(X=0)$ 和 $P(X=1)$.

4.3 m 个人在一楼进入电梯,楼上还有 n 层,若每个乘客在任何一层楼走出电梯的概率相同,试求直到电梯中的乘客全走空为止时电梯需停次数的数学期望.

4.4 设随机变量 X 的密度函数为 $f(x)=\begin{cases}2(1-x), & 0<x<1, \\ 0, & \text{其他,}\end{cases}$ 求 $E(X)$.

4.5 设随机变量 X 的密度函数为 $f(x)=\begin{cases}\mathrm{e}^{-x}, & x\geqslant 0, \\ 0, & x<0,\end{cases}$ 求 $E(2X),E(\mathrm{e}^{-2X})$.

4.6 对球的直径作近似测量,其值均匀分布在区间 $[a,b]$ 上,求球的体积的数学期望.

4.7 设袋中有 2 只红球和 3 只白球,现 n 个人轮流摸球,每人摸出 2 只球后将球放回袋中再由下一人摸,求 n 个人总共摸到红球数的数学期望和方差.

4.8 某人有 n 把钥匙,其中只有一把能打开门,现从中任取一把试开,试过的不再重复,直至把门打开为止,求试开次数的数学期望和方差.

4.9 设随机变量 X 和 Y 相互独立,其密度函数分别为

$$f_X(x)=\begin{cases}2x, & 0\leqslant x\leqslant 1, \\ 0, & \text{其他;}\end{cases} \qquad f_Y(y)=\begin{cases}\mathrm{e}^{-(y-5)}, & y>5, \\ 0, & y\leqslant 5\end{cases}$$

求 $E(XY)$.

4.10 设随机变量 X 的密度函数为

$$f(x) = \begin{cases} \dfrac{1}{\pi \sqrt{1-x^2}}, & |x| < 1; \\ 0, & |x| \geqslant 1 \end{cases}$$

求 $E(X), D(X)$.

4.11　设随机变量 X, Y 的密度函数分别为

$$f_X(x) = \begin{cases} 2e^{-2x}, & x > 0, \\ 0, & x \leqslant 0; \end{cases} \quad f_Y(y) = \begin{cases} 4e^{-4y}, & y > 0, \\ 0, & y \leqslant 0 \end{cases}$$

求 $E(X+Y)$ 和 $E(2X-3Y^2)$.

4.12　抛掷 12 颗骰子,求出现的点数之和的数学期望与方差.

4.13　设二维随机变量 (X, Y) 的分布列如表 4-8 所示,求 $E(X), E(Y)$, $D(X), D(Y), \text{cov}(X, Y), \rho_{XY}$.

表 4-8

Y \ X	0	1
0	0.1	0.3
1	0.2	0.4

4.14　设二维随机变量 (X, Y) 的密度函数为

$$f(x, y) = \begin{cases} \dfrac{1}{8}(x+y), & 0 \leqslant x \leqslant 2, 0 \leqslant y \leqslant 2; \\ 0, & \text{其他} \end{cases}$$

求 $E(X), E(Y), D(X), D(Y), \text{cov}(X, Y), \rho_{XY}$.

4.15　设随机变量 X 与 Y 相互独立,且 $E(X) = E(Y) = 0, D(X) = D(Y) = 1$, 求 $E[(X+Y)^2]$

4.16　设随机变量 X 与 Y 的方差分别为 25 和 36,相关系数为 0.4,求 $D(X+Y), D(X-Y)$.

4.17　将 n 只球($1 \sim n$ 号)随机地放进 n 只盒子($1 \sim n$ 号)中去,一只盒子装一只球.若将一只球装入与球同号码的盒子中称为一个配对,记 X 为配对的个数,求 $E(X)$.

4.18　设二维随机变量 (X, Y) 的分布列如表 4-9 所示,试验证 X 和 Y 是不相关的,但 X 和 Y 不是相互独立的.

表 4 - 9

P Y＼X	−1	0	1
−1	$\frac{1}{8}$	$\frac{1}{8}$	$\frac{1}{8}$
0	$\frac{1}{8}$	0	$\frac{1}{8}$
1	$\frac{1}{8}$	$\frac{1}{8}$	$\frac{1}{8}$

4.19　设随机变量 X 与 Y 相互独立,且都服从正态分布 $N(0,\sigma^2)$,令

$$U = aX + bY, V = aX - bY \quad (a,b \text{ 均为非零常数})$$

试求 U 和 V 的相关系数.

4.20　设随机变量 X 服从参数为 $\frac{1}{\theta}$ 的指数分布 $X \sim e\left(\frac{1}{\theta}\right)$,概率密度为

$$f(x) = \begin{cases} \dfrac{1}{\theta} e^{-\frac{x}{\theta}}, & x > 0; \\ 0, & x \leqslant 0 \end{cases}$$

其中 $\theta > 0$,试求 X 的 k 阶原点矩.

第五章　大数定律及中心极限定理

大数定律及中心极限定理是概率论中重要的理论,有广泛的实际应用背景. 大数定律主要解决的问题是在什么条件下一个随机变量序列的算术平均值收敛到所希望的平均值的定律;中心极限定理主要解决的问题是在什么条件下大量的起微小作用的相互独立的随机变量之和的概率分布近似于正态分布的一类定理.

5.1　大数定律

我们向上抛一枚硬币,硬币落下后哪一面朝上本来是偶然的,但当我们上抛硬币的次数足够多后(达到上万次甚至几十万、几百万次以后),我们就会发现,硬币每一面向上的次数约占总次数的二分之一. 在随机事件的大量重复出现中往往呈现必然的规律,这个规律就是大数定律.

5.1.1　切比雪夫不等式

定理 5.1.1　设随机变量 X 的数学期望为 $E(X)$,方差为 $D(X)$,则对任意正数 ε,有下列不等式成立:

$$P(\mid X - E(X) \mid \geqslant \varepsilon) \leqslant \frac{D(X)}{\varepsilon^2} \tag{5-1}$$

或

$$P(\mid X - E(X) \mid < \varepsilon) \geqslant 1 - \frac{D(X)}{\varepsilon^2} \tag{5-2}$$

不等式(5-1)或(5-2)都叫作切比雪夫不等式.

证明　(1) 设 X 是离散型随机变量,则事件 $\mid X - E(X) \mid \geqslant \varepsilon$ 表示随机变量 X 取得一切满足不等式 $\mid x_i - E(X) \mid \geqslant \varepsilon$ 的可能值 x_i,设随机变量 X 的概率函数为 $p(x_i)$,则按概率加法定理得

$$P(\mid X - E(X) \mid \geqslant \varepsilon) = \sum_{\mid x_i - E(X) \mid \geqslant \varepsilon} p(x_i)$$

这里和式是对一切满足不等式 $\mid x_i - E(X) \mid \geqslant \varepsilon$ 的 x_i 求和的. 由于 $\mid x_i - E(X) \mid \geqslant$

ε，即$[x_i-E(X)]^2\geqslant\varepsilon^2$，所以我们有$\dfrac{[x_i-E(X)]^2}{\varepsilon^2}\geqslant1$；又因为上面的和式中的每一项都是正数，如果分别乘以$\dfrac{[x_i-E(X)]^2}{\varepsilon^2}$，则和式的值将增大. 于是得到

$$P(\mid X-E(X)\mid\geqslant\varepsilon)\leqslant\sum_{\mid x_i-E(X)\mid\geqslant\varepsilon}\frac{[x_i-E(X)]^2}{\varepsilon^2}p(x_i)$$

$$=\frac{1}{\varepsilon^2}\sum_{\mid x_i-E(X)\mid\geqslant\varepsilon}[x_i-E(X)]^2p(x_i)$$

又因为和式中的每一项都是非负数，所以如果扩大求和范围至随机变量X的一切可能值x_i，则只能增大和式的值. 因此

$$P(\mid X-E(X)\mid\geqslant\varepsilon)\leqslant\frac{1}{\varepsilon^2}\sum_i[x_i-E(X)]^2p(x_i)$$

这里和式是对X的一切可能值x_i求和，也就是方差$D(X)$的表达式. 所以，我们有

$$P(\mid X-E(X)\mid\geqslant\varepsilon)\leqslant\frac{D(X)}{\varepsilon^2}$$

(2) 设X是连续型随机变量，则事件$\mid X-E(X)\mid\geqslant\varepsilon$表示随机变量$X$落在区间$(E(X)-\varepsilon,E(X)+\varepsilon)$之外. 设随机变量$X$的概率密度为$f(x)$，则得

$$P(\mid X-E(X)\mid\geqslant\varepsilon)=\int_{\mid x-E(X)\mid\geqslant\varepsilon}f(x)\mathrm{d}x$$

由于$\mid x-E(X)\mid\geqslant\varepsilon$即$[x-E(X)]^2\geqslant\varepsilon^2$，所以我们有$\dfrac{[x-E(X)]^2}{\varepsilon^2}\geqslant1$；又因为被积函数是非负的，如果乘以$\dfrac{[x-E(X)]^2}{\varepsilon^2}$，则积分的值将增大. 于是得到

$$P(\mid X-E(X)\mid\geqslant\varepsilon)\leqslant\int_{\mid x-E(X)\mid\geqslant\varepsilon}\frac{[x-E(X)]^2}{\varepsilon^2}f(x)\mathrm{d}x$$

$$=\frac{1}{\varepsilon^2}\int_{\mid x-E(X)\mid\geqslant\varepsilon}[x-E(X)]^2f(x)\mathrm{d}x$$

因为被积函数是非负的，所以如果扩大积分区间至整个数轴，则只能增大积分的值. 因此

$$P(\mid X-E(X)\mid\geqslant\varepsilon)\leqslant\frac{1}{\varepsilon^2}\int_{-\infty}^{+\infty}[x-E(X)]^2f(x)\mathrm{d}x=\frac{D(X)}{\varepsilon^2}$$

因为事件$\mid X-E(X)\mid<\varepsilon$与$\mid X-E(X)\mid\geqslant\varepsilon$是对立事件，所以有

$$P(\mid X - E(X) \mid \geqslant \varepsilon) + P(\mid X - E(X) \mid < \varepsilon) = 1$$

于是由已证明的不等式(5-1)即得不等式(5-2).

切比雪夫不等式是一个很重要的不等式,它既有理论价值,又有很重要的实际应用.

从切比雪夫不等式看出,只要知道随机变量的均值和方差,不必知道分布,就能求出随机变量值偏离均值的数值大于任意给定的正数 ε 的概率的上界.

5.1.2 大数定律

定理 5.1.2(切比雪夫大数定理） 设 $X_1, X_2, \cdots, X_n, \cdots$ 是相互独立的随机变量序列,数学期望 $E(X_i)$ 和方差 $D(X_i)$ 都存在,且 $D(X_i) < K (i = 1, 2, \cdots, n, \cdots)$,则对任意给定的正数 ε,有

$$\lim_{n \to \infty} P\left(\left| \frac{1}{n} \sum_{i=1}^{n} X_i - \frac{1}{n} \sum_{i=1}^{n} E(X_i) \right| < \varepsilon \right) = 1 \qquad (5-3)$$

证明 我们有

$$E\left(\frac{1}{n} \sum_{i=1}^{n} X_i \right) = \frac{1}{n} \sum_{i=1}^{n} E(X_i)$$

$$D\left(\frac{1}{n} \sum_{i=1}^{n} X_i \right) = \frac{1}{n^2} \sum_{i=1}^{n} D(X_i)$$

对随机变量 $\dfrac{1}{n} \sum_{i=1}^{n} X_i$ 应用切比雪夫不等式(5-2) 得

$$P\left(\left| \frac{1}{n} \sum_{i=1}^{n} X_i - \frac{1}{n} \sum_{i=1}^{n} E(X_i) \right| < \varepsilon \right) \geqslant 1 - \frac{1}{n^2 \varepsilon^2} \sum_{i=1}^{n} D(X_i)$$

因为 $D(X_i) < K$,所以

$$\sum_{i=1}^{n} D(X_i) < nK$$

由此得

$$P\left(\left| \frac{1}{n} \sum_{i=1}^{n} X_i - \frac{1}{n} \sum_{i=1}^{n} E(X_i) \right| < \varepsilon \right) > 1 - \frac{K}{n \varepsilon^2}$$

当 $n \to \infty$ 时,得到

$$\lim_{n \to \infty} P\left(\left| \frac{1}{n} \sum_{i=1}^{n} X_i - \frac{1}{n} \sum_{i=1}^{n} E(X_i) \right| < \varepsilon \right) \geqslant 1$$

但概率不能大于 1,所以我们有

$$\lim_{n\to\infty}P\Big(\Big|\frac{1}{n}\sum_{i=1}^{n}X_i-\frac{1}{n}\sum_{i=1}^{n}E(X_i)\Big|<\varepsilon\Big)=1$$

由于独立的随机变量 $X_1,X_2,\cdots,X_n$ 的算术平均值

$$\bar{X}=\frac{1}{n}\sum_{i=1}^{n}X_i$$

的数学期望

$$E(\bar{X})=\frac{1}{n}\sum_{i=1}^{n}E(X_i)$$

而方差

$$D(\bar{X})=\frac{1}{n^2}\sum_{i=1}^{n}D(X_i)$$

所以,如果方差一致有上界的,则

$$D(\bar{X})<\frac{1}{n^2}nK=\frac{K}{n}$$

当 n 无限增大时,$D(\bar{X})$ 将是一个无穷小量. 这意味着当 n 充分大时,经过算术平均以后得到的随机变量 $\bar{X}$ 的值将比较紧密地聚集在它的数学期望 $E(\bar{X})$ 的附近,这就是大数定律.

推论　设独立随机变量序列 $X_1,X_2,\cdots,X_n,\cdots$ 服从同一分布,并且数学期望与方差存在：

$$E(X_i)=\mu,\ D(X_i)=\sigma^2,\quad i=1,2,\cdots,n,\cdots$$

则对于任意的正数 ε,有

$$\lim_{n\to\infty}P\Big(\Big|\frac{1}{n}\sum_{i=1}^{n}X_i-\mu\Big|<\varepsilon\Big)=1 \tag{5-4}$$

定义 5.1.1　设 $X_1,X_2,\cdots,X_n,\cdots$ 是一个随机变量序列,a 是一个常数,若对于任意给定的正数 ε,有

$$\lim_{n\to\infty}P(|X_n-a|<\varepsilon)=1 \tag{5-5}$$

则称随机变量 X_n 当 $n\to\infty$ 时按概率收敛于数 a,记为

$$X_n\xrightarrow{P}a$$

利用按概率收敛的概念,上述切比雪夫大数定理的推论可以叙述如下:

设独立随机变量序列 $X_1, X_2, \cdots, X_n, \cdots$ 服从同一分布,并且数学期望与方差存在:

$$E(X_i) = \mu, \ D(X_i) = \sigma^2, \quad i = 1, 2, \cdots, n, \cdots$$

则随机变量 $X_1, X_2, \cdots, X_n$ 的算术平均值 $\overline{X}_n$,当 $n \to \infty$ 时按概率收敛于数学期望 μ,即

$$\overline{X}_n \xrightarrow{\ P\ } \mu$$

切比雪夫大数定理的这一推论,使我们关于算术平均值的法则有了理论的根据. 假设我们要称量某一物体的重量,假如衡器不存在系统偏差,由于衡器的精度等各种因素的影响,对同一物体重复称量多次可能得到多个不同的重量数值,但它们的算术平均值一般来说将随称量次数的增加而逐渐接近于物体的真实重量.

由切比雪夫大数定理的推论可以得到下面的定理.

定理 5.1.3(伯努利大数定理)   在独立试验序列中,设事件 A 的概率 $P(A) = p$,则事件 A 在 n 次独立试验中发生的频率 $f_n(A)$ 当 $n \to \infty$ 时按概率收敛于事件 A 的概率 p. 即对于任意给定的正数 ε,有

$$\lim_{n \to \infty} P(|f_n(A) - p| < \varepsilon) = 1 \tag{5-6}$$

证明   设随机变量 X_i 表示"事件 A 在第 i 次试验中发生的次数" $(i = 1, 2, \cdots, n, \cdots)$,则这些随机变量相互独立,服从相同的"0-1"分布,并且数学期望与方差为

$$E(X_i) = p, \ D(X_i) = pq, \quad i = 1, 2, \cdots, n, \cdots$$

于是,由切比雪夫大数定理的推论可以得到

$$\lim_{n \to \infty} P\left(\left| \frac{1}{n} \sum_{i=1}^{n} X_i - p \right| < \varepsilon \right) = 1$$

易知 $\sum_{i=1}^{n} X_i$ 就是事件 A 在 n 次试验中发生的次数 m,由此可见

$$\frac{1}{n} \sum_{i=1}^{n} X_i = \frac{m}{n} = f_n(A)$$

所以有

$$\lim_{n \to \infty} P(|f_n(A) - p| < \varepsilon) = 1$$

伯努利大数定理给出了当 n 很大时,A 发生的频率 $f_n(A)$ 按概率收敛于 A 的概率,证明了频率的稳定性.

如果事件 A 的概率很小,则根据伯努利大数定理可知事件 A 的频率也是很小的,或者说事件 A 很少发生. 在实际生活中,我们常常忽略了那些概率很小的事件发生的可能性. 概率很小的随机事件在个别试验中实际上是不可能发生的,通常把这一原理称为小概率事件的实际不可能性原理,它在国家经济建设事业中有着广泛的应用.

5.2　中心极限定理

随机变量的一切可能分布律中,正态分布占有特殊的重要的地位. 实践中经常遇到的大量的随机变量都是服从正态分布的. 在某些一般的充分条件下,当随机变量的个数无限增加时,独立随机变量的和的分布是趋于正态分布的. 在自然界与生产中,一些现象受到许多相互独立的随机因素的影响,如果每个因素所产生的影响都很微小时,总的影响可以看作是服从正态分布的. 概率论中有关论证随机变量的和的极限分布是正态分布的那些定理通常叫作中心极限定理.

定理 5.2.1(列维定理)　设独立随机变量 $X_1, X_2, \cdots, X_n, \cdots$ 服从同一分布,并且数学期望与方差存在:

$$E(X_i) = \mu, \quad D(X_i) = \sigma^2 > 0, \quad i = 1, 2, \cdots, n, \cdots$$

则当 $n \to \infty$ 时,它们的和的极限分布是正态分布,即

$$\lim_{n \to \infty} P\left(\frac{\sum\limits_{i=1}^{n} X_i - n\mu}{\sqrt{n}\sigma} \leqslant z \right) = \int_{-\infty}^{z} \frac{1}{\sqrt{2\pi}} \mathrm{e}^{-t^2/2} \mathrm{d}t \qquad (5-7)$$

其中 z 是任意实数.

由列维定理可知,如果随机变量 $X_1, X_2, \cdots, X_n$ 相互独立,服从同一分布,并且数学期望与方差存在:

$$E(X_i) = \mu, \quad D(X_i) = \sigma^2 > 0, \quad i = 1, 2, \cdots, n$$

则当 n 充分大时,有下面的近似公式:

$$P\left(z_1 \leqslant \frac{\sum\limits_{i=1}^{n} X_i - n\mu}{\sqrt{n}\sigma} \leqslant z_2 \right) \approx \Phi(z_2) - \Phi(z_1) \qquad (5-8)$$

其中 z_1, z_2 是任意实数.

例 5.2.1　一部件包括 10 部分,每部分的长度是一个随机变量,它们互相独立且服从同一分布,其数学期望为 $2\,\mathrm{mm}$,标准差为 $0.05\,\mathrm{mm}$. 若规定总长度为(20

±0.1)mm 时产品合格,试求产品合格的概率.

解 记 X_i＝{第 i 件产品的长度},$i＝1,2,\cdots,10$,$L＝$ {10 件产品的总长度},即

$$L = \sum_{i=1}^{10} X_i$$

由题意知

$$E(X_i) = 2, D(X_i) = 0.05^2$$

则产品的合格率为

$$P(|L-20| < 0.1) = P\left(\frac{-0.1}{0.05\sqrt{10}} < \frac{L-20}{0.05\sqrt{10}} < \frac{0.1}{0.05\sqrt{10}}\right)$$

$$\approx \Phi\left(\frac{0.1}{0.05\sqrt{10}}\right) - \Phi\left(\frac{-0.1}{0.05\sqrt{10}}\right)$$

$$\approx 2\Phi(0.63) - 1 = 0.4714$$

由列维定理可以得到另一个重要定理.

定理 5.2.2(棣莫弗-拉普拉斯定理) 设在独立试验序列中,事件 A 在各次试验中发生的概率为 $p(0 < p < 1)$,随机变量 Y_n 表示事件 A 在 n 次重复独立试验中发生的次数,则有

$$\lim_{n \to \infty} P\left(\frac{Y_n - np}{\sqrt{npq}} \leqslant z\right) = \int_{-\infty}^{z} \frac{1}{\sqrt{2\pi}} e^{-t^2/2} dt \qquad (5-9)$$

其中 z 是任意实数,$p+q=1$.

证明 设随机变量 X_i 表示"事件 A 在第 i 次独立试验中发生的次数"($i=1$, $2,\cdots,n,\cdots$),则这些随机变量相互独立,服从相同的"0-1"分布,并且数学期望与方差:

$$E(X_i) = p, D(X_i) = pq, \quad i = 1,2,\cdots,n,\cdots$$

显然,事件 A 在 n 次重复独立试验中发生的次数

$$Y_n = \sum_{i=1}^{n} X_i$$

所以,按列维定理可知,等式(5-9)成立.

由此可以推知:在独立试验序列中,若事件 A 在各次试验中发生的概率为 $p(0 < p < 1)$,则当 n 充分大时,事件 A 在 n 次重复独立试验中发生的次数 Y_n 在 m_1 与 m_2 之间的概率

$$P(m_1 \leqslant Y_n \leqslant m_2) \approx \Phi\left(\frac{m_2 - np}{\sqrt{npq}}\right) - \Phi\left(\frac{m_1 - np}{\sqrt{npq}}\right) \qquad (5-10)$$

其中 $p+q=1$.

我们指出,因为随机变量 Y_n 服从二项分布 $B(n,p)$,所以棣莫弗-拉普拉斯定理说明:当 n 充分大时,服从二项分布 $B(n,p)$ 的随机变量 Y_n 近似地服从正态分布 $N(np,npq)$.

前面两个定理都要求随机变量 $X_1,X_2,\cdots,X_n,\cdots$ 服从同一分布,这是特殊情况. 一般情况下,当随机变量 $X_1,X_2,\cdots,X_n,\cdots$ 分布不同时,我们有下面的定理.

定理 5.2.3(林德伯格定理)　设独立随机变量 $X_1,X_2,\cdots,X_n,\cdots$ 的数学期望与方差存在:

$$E(X_i) = \mu_i, \ D(X_i) = \sigma_i^2, \quad i = 1,2,\cdots,n,\cdots$$

并且满足林德伯格条件:对任意的正数 ε,有

$$\lim_{n \to \infty} \frac{1}{s_n^2} \sum_{i=1}^{n} \int_{|x-\mu_i| > \varepsilon s_n} (x - \mu_i)^2 f_i(x) \mathrm{d}x = 0 \qquad (5-11)$$

其中 $f_i(x)$ 是随机变量 X_i 的概率密度,则当 $n \to \infty$ 时,我们有

$$\lim_{n \to \infty} P\left(\frac{\sum\limits_{i=1}^{n}(X_i - \mu_i)}{s_n} \leqslant z\right) = \int_{-\infty}^{z} \frac{1}{\sqrt{2\pi}} \mathrm{e}^{-t^2/2} \mathrm{d}t \qquad (5-12)$$

其中 z 是任意实数.

我们不证明这个定理,仅说明林德伯格条件(5-11)的意义. 设 A_i 表示事件

$$\frac{|X_i - \mu_i|}{s_n} > \varepsilon, \quad i = 1,2,\cdots,n,\cdots$$

则我们有

$$P\left(\max_{1 \leqslant i \leqslant n} \frac{|X_i - \mu_i|}{s_n} > \varepsilon\right) = P(A_1 \bigcup A_2 \bigcup \cdots \bigcup A_n)$$

$$\leqslant \sum_{i=1}^{n} P(A_i) = \sum_{i=1}^{n} \int_{|x-\mu_i| > \varepsilon s_n} f_i(x) \mathrm{d}x$$

$$\leqslant \frac{1}{\varepsilon^2 s_n^2} \sum_{i=1}^{n} \int_{|x-\mu_i| > \varepsilon s_n} (x - \mu_i)^2 f_i(x) \mathrm{d}x$$

由林德伯格条件可知,对任意的正数 ε,有

$$\lim_{n \to \infty} P\left(\max_{1 \leqslant i \leqslant n} \frac{|X_i - \mu_i|}{s_n} > \varepsilon\right) = 0$$

由此得

$$\lim_{n\to\infty} P\left(\max_{1\leqslant i\leqslant n} \frac{\mid X_i - \mu_i \mid}{s_n} \leqslant \varepsilon\right) = 1$$

这就是说,当 $n\to\infty$ 时,各项 $\dfrac{X_i - \mu_i}{s_n}$ 一致的按概率收敛于零.

因此林德伯格定理可以解释如下:假设被研究的随机变量可以表示为大量独立随机变量的和,其中每一个随机变量对于总和只起到微小的作用,则可以认为这个随机变量实际上是服从正态分布的.

例 5.2.2 假设一批种子的良种率为 $\dfrac{1}{6}$,在其中任选 600 粒,求这 600 粒种子中良种所占的比例与 $\dfrac{1}{6}$ 之差的绝对值不超过 0.02 的概率.

(1)用切比雪夫不等式估计;

(2)用中心极限定理计算出近似值.

解 设 X 表示"任选的 600 粒种子中良种的粒数",则

$$X \sim B\left(600, \frac{1}{6}\right)$$

则

$$E(X) = 600 \times \frac{1}{6} = 100, D(X) = 600 \times \frac{1}{6} \times \frac{5}{6} = \frac{250}{3}$$

(1)用切比雪夫不等式估计

$$P\left(\left|\frac{X}{600} - \frac{1}{6}\right| \leqslant 0.02\right) = P(\mid X - 100 \mid \leqslant 12) \geqslant 1 - \frac{D(x)}{12^2}$$

$$= 1 - \frac{1}{144} \times \frac{250}{3} = 0.421\,3$$

这个结果说明概率值不会小于 0.421 3,具体值是多少不能说明.

(2)用中心极限定理计算

$$P\left(\left|\frac{X}{600} - \frac{1}{6}\right| \leqslant 0.02\right) = P(\mid X - 100 \mid \leqslant 12) = P\left(\frac{\mid X - 100 \mid}{\sqrt{\frac{250}{3}}} \leqslant \frac{12}{\sqrt{\frac{250}{3}}}\right)$$

$$\approx \Phi(1.314\,5) - \Phi(-1.314\,5) = 2\Phi(1.314\,5) - 1$$

$$\approx 2 \times 0.905\,7 - 1 = 0.811\,4$$

例 5.2.3 某本书共有 100 万个印刷符号,排版时每个符号被排错的概率为 0.000 1,校对时每个排版错误被改正的概率为 0.9,求校对后错误不多于 15 个的概率.

解 设随机变量

$$X_i = \begin{cases} 1, & \text{第 } i \text{ 个印刷符号校对后仍印错;} \\ 0, & \text{其他} \end{cases}$$

则 $X_i (1 \leqslant i \leqslant 10^6)$ 是独立同分布随机变量序列,有

$$p = P(X_i = 1) = 0.000 1 \times 0.1 = 10^{-5}$$

作

$$Y = \sum_{i=1}^{n} X_i \quad (n = 10^6)$$

其中 Y 为校对后错误总数. 按棣莫弗—拉普拉斯定理,有

$$P(Y \leqslant 15) = P\left(\frac{Y - np}{\sqrt{npq}} \leqslant \frac{15 - np}{\sqrt{npq}}\right)$$

$$= \Phi\left(\frac{5}{10^3 \sqrt{10^{-5}(1 - 10^{-5})}}\right)$$

$$\approx \Phi(1.58) = 0.943 0$$

习　题　五

5.1 设每次试验中某事件 A 发生的概率为 0.8,请用切比雪夫不等式估计: n 需要多大,才能使得在 n 次重复独立试验中事件 A 发生的频率在 0.79~0.81 之间的概率至少为 0.95?

5.2 设 $X_1, X_2, \cdots, X_n, \cdots$ 为相互独立的随机变量序列,且

$$P(X_K = \sqrt{\ln k}) = P(X_k = -\sqrt{\ln k}) = \frac{1}{2}, \quad k = 1, 2, \cdots$$

试证 $\{X_n\}$ 服从大数定律.

5.3 设 $\{X_n\}$ 是独立同分布的随机变量序列,都服从 $U(a, b)(a > 0)$,任给 n, $X_{(n)} = \max\{X_1, \cdots, X_n\}$,证明: $X_{(n)} \xrightarrow{P} b$.

5.4 某灯泡厂生产的灯泡的平均寿命为 2 000 h,标准差为 250 h. 现采用新工艺使平均寿命提高到 2 250 h,标准差不变. 为确认这一改革成果,从使用新工艺

生产的某批灯泡中抽取若干只来检查. 若检查出的灯泡的平均寿命为 2 200 h,就承认改革有效,并批准采用新工艺. 试问要使检查通过的概率不小于 0.997,应至少检查多少只灯泡?

5.5   计算机在进行数值计算时遵从四舍五入的原则. 为简单计,现对小数点后面第一位进四舍五入运算,则误差可以认为服从均匀分布 $U[-0.5,0.5]$. 若在一项计算中进行了 100 次数值计算,求平均误差落在区间 $\left[-\dfrac{\sqrt{3}}{20},\dfrac{\sqrt{3}}{20}\right]$ 上的概率.

5.6   已知某箱中装有 $1\,000+a$ 个产品,次品率为 0.014,次品数 X 为一随机变量. 试求最小整数 a,使 $P(X\leqslant a)>0.90$.

5.7   某大型商场每天接待顾客 10 000 人,设每位顾客的消费额(元)在 $[100,1\,000]$ 上服从均匀分布,且顾客的消费额是相互独立的,求该商场的销售额在平均销售额上下波动不超过 20 000 元的概率.

5.8   在一次空战中,双方分别出动 50 架轰炸机和 100 架歼敌机. 每架轰炸机受歼敌机攻击,这样空战分离为 50 个一对二的小单元进行. 在每个小单元内,轰炸机被打下的概率为 0.4,两架歼敌机同时被打下的概率为 0.2,恰有一架歼敌机被打下的概率为 0.5.试求:

(1) 空战中,有不少于 35% 的轰炸机被打下的概率;

(2) 歼敌机以 90% 的概率被打下的最大架数.

第六章 数理统计的基本概念

在前面一到五章,我们讲述了概率论的最基本的内容,概括起来主要是随机现象的概率分布,它是现实世界中大量随机现象的客观规律的反映.从本章起,我们转入本课程的第二部分——数理统计学.概率论与数理统计是数学中紧密联系的两个学科,数理统计是以概率论为理论基础的具有广泛应用的一个数学分支.

在数理统计中,常常关心研究对象的某项数量指标.如要考察某厂生产的灯泡质量,寿命是可以用来检查灯泡质量的数量指标,但在实际测试时不可能对所有灯泡测试(因该试验是破坏性试验),只能从中取一小部分测试,再根据这一部分灯泡的寿命推断整批灯泡的平均寿命.

数理统计是一门分析带有随机影响数据的学科,它研究如何有效地收集数据,并利用一定的统计模型对这些数据进行分析,提取数据中的有用信息,形成统计结论,为决策提供依据.数理统计应用广泛,它几乎渗透到人类活动的一切领域.把数理统计应用到不同领域就形成了适用于特定领域的统计方法,如教育和心理领域的"教育统计"、经济和商业领域的"计量经济"、金融领域的"保险统计"、生物和医学领域的"生物统计"等等,这些统计方法的共同基础是数理统计.

现实世界中存在着各种数据,分析这些数据当然需要多种多样的方法.因此,数理统计的方法和理论相当丰富,这些内容可归纳成两大类:参数估计和假设检验.换句话说,就是根据数据,用一些方法对分布的未知参数进行估计和检验,它们构成了统计推断的两种基本形式.而观测大量随机现象得到的数据的收集、整理、分析等种种方法构成数理统计的基本内容.数理统计的基本任务,就是研究如何进行观测以及如何根据观测得到的统计资料,对被研究的随机现象的一般概率特征,如概率分布律、数学期望、方差等作出科学的推断.

6.1 总体、样本及统计量

6.1.1 总体、个体及样本

例如,我们考察某工厂生产的电灯泡的质量,在正常生产的情况下,电灯泡的质量是具有统计规律性的,它可以表现为电灯泡的平均寿命是一定的.电灯泡的寿命这个用来检查产品质量的指标,由于生产过程中的种种随机因素的影响,各个电灯泡的寿命是不相同的. 由于测定电灯泡的寿命的试验是破坏性的,我们当然不可能对生产出来的全部电灯泡一一进行测试,而只能从整批电灯泡中取出一小部分来测试,然后根据所得到的这一部分电灯泡的寿命的数据来推断整批电灯泡的平均寿命.

在数理统计中,通常把被研究的对象的全体叫作总体,而把组成总体的每个单元(或元素)叫作个体. 在上面的例子中,该工厂生产的所有电灯泡的寿命就是一个总体,而每个电灯泡的寿命则是一个个体.

代表总体的指标(如电灯泡的寿命)是一个随机变量 X,则总体就是指某个随机变量 X 可能取的值的全体.

从总体中抽取一个个体,就是对代表总体的随机变量 X 进行一次试验(观测),得到 X 的一个观测值. 从总体中抽取一部分个体,就是对随机变量 X 进行若干次试验(观测),得到随机变量 X 的一组观测值,叫作样本(或子样). 样本中所包含的个体的数量叫作样本容量.

从总体中抽取样本时,为使样本具有充分的代表性,抽样必须是随机的,即应使总体的每一个个体都有同等的机会被抽取,通常可用编号抽签的方法或利用随机数表来实现. 此外,还要求抽样必须是独立的,即每次抽样的结果既不影响其他各次抽样的结果,也不受其他各次抽样结果的影响. 这种抽样方法叫作简单随机抽样,得到的样本就叫作简单随机样本.

例如,从有限总体(其中只含有有限多个个体的总体)中进行放回抽样,显然这是简单随机抽样,由此得到的样本就是简单随机样本. 从有限总体中进行不放回抽样,虽然这不是简单随机抽样,但是当总体容量 N 很大而样本容量 n 又较小 $\left(\dfrac{n}{N} \leqslant 10\%\right)$ 时,则可以近似地看作是放回抽样,因而也就可以近似地看作是简单随机抽样,由此得到的样本可以近似地看作是简单随机样本.

今后,凡是提到抽样及样本,都是指简单随机抽样及简单随机样本而言.

如上所述,从总体中抽取容量为 n 的样本,就是对代表总体的随机变量 X 随机的、独立的进行 n 次试验,得到 X 的 n 个观测值:

$$x_1, x_2, \cdots, x_n$$

因为每次试验的结果都是随机的,所以我们应当把 n 次试验的结果看作是 n 个随机变量:

$$X_1, X_2, \cdots, X_n$$

而把样本 $x_1, x_2, \cdots, x_n$ 分别看作是它们的观测值. 因为试验是独立的,所以随机变量 $X_1, X_2, \cdots, X_n$ 是独立的,并且与总体 X 服从相同的分布.

通常把总体 X 的分布函数 $F(x)$ 叫作总体分布函数. 从总体中抽取容量为 n

的样本,得到 n 个样本观测值,把这些观测值整理,并写出下面的频率分布表(如表 6-1 所示),其中

表 6-1

观测值	$x_{(1)}$	$x_{(2)}$	...	$x_{(l)}$
频　数	m_1	m_2	...	m_l
频　率	ω_1	ω_2	...	ω_l

$$x_{(1)} < x_{(2)} < \cdots < x_{(l)} \quad (l \leqslant n)$$

$$\omega_i = \frac{m_i}{n} \quad (i = 1, 2, \cdots, l)$$

$$\sum_{i=1}^{l} m_i = n, \sum_{i=1}^{l} \omega_i = 1$$

于是,我们定义样本分布函数为

$$F_n(x) = \begin{cases} 0 & \text{当 } x < x_{(1)} \\ \sum_{x_{(i)} \leqslant x} \omega_i, & \text{当 } x_{(i)} \leqslant x < x_{(i+1)} \quad (i = 1, 2, \cdots, l-1) \\ 1, & \text{当 } x \geqslant x_{(l)} \end{cases} \quad (6-1)$$

易知样本分布函数 $F_n(x)$ 具有下列性质:

① $0 \leqslant F_n(x) \leqslant 1$;

② $F_n(x)$ 是非减函数;

③ $F_n(-\infty) = 0, F_n(+\infty) = 1$;

④ $F_n(x)$ 在每个观测值 $x_{(i)}$ 处是右连续的,点 $x_{(i)}$ 是 $F_n(x)$ 在点 $x_{(i)}$ 处的跃度就等于频率 ω_i. $(i = 1, 2, \cdots l)$

对于 x 的任一个确定的值,样本分布函数 $F_n(x)$ 是事件 $X \leqslant x$ 的频率,总体分布函数 $F(x)$ 是事件 $X \leqslant x$ 的概率. 根据伯努利定理可知,当 $n \to \infty$ 时,$F_n(x)$ 按概率收敛于 $F(x)$,即对于任意给定的正数 ε,有

$$\lim_{n \to \infty} P(|F_n(x) - F(x)| < \varepsilon) = 1 \quad (6-2)$$

可以进一步证明,当 $n \to \infty$ 时,样本分布函数 $F_n(x)$ 与总体分布函数 $F(x)$ 之间存在更密切的近似关系的深刻结论. 这就是我们在数理统计中可以用样本来推断总体的理论基础.

6.1.2　样本的统计量

在数理统计中,为了借助于对样本观测值的整理、分析、研究,从而解决对总体

的某些概率特征的推断问题,往往需要考虑各种适用的样本的函数. 设样本 X_1, $X_2, \cdots, X_n$ 的函数 $f(X_1, X_2, \cdots, X_n)$ 中不含有任何未知量,则称这样的函数为统计量. 因为 $X_1, X_2, \cdots, X_n$ 是随机变量,所以一切统计量都是随机变量. 根据样本 X_1, $X_2, \cdots, X_n$ 的观测值 $x_1, x_2, \cdots, x_n$ 计算得到的函数值 $f(x_1, x_2, \cdots, x_n)$ 就是相应的统计量 $f(X_1, X_2, \cdots, X_n)$ 的观测值.

数理统计中最常用的统计量及其观测值如下所述.

(1)样本平均值

$$\bar{X} = \frac{1}{n} \sum_{i=1}^{n} X_i \qquad (6-3)$$

而 $\bar{x} = \dfrac{1}{n} \sum_{i=1}^{n} x_i$ 是它的统计量的观测值;

(2)样本方差

$$S^2 = \frac{1}{n-1} \sum_{i=1}^{n} (X_i - \bar{X})^2 \qquad (6-4)$$

而 $s^2 = \dfrac{1}{n-1} \sum_{i=1}^{n} (x_i - \bar{x})^2$ 是它的统计量的观测值;

(3)样本 k 阶原点矩

$$V_k = \frac{1}{n} \sum_{i=1}^{n} X_i^k \qquad (6-5)$$

而 $v_k = \dfrac{1}{n} \sum_{i=1}^{n} x_i^k$ 是它的统计量的观测值;

(4)样本 k 阶中心矩

$$U_k = \frac{1}{n} \sum_{i=1}^{n} (X_i - \bar{X})^k \qquad (6-6)$$

而 $u_k = \dfrac{1}{n} \sum_{i=1}^{n} (x_i - \bar{x})^k$ 是它的统计量的观测值.

关于样本方差,我们补充说明几点.

(1)样本方差 S^2 的表达式(6-4)可以简化为

$$S^2 = \frac{1}{n-1} \left(\sum_{i=1}^{n} X_i^2 - n\bar{X}^2 \right) \qquad (6-7)$$

事实上,我们有

$$S^2 = \frac{1}{n-1} \sum_{i=1}^{n} (X_i^2 - 2X_i\bar{X} + \bar{X}^2)$$

$$= \frac{1}{n-1} \Big(\sum_{i=1}^{n} X_i^2 - 2n\,\overline{X} \cdot \overline{X} + n\,\overline{X}^2 \Big)$$

$$= \frac{1}{n-1} \Big(\sum_{i=1}^{n} X_i^2 - n\,\overline{X}^2 \Big)$$

（2）样本方差 S^2 的平方根（取正值）叫作样本标准差，记作 S，它的观察值为

$$s = \sqrt{\frac{1}{n-1} \sum_{i=1}^{n} (x_i - \overline{x})^2} \tag{6-8}$$

例 6.1.1　从某总体中抽取容量为 5 的样本，测得样本值为

$$32.5, 31.8, 32.0, 33.2, 32.9$$

计算样本均值、样本方差.

解　当电子计算器设置于统计计算（STAT 或 SD）功能状态时，检查确认计算器中无任何数据储存后，把上述 5 个数据逐个存入计算器中，按"$\overline{x}$"键，即得样本平均值

$$\overline{x} = \frac{1}{5} \sum_{i=1}^{5} x_i = 32.48$$

接着按"s"键，即得样本标准差

$$s = \sqrt{\frac{1}{n-1} \sum_{i=1}^{n} (x_i - \overline{x})^2} = 0.589\,1$$

接着按"x^2"键，即得样本方差

$$s^2 = \frac{1}{4} \sum_{i=1}^{5} (x_i - \overline{x})^2 = 0.347\,0$$

当样本容量 n 较大时，相同的样本观测值 x_i 往往会重复出现，为了使计算简化，应先把所得的数据整理，列表如下（见表 6-2）：

表 6-2

观测值	x_1	x_2	$\cdots$	x_l
频　数	m_1	m_2	$\cdots$	m_l

其中 $\sum_{i=1}^{l} m_i = n$. 于是，样本平均值 $\overline{x}$、样本方差 s^2 分别按下面的公式计算：

$$\overline{x} = \frac{1}{n} \sum_{i=1}^{l} m_i x_i \tag{6-9}$$

$$s^2 = \frac{1}{n-1} \sum_{i=1}^{l} m_i (x_i - \bar{x})^2 \qquad (6-10)$$

例 6.1.2 设抽样得到 100 个观测值如表 6-3 所示,计算样本平均值、样本方差.

表 6-3

观测值(x_i)	0	1	2	3	4	5
频率(m_i)	14	21	26	19	12	8

解 当电子计算器设置于统计计算功能状态时,检查确认计算器中无任何数据储存后,把上述 100 个数据分 6 次即可存入计算器中,按"$\bar{x}$"键,得样本平均值

$$\bar{x} = \frac{1}{100} \sum_{i=1}^{6} m_i x_i = 2.18$$

接着按"s"键,即得样本标准差

$$s = \sqrt{\frac{1}{99} \sum_{i=1}^{6} m_i (x_i - \bar{x})^2} = 1.466\ 0$$

接着按"x^2"键,即得样本方差

$$s^2 = \frac{1}{99} \sum_{i=1}^{10} m_i (x_i - \bar{x})^2 = 2.149\ 1$$

6.2 抽样分布

数理统计中常用的分布,有正态分布,还有 χ^2 分布、t 分布及 F 分布,这些分布在数理统计中起着重要的作用.

6.2.1 U 统计量及其分布

从总体 X 中抽取容量为 n 的样本 $X_1, X_2, \cdots, X_n$,样本均值与样本方差分别为

$$\bar{X} = \frac{1}{n} \sum_{i=1}^{n} X_i, \quad S^2 = \frac{1}{n-1} \sum_{i=1}^{n} (X_i - \bar{X})^2$$

定理 6.2.1 设总体 X 服从正态分布 $N(\mu, \sigma^2)$,则样本平均值 $\bar{X} = \frac{1}{n} \sum_{i=1}^{n} X_i$ 服从正态分布 $N\left(\mu, \frac{\sigma^2}{n}\right)$,即

$$\overline{X} \sim N\left(\mu, \frac{\sigma^2}{n}\right) \qquad (6-11)$$

证明　因为随机变量 $X_1, X_2, \cdots, X_n$ 相互独立,并且与总体 X 服从同一正态分布 $N(\mu, \sigma^2)$,所以根据已学可知它们的线性组合

$$\overline{X} = \frac{1}{n} \sum_{i=1}^{n} X_i = \sum_{i=1}^{n} \frac{X_i}{n}$$

仍服从正态分布,即得

$$\overline{X} \sim N\left(\mu, \frac{\sigma^2}{n}\right)$$

如果把 $\overline{X}$ 标准化,可得到下面的推论.

推论　设总体 X 服从正态分布 $N(\mu, \sigma^2)$,则统计量 $\dfrac{\overline{X}-\mu}{\frac{\sigma}{\sqrt{n}}}$ 服从标准正态分布:

$$\frac{\overline{X}-\mu}{\frac{\sigma}{\sqrt{n}}} \sim N(0,1) \qquad (6-12)$$

这里 $\dfrac{\overline{X}-\mu}{\frac{\sigma}{\sqrt{n}}}$ 称为 U 统计量.

例 6.2.1　设总体 $X \sim N(0,1), X_1, X_2, \cdots, X_{25}$ 为总体的样本,问:(1) $\overline{X}$ 服从什么分布? (2) $P(-0.4 < \overline{X} < 0.2)$ 值是多少?

解　(1) 根据定理 6.2.1,可得 $\overline{X} \sim N\left(0, \frac{1}{25}\right)$.

(2) 根据定理 6.2.1 的推论,有

$$P(-0.4 < \overline{X} < 0.2) = P\left(\frac{-0.4-0}{\frac{1}{5}} < \frac{\overline{X}-0}{\frac{1}{5}} < \frac{0.2-0}{\frac{1}{5}}\right)$$

$$= \Phi(1) - \Phi(-2) = \Phi(1) - (1-\Phi(2))$$

$$= 0.8413 + 0.9772 - 1 = 0.8185$$

6.2.2　χ^2 分布

定理 6.2.2　设随机变量 $X_1, X_2, \cdots, X_k$ 相互独立,并且都服从标准正态分布

$N(0,1)$,则随机变量

$$\chi^2 = X_1^2 + X_2^2 + \cdots + X_k^2 \tag{6-13}$$

的概率密度函数为

$$f_{\chi^2}(x) = \begin{cases} \dfrac{1}{2^{\frac{k}{2}} \Gamma\left(\dfrac{k}{2}\right)} x^{\frac{k}{2}-1} \mathrm{e}^{-\frac{x}{2}}, & \text{当 } x > 0; \\ 0, & \text{当 } x \leqslant 0 \end{cases} \tag{6-14}$$

通常把这种分布称为自由度为 k 的 χ^2 分布,记为

$$\chi^2 \sim \chi^2(k)$$

这个定理的证明从略,这里的自由度不妨理解为独立随机变量的个数. 可以证明 χ^2 分布具有可加性.

定理 6.2.3　如果随机变量 X 与 Y 独立,并且分别服从自由度为 k_1 与 k_2 的 χ^2 分布:

$$X \sim \chi^2(k_1), \quad Y \sim \chi^2(k_2)$$

则它们的和 $X+Y$ 服从自由度为 k_1+k_2 的 χ^2 分布:

$$X+Y \sim \chi^2(k_1+k_2) \tag{6-15}$$

在附表 5 中对不同的自由度 k 及不同的数 $\alpha(0 < \alpha < 1)$,给出了满足等式

$$P(\chi^2 \geqslant \chi_\alpha^2(k)) = \int_{\chi_\alpha^2(k)}^{+\infty} f_{\chi^2}(x)\mathrm{d}x = \alpha \tag{6-16}$$

的 χ_α^2 值(见图 6-1). 例如,当 $k=17, \alpha=0.05$ 时,可以查得 $\chi_{0.05}^2(17)=27.6$.

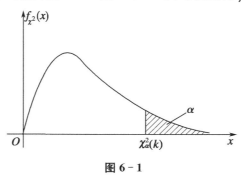

图 6-1

定理 6.2.4　设总体 X 服从正态分布 $N(\mu, \sigma^2)$,则统计量 $\dfrac{1}{\sigma^2} \sum\limits_{i=1}^{n} (X_i - \mu)^2$ 服从自由度为 n 的 χ^2 分布:

$$\frac{1}{\sigma^2}\sum_{i=1}^{n}(X_i-\mu)^2 \sim \chi^2(n) \tag{6-17}$$

证明　因为 $X_i \sim N(\mu,\sigma^2)$,所以按(6-12)得

$$\frac{X_i-\mu}{\sigma} \sim N(0,1) \quad (i=1,2,\cdots,n)$$

又因为 $X_1,X_2,\cdots,X_n$ 独立,所以 $\dfrac{X_1-\mu}{\sigma},\dfrac{X_2-\mu}{\sigma},\cdots,\dfrac{X_n-\mu}{\sigma}$ 也是独立的. 于是,由定理 6.2.2 可知

$$\frac{1}{\sigma^2}\sum_{i=1}^{n}(X_i-\mu)^2 = \sum_{i=1}^{n}\left(\frac{X_i-\mu}{\sigma}\right)^2 \sim \chi^2(n)$$

定理 6.2.5　设总体 X 服从正态分布 $N(\mu,\sigma^2)$,则

(1) 样本平均值 $\bar{X}$ 与样本方差 S^2 独立;

(2) 统计量 $\dfrac{(n-1)S^2}{\sigma^2}$ 服从自由度为 $n-1$ 的 χ^2 分布:

$$\frac{(n-1)S^2}{\sigma^2} \sim \chi^2(n-1) \tag{6-18}$$

这个定理的证明从略. 我们仅对自由度作一些简要说明:由样本方差 S^2 的定义易知

$$(n-1)S^2 = \sum_{i=1}^{n}(X_i-\bar{X})^2$$

所以统计量

$$\chi^2 = \frac{(n-1)S^2}{\sigma^2} = \frac{1}{\sigma^2}\sum_{i=1}^{n}(X_i-\bar{X})^2 = \sum_{i=1}^{n}\left(\frac{X_i-\bar{X}}{\sigma}\right)^2$$

虽然是 n 个随机变量的平方和,但是这些随机变量是不独立的,因为它们的和恒等于零:

$$\sum_{i=1}^{n}\frac{X_i-\bar{X}}{\sigma} = \frac{1}{\sigma}\left(\sum_{i=1}^{n}X_i - n\bar{X}\right) \equiv 0$$

由于受到一个条件的约束,所以自由度为 $n-1$.

6.2.3　t 分布("学生"分布)

定理 6.2.6　设随机变量 X 与 Y 独立,并且 X 服从标准正态分布 $N(0,1)$,Y 服从自由度为 k 的 χ^2 分布,则随机变量

$$t = \frac{X}{\sqrt{\dfrac{Y}{k}}}$$

的概率密度为

$$f_t(z) = \frac{\Gamma\left(\dfrac{k+1}{2}\right)}{\sqrt{k\pi}\,\Gamma\left(\dfrac{k}{2}\right)} \left(1 + \frac{z^2}{k}\right)^{-\frac{k+1}{2}} \qquad (6-19)$$

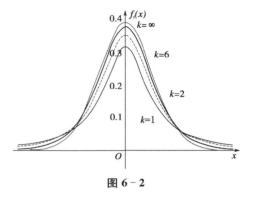

通常把这种分布叫作自由度为 k 的 t 分布（或"学生"分布），并记作 $t(k)$，证明省略.

t 分布的分布曲线是关于纵坐标轴对称的.图 6-2 中画出自由度 $k=1, k=2, k=6, k=\infty$ 时的 t 分布的分布曲线.

可以证明，当自由度 k 无限增大时，t 分布将趋近于标准正态分布 $N(0,1)$.事实上，当 $k>30$ 时，它们的分布曲线就差不多是相同的了.

图 6-2

对不同的自由度 k 及不同的数 $\alpha(0<\alpha<1)$，给出满足等式

$$P(t \geqslant t_\alpha(k)) = \int_{t_\alpha(k)}^{+\infty} f_t(x)\mathrm{d}x = \alpha \qquad (6-20)$$

的 t_α 的值（见图 6-3(a)）.例如，当 $k=15, \alpha=0.025$ 时，可以查得 $t_{0.025}(15) = 2.1315$.由分布的对称性（见图 6-3(b)）得

$$t_{1-\alpha}(k) = -t_\alpha(k)$$

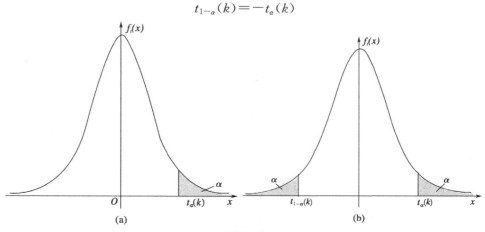

图 6-3

定理 6.2.7　设总体 X 服从正态分布 $N(\mu, \sigma^2)$，则统计量 $\dfrac{\overline{X}-\mu}{\dfrac{S}{\sqrt{n}}}$ 服从自由度

为 $n-1$ 的 t 分布：

$$\frac{\overline{X}-\mu}{\dfrac{S}{\sqrt{n}}} \sim t(n-1) \tag{6-21}$$

证明　由定理 6.2.1 的推论可知统计量

$$\frac{\overline{x}-\mu}{\dfrac{\sigma}{\sqrt{n}}} \sim N(0,1)$$

又由定理 6.2.5 可知统计量

$$\frac{(n-1)S^2}{\sigma^2} \sim \chi^2(n-1)$$

因为 $\overline{X}^2$ 与 S^2 独立，所以 $\dfrac{\overline{X}-\mu}{\dfrac{\sigma}{\sqrt{n}}}$ 与 $\dfrac{(n-1)S^2}{\sigma^2}$ 也是独立的，于是由定理 6.2.6 可知统

计量

$$\frac{\dfrac{\overline{X}-\mu}{\dfrac{\sigma}{\sqrt{n}}}}{\sqrt{\dfrac{(n-1)\dfrac{S^2}{\sigma^2}}{n-1}}} = \frac{\overline{X}-\mu}{\dfrac{S}{\sqrt{n}}} \sim t(n-1)$$

6.2.4　F 分布

定理 6.2.8　设随机变量 X 与 Y 独立，并且都服从 χ^2 分布，自由度分别为 k_1 及 k_2，即

$$X \sim \chi^2(k_1), \quad Y \sim \chi^2(k_2)$$

则随机变量

$$F = \frac{\dfrac{X}{k_1}}{\dfrac{Y}{k_2}} \tag{6-22}$$

的概率密度为

$$f_F(z) = \begin{cases} \dfrac{\Gamma\left(\dfrac{k_1+k_2}{2}\right)}{\Gamma\left(\dfrac{k_1}{2}\right)\Gamma\left(\dfrac{k_2}{2}\right)}k_1^{\frac{k_1}{2}}k_2^{\frac{k_2}{2}}\dfrac{z^{\frac{k_1}{2}-1}}{(k_1z+k_2)^{\frac{k_1+k_2}{2}}}, & \text{当 } z>0; \\ 0, & \text{当 } z\leqslant 0 \end{cases} \quad (6-23)$$

通常把这种分布叫作自由度(k_1,k_2)的F分布,并记作$F(k_1,k_2)$.其中k_1是分子的自由度,叫作第一自由度;k_2是分母的自由度,叫作第二自由度.此定理证明省略.

图$6-4$中画出自由度为$(14,30)$,$(7,8)$时的F分布的分布曲线.

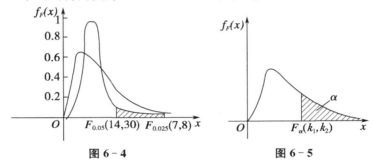

图$6-4$ 图$6-5$

对于不同的自由度(k_1,k_2)及不同的数$\alpha(0<\alpha<1)$,给出了满足等式

$$P(F\geqslant F_\alpha(k_1,k_2)) = \int_{F_\alpha(k_1,k_2)}^{+\infty} f_F(x)\mathrm{d}x = \alpha \quad (6-24)$$

的F_α值(见图$6-5$).例如,可以查得$F_{0.05}(30,14)=2.31$,$F_{0.025}(8,7)=4.90$

不难证明,F的分布具有下述性质:

$$F_{1-\alpha}(k_1,k_2) = \frac{1}{F_\alpha(k_2,k_1)} \quad (6-25)$$

例如,我们有

$$F_{0.95}(15,10) = \frac{1}{F_{0.05}(10,15)} = \frac{1}{2.54} = 0.394$$

定理 6.2.9 设总体X服从正态分布$N(\mu_1,\sigma_1^2)$,总体Y服从正态分布$N(\mu_2,\sigma_2^2)$,则统计量

$$\frac{\displaystyle\sum_{i=1}^{n_1}\frac{(X_i-\mu_1)^2}{n_1\sigma_1^2}}{\displaystyle\sum_{j=1}^{n_2}\frac{(Y_j-\mu_2)^2}{n_2\sigma_2^2}}$$

服从自由度为(n_1, n_2)的 F 分布：

$$\frac{\sum_{i=1}^{n_1} \dfrac{(X_i - \mu_1)^2}{n_1 \sigma_1^2}}{\sum_{j=1}^{n_2} \dfrac{(Y_j - \mu_2)^2}{n_2 \sigma_2^2}} \sim F(n_1, n_2) \tag{6-26}$$

证明　由定理 6.2.4 可知

$$\chi_1^2 = \frac{1}{\sigma_1^2} \sum_{i=1}^{n_1} (X_i - \mu_1)^2 \sim \chi^2(n_1)$$

$$\chi_2^2 = \frac{1}{\sigma_2^2} \sum_{j=1}^{n_1} (Y_j - \mu_2)^2 \sim \chi^2(n_2)$$

因为所有的 X_i 与 Y_j 都是独立的，所以统计量 χ_1^2 与 χ_2^2 也是独立的. 于是，由定理 6.2.8 可知统计量

$$\frac{\dfrac{\chi_1^2}{n_1}}{\dfrac{\chi_2^2}{n_2}} = \frac{\sum_{i=1}^{n_1} \dfrac{(X_i - \mu_1)^2}{n_1 \sigma_1^2}}{\sum_{j=1}^{n_2} \dfrac{(Y_j - \mu_2)^2}{n_2 \sigma_2^2}} \sim F(n_1, n_2)$$

定理 6.2.10　设总体 X 服从正态分布 $N(\mu_1, \sigma_1^2)$，总体 Y 服从正态分布 $N(\mu_2, \sigma_2^2)$，则统计量 $\dfrac{\dfrac{S_1^2}{\sigma_1^2}}{\dfrac{S_2^2}{\sigma_2^2}}$ 服从自由度为$(n_1 - 1, n_2 - 1)$的 F 分布：

$$\frac{\dfrac{S_1^2}{\sigma_1^2}}{\dfrac{S_2^2}{\sigma_2^2}} \sim F(n_1 - 1, n_2 - 1) \tag{6-27}$$

证明　由定理 6.2.5 可知

$$\chi_1^2 = \frac{(n_1 - 1)S_1^2}{\sigma_1^2} \sim \chi^2(n_1 - 1)$$

$$\chi_2^2 = \frac{(n_2 - 1)S_2^2}{\sigma_2^2} \sim \chi^2(n_2 - 1)$$

因为 S_1^2 与 S_2^2 独立，所以统计量 χ_1^2 与 χ_2^2 也是独立的. 于是，由定理 6.2.8 可知统计量

$$\frac{\dfrac{\chi_1^2}{n_1-1}}{\dfrac{\chi_2^2}{n_2-1}} = \frac{\dfrac{S_1^2}{\sigma_1^2}}{\dfrac{S_2^2}{\sigma_2^2}} \sim F(n_1-1, n_2-1)$$

6.2.5 两个正态总体下统计量的常用形式及其分布

现在我们讨论关于两个正态总体的统计量的分布. 从总体 X 中抽取容量为 n_1 的样本

$$X_1, X_2, \cdots, X_{n_1}$$

从总体 Y 中抽取容量为 n_2 的样本

$$Y_1, Y_2, \cdots, Y_{n_2}$$

假设所有的试验都是独立的, 因此得到的样本 $X_i(i=1,2,\cdots,n_1)$ 及 $Y_j(j=1,2,\cdots,n_2)$ 都是相互独立的随机变量. 在下面的讨论中, 取自总体 X 及 Y 的样本平均值分别记作

$$\bar{X} = \frac{1}{n_1}\sum_{i=1}^{n_1} X_i, \quad \bar{Y} = \frac{1}{n_2}\sum_{j=1}^{n_2} Y_j$$

样本方差分别记作

$$S_1^2 = \frac{1}{n_1-1}\sum_{i=1}^{n_1}(X_i-\bar{X})^2, \quad S_2^2 = \frac{1}{n_2-1}\sum_{j=1}^{n_2}(Y_j-\bar{Y})^2$$

定理 6.2.11 设总体 X 服从正态分布 $N(\mu_1, \sigma_1^2)$, 总体 Y 服从正态分布 $N(\mu_2, \sigma_2^2)$, 则统计量

$$\frac{(\bar{X}-\bar{Y})-(\mu_1-\mu_2)}{\sqrt{\dfrac{\sigma_1^2}{n_1}+\dfrac{\sigma_2^2}{n_2}}}$$

服从标准正态分布:

$$\frac{(\bar{X}-\bar{Y})-(\mu_1-\mu_2)}{\sqrt{\dfrac{\sigma_1^2}{n_1}+\dfrac{\sigma_2^2}{n_2}}} \sim N(0,1) \tag{6-28}$$

证明 由定理 6.2.1 可知

$$\bar{X} \sim N\left(\mu_1, \frac{\sigma_1^2}{n_1}\right), \quad \bar{Y} \sim N\left(\mu_2, \frac{\sigma_2^2}{n_2}\right)$$

因为 $\bar{X}$ 与 $\bar{Y}$ 独立,所以得

$$\bar{X} - \bar{Y} \sim N\left(\mu_1 - \mu_2, \frac{\sigma_1^2}{n_1} + \frac{\sigma_2^2}{n_2}\right)$$

于是,按(6-12)得

$$\frac{(\bar{X} - \bar{Y}) - (\mu_1 - \mu_2)}{\sqrt{\dfrac{\sigma_1^2}{n_1} + \dfrac{\sigma_2^2}{n_2}}} \sim N(0,1)$$

特别的,如果 $\sigma_1 = \sigma_2 = \sigma$,则得到下面的推论.

推论　设总体 X 服从正态分布 $N(\mu_1, \sigma^2)$,总体 Y 服从正态分布 $N(\mu_2, \sigma^2)$,则统计量

$$\frac{(\bar{X} - \bar{Y}) - (\mu_1 - \mu_2)}{\sqrt{\dfrac{1}{n_1} + \dfrac{1}{n_2}}\,\sigma}$$

服从标准正态分布:

$$\frac{(\bar{X} - \bar{Y}) - (\mu_1 - \mu_2)}{\sqrt{\dfrac{1}{n_1} + \dfrac{1}{n_2}}\,\sigma} \sim N(0,1) \tag{6-29}$$

定理 6.2.12　设总体 X 服从正态分布 $N(\mu_1, \sigma_1^2)$,总体 Y 服从正态分布 $N(\mu_2, \sigma_2^2)$,则统计量

$$\frac{(\bar{X} - \bar{Y}) - (\mu_1 - \mu_2)}{\sqrt{\dfrac{1}{n_1} + \dfrac{1}{n_2}}S_w}$$

服从自由度为 $n_1 + n_2 - 2$ 的 t 分布:

$$\frac{(\bar{X} - \bar{Y}) - (\mu_1 - \mu_2)}{\sqrt{\dfrac{1}{n_1} + \dfrac{1}{n_2}}S_w} \sim t(n_1 + n_2 - 2) \tag{6-30}$$

其中

$$S_w = \sqrt{\frac{(n_1-1)S_1^2 + (n_2-1)S_2^2}{n_1 + n_2 - 2}} \tag{6-31}$$

证明　由式(6-29)可知统计量

$$U = \frac{(\bar{X} - \bar{Y}) - (\mu_1 - \mu_2)}{\sqrt{\dfrac{1}{n_1} + \dfrac{1}{n_2}}\,\sigma} \sim N(0,1)$$

又由定理 6.2.4 知

$$\chi_1^2 = \frac{(n_1 - 1)S_1^2}{\sigma^2} \sim \chi^2(n_1 - 1)$$

$$\chi_2^2 = \frac{(n_2 - 1)S_2^2}{\sigma^2} \sim \chi^2(n_2 - 1)$$

因为 S_1^2 与 S_2^2 独立,所以 χ_1^2 与 χ_2^2 也是独立. 由式(6-15)可知统计量

$$V = \frac{(n_1 - 1)S_1^2 + (n_2 - 1)S_2^2}{\sigma^2} \sim \chi^2(n_1 + n_2 - 2)$$

因为 $\bar{X}$ 与 S_1^2 独立,$\bar{Y}$ 与 S_2^2 独立,所以统计量 U 与 V 也是独立的. 于是,由定理 6.2.6可知,统计量

$$T = \frac{U}{\sqrt{\dfrac{V}{n_1 + n_2 - 2}}} = \frac{(\bar{X} - \bar{Y}) - (\mu_1 - \mu_2)}{\sqrt{\dfrac{1}{n_1} + \dfrac{1}{n_2}}\,S_w} \sim t(n_1 + n_2 - 2) \quad (6\text{-}32)$$

习　题　六

6.1　设抽样得到样本观测值如下:

19.1,20.0,21.2,18.8,19.6,20.5,22.0,21.6,19.4,20.3

计算样本平均值、样本方差.

6.2　设总体 X 服从正态分布 $N(10,3^2)$,$X_1, X_2, \cdots, X_6$ 是它的一组样本,$\bar{X} = \dfrac{1}{6}\sum\limits_{i=1}^{6} X_i$.

(1) 写出 $\bar{X}$ 所服从的分布;

(2) 求 $\{\bar{X} > 11\}$ 的概率.

6.3　设 $X_1, X_2, \cdots, X_6$ 为正态总体 $N(0,2^2)$ 的一个样本,求 $\sum\limits_{i=1}^{6} X_i^2 > 6.54$ 的概率.

6.4　用 χ^2 分布表求出下列各式中的 λ 的值:

(1) $P(\chi^2(9) > \lambda) = 0.95$;　　　　　　(2) $P(\chi^2(9) < \lambda) = 0.01$;

(3) $P(\chi^2(15) > \lambda) = 0.025$;　　　　　(4) $P(\chi^2(15) < \lambda) = 0.025$.

6.5　用 t 分布表求出下列各式中的 λ 的值:

(1) $P(|t(10)|>\lambda)=0.05$; 　　　　　(2) $P(|t(10)|<\lambda)=0.9$;

(3) $P(t(10)>\lambda)=0.025$; 　　　　　(4) $P(t(10)<\lambda)=0.01$.

6.6　用 F 分布表求出下列各式中的 λ 的值:

(1) $P(F(8,9)>\lambda)=0.05$; 　　　　　(2) $P(F(8,9)<\lambda)=0.05$;

(3) $P(F(10,15)>\lambda)=0.95$; 　　　　　(4) $P(F(10,15)<\lambda)=0.9$.

6.7　设 $X_1,X_2,\cdots,X_6$ 是来自 $(0,\theta)$ 上的均匀分布的样本,其中 $\theta>0$.

(1) 写出样本的联合密度函数.

(2) 下列样本函数

$$T_1=\frac{X_1+X_2+\cdots+X_6}{6}, \quad T_2=X_6-\theta$$

$$T_3=X_6-E(X_1), \quad T_4=\max(X_1,X_2,\cdots,X_6)$$

其中哪些是统计量? 哪些不是? 为什么?

6.8　设 $X_1,X_2,\cdots,X_5$ 是独立且服从相同分布的随机变量,且每一个 $X_i(i=1,2,\cdots,5)$都服从 $N(0,1)$.

(1) 试给出常数 c,使得 $c(X_1^2+X_2^2)$服从 χ^2 分布,并指出它的自由度;

(2)试给出常数 d,使得 $d\,\dfrac{X_1+X_2}{\sqrt{X_3^2+X_4^2+X_5^2}}$服从 t 分布,并指出它的自由度.

6.9　设 X_1,X_2,X_3,X_4 是来自正态总体 $N(0,2^2)$的样本,设

$$Y=a(X_1-2X_2)^2+b(3X_3-4X_4)^2$$

则当 a,b 分别为多少时统计量 Y 服从 χ^2 分布? 其自由度为多少?

6.10　设总体 $X\sim N(0,2^2)$,而 $X_1,X_2,\cdots,X_{15}$是来自总体 X 的样本,则

$$Y=\frac{X_1^2+X_2^2+\cdots+X_{10}^2}{2(X_{11}^2+X_{12}^2+\cdots+X_{15}^2)}$$

服从什么分布? 参数为多少?

第七章　参　数　估　计

统计推断就是由样本推断总体,这是统计学的核心内容.统计推断可以归结为两个基本问题:统计估计和统计假设检验.统计推断的内容极为丰富,其应用领域非常广泛,所要解决的问题多种多样,方法繁多……但是,这一切都离不开统计估计和统计假设检验.统计推断的原理、统计推断的不同的分支、应用和方法,都是围绕着估计问题与假设检验问题建立和展开的.这一章讲参数估计的基本原理和方法,第八章讲假设检验的基本原理和方法.统计估计,就是根据样本估计总体的分布及其各种特征,分为参数估计和非参数估计以及点估计和区间估计.这一章讲参数估计的基本概念和未知参数的估计的一般方法,最后讲正态总体的参数估计的点估计和区间估计.

7.1　参数估计的一般概念

估计一词,既表示对总体作判断的过程,又表示对现象的性质、特点、数量、变化所作出的各种判断.前一种情形,"估计"做动词用,表示由样本特征求总体特征的过程;后一种情形,"估计"是名词,表示由样本对总体特征的估计.

在已知总体分布的数学形式的情况下,估计总体分布的某些未知参数是典型的参数估计.例如,已知总体 X 服从正态分布 $N(\mu,\sigma^2)$,估计参数 μ 和 σ^2;根据 n 次试验中事件 A 出现的频率 f_n 估计事件 A 的概率 $P(A)$;根据对一批产品抽样检验的结果估计这批产品的合格品率;估计(预测)某种新产品未来市场份额……都是参数估计.而根据样本估计总体的分布函数或概率密度,是非参数估计问题.一般,凡是用有限个参数表示的估计问题都称作参数估计,否则称作非参数估计.本书只讲参数估计.

所谓"总体参数估计",既包括总体分布的参数,也包括总体的各种数字特征.估计总体参数有两种基本方法:点估计和区间估计.点估计,又称作"定值估计",是用适当选择的统计量的值做未知参数的估计值.例如,气象预报某一天的最高气温就是一种点估计;而预报某一天的气温在 $22℃\sim30℃$ 就是一种区间估计.点估计和区间估计两种估计方法相辅相成.

7.1.1 未知参数的点估计

设 $(X_1, X_2, \cdots, X_n)$ 是来自总体 X 的简单随机样本，θ 是要估计的总体 X 的未知参数. 这里 θ 可能是实数, 也可能是向量. 例如, 对于服从泊松分布的总体, 分布参数 $\theta = \lambda$ 是实数; 对于正态总体 $N(\mu, \sigma^2)$, 参数 $\theta = (\mu, \sigma^2)$ 就是向量. 首先介绍估计量的概念和评价估计量优与劣的主要标准.

点估计是用一个统计量的值估计未知参数的值; 做估计用的统计量亦称为估计量; 估计量是随机样本的函数, 因此本身是随机变量, 它的具体值称作估计值. 例如, 对于任意总体 X, 可以用样本均值 $\overline{X}$ 做总体均值(数学期望)$E(X)$ 的估计量, 用样本方差 S^2 做总体方差 $D(X)$ 的估计量. 我们用 $\hat{\theta} = g(X_1, X_2, \cdots, X_n)$ 或 $\hat{\theta}$ 表示未知参数 θ 的估计量, 其中 $g(X_1, X_2, \cdots, X_n)$ 表示简单随机样本 $(X_1, X_2, \cdots, X_n)$ 的函数; 对于给定的样本值 $(x_1, x_2, \cdots, x_n)$, 估计量 $\hat{\theta}$ 的具体值 $\hat{\theta} = g(x_1, x_2, \cdots, x_n)$ 称作 θ 的估计值.

注意, 估计量 $\hat{\theta}$ 是随机变量; 估计值 $\hat{\theta}$ 是一个普通的实数值. 为方便计, 我们在叙述中有时常笼统地使用"估计"一词, 这时读者应善于理解其含义. 通常, 在进行理论分析或一般性讨论时, 未知参数的"估计"一般指的是估计量; 在处理具体问题时, 未知参数的"估计"一般指的是估计值. 例如, 若用样本均值 $\overline{X}$ 做总体均值 $E(X) = \mu$ 的估计量, 则 $\overline{X}$ 的具体值 $\overline{x}$ 就是未知数学期望 μ 的估计值; 若用样本方差 S^2 做总体方差 $D(X) = \sigma^2$ 的估计量, 则 S^2 的具体值 s^2 就是未知方差 σ^2 的估计值.

7.1.2 未知参数的区间估计

未知参数 θ 的另一种估计方法是, 指出一个区间使之以很大的概率包含着 θ. 例如, 估计一批产品的不合格品率等于 1.75%, 不如"不合格品率不超过 2%"的估计更有参考价值; 估计到 2050 年底我国人口是 n 个人, 不如到 2050 年底我国人口"不超过 n 个人"或"介于 m 人和 k 人之间"的估计更有参考价值. 估计未知参数的这种方法就是区间估计.

建立未知参数的区间估计可以借助于点估计, 然而点估计的精度缺乏进一步的说明, 这种情况下未知参数的区间估计提供了解决上述问题的方法.

未知参数 θ 的区间估计亦称为参数 θ 的置信区间, 是以统计量为端点并以充分大的概率包含未知参数 θ 值的随机区间 $(\hat{\theta}_1, \hat{\theta}_2)$, 其中 $\hat{\theta}_1$ 和 $\hat{\theta}_2$ 是统计量.

1. 置信区间

设 θ 是总体 X 的未知参数, $(X_1, X_2, \cdots, X_n)$ 是来自总体 X 的简单随机样本, $\hat{\theta}_1$ 和 $\hat{\theta}_2 (\hat{\theta}_1 < \hat{\theta}_2)$ 是两个统计量, 满足

$$P\{\hat{\theta}_1 < \theta < \hat{\theta}_2\} = 1 - \alpha$$

则称随机区间$(\hat{\theta}_1,\hat{\theta}_2)$为参数$\theta$的区间估计或置信区间,称$1-\alpha$为置信区间的置信度,$\alpha$也称为显著性水平. 简称$(\hat{\theta}_1,\hat{\theta}_2)$为$\theta$的$1-\alpha$置信区间,区间的端点——统计量$\hat{\theta}_1$和$\hat{\theta}_2$分别称作置信下限和置信上限. 对于具体的样本值$(x_1,x_2,\cdots,x_n)$,由$(\hat{\theta}_1,\hat{\theta}_2)$得直线上一个普通的区间$(\hat{\theta}_1,\hat{\theta}_2)$称作置信区间$(\hat{\theta}_1,\hat{\theta}_2)$的一个实现. 为便于叙述,我们有时把$\theta$的$1-\alpha$置信区间的实现也简称为$\theta$的一个$1-\alpha$置信区间.

置信度是随机区间$(\hat{\theta}_1,\hat{\theta}_2)$"包含"或"覆盖"未知参数$\theta$的值的概率. 注意,不能说"置信度是未知参数$\theta$落入区间$(\hat{\theta}_1,\hat{\theta}_2)$的概率",因为参数$\theta$的值虽然未知,但它是常数,而区间$(\hat{\theta}_1,\hat{\theta}_2)$是随机的. 置信度一般选接近1的数,例如,选$1-\alpha=0.95$. 直观上,如果多次使用置信度为0.95的置信区间$(\hat{\theta}_1,\hat{\theta}_2)$估计参数$\theta$,则该区间平均有95%的实现"包含"$\theta$的值,"不包含"$\theta$值的情形平均只有5%.

2. 单侧置信区间

有的置信区间只有一个端点是统计量,而另一个端点是已知常数(或$\pm\infty$),这样的置信区间称作单侧置信区间. 设$(\hat{\theta},b)$和$(a,\hat{\theta})$都是参数θ的$1-\alpha$置信区间,其中a和b是已知常数或无穷大,则$(\hat{\theta},b)$称作下置信区间,而$(a,\hat{\theta})$叫作上置信区间.

3. 建立置信区间的一般步骤

设θ是总体X的待估计的未知参数,$(X_1,X_2,\cdots,X_n)$是来自X的简单随机样本. 建立θ的$1-\alpha$置信区间的一般步骤如下:

(1) 选择一个样本的函数$T=f(X_1,X_2,\cdots,X_n;\theta)$,使之包含所要估计的参数$\theta$,但是其分布不依赖于参数$\theta$. 假设$\theta=g(T)$是$T=f(X_1,X_2,\cdots,X_n;\theta)$的反函数.

(2) 对于给定的置信度$1-\alpha$,利用T的概率分布选两个常数λ_1,λ_2,使之满足条件

$$P\{\lambda_1<T<\lambda_2\}=1-\alpha \tag{7-1}$$

(3) 利用θ和T之间的反函数关系,由式(7-1),可得

$$P\{\lambda_1<T<\lambda_2\}=P\{\hat{\theta}_1<\theta<\hat{\theta}_2\}=1-\alpha \tag{7-2}$$

其中,若$T=f(X_1,X_2,\cdots,X_n;\theta)$是$\theta$的增函数,则$\hat{\theta}_1=g(\lambda_1),\hat{\theta}_2=g(\lambda_2)$;若$T=f(X_1,X_2,\cdots,X_n;\theta)$是$\theta$的减函数,则$\hat{\theta}_1=g(\lambda_2),\hat{\theta}_2=g(\lambda_1)$. 最后,得参数$\theta$的$1-\alpha$置信区间$(\hat{\theta}_1,\hat{\theta}_2)$.

注意,式(7-2)中λ_1,λ_2的选择有一定任意性,因此具有相同置信度的置信区间并不惟一. 对于对称分布(如正态分布和t分布)以及接近对称的分布(如χ^2分布和F分布),常按如下原则选取λ_1,λ_2:

$$P\{T\leqslant\lambda_1\}=P\{T\geqslant\lambda_2\}=\frac{\alpha}{2}$$

例 7.1.1 设总体 X 服从正态分布 $N(\mu,\sigma^2)$，$(X_1,X_2,\cdots,X_n)$ 是来自总体 X 的简单随机样本，试建立总体均值 μ 的 $1-\alpha$ 置信区间，假设：(1) 方差 $\sigma^2=\sigma_0^2$ 已知；(2) 方差 σ^2 未知.

解 (1) 假设 $\sigma^2=\sigma_0^2$ 已知. 由于 $X\sim N(\mu,\sigma_0^2)$，可见

$$U=\frac{\bar{X}-\mu}{\frac{\sigma_0}{\sqrt{n}}}=\sqrt{n}\times\frac{\bar{X}-\mu}{\sigma_0}\sim N(0,1)$$

对于任意给定的 $1-\alpha$，由标准正态分布水平 α 双侧临界值 $u_{\frac{\alpha}{2}}$ 表（附表 2），查出 $u_{\frac{\alpha}{2}}$，得

$$1-\alpha=P\left\{-u_{\frac{\alpha}{2}}<U<u_{\frac{\alpha}{2}}\right\}=P\left\{-u_{\frac{\alpha}{2}}<\frac{\bar{X}-\mu}{\sigma_0/\sqrt{n}}<u_{\frac{\alpha}{2}}\right\}$$

$$=P\left\{\bar{X}-u_{\frac{\alpha}{2}}\frac{\sigma_0}{\sqrt{n}}<\mu<\bar{X}+u_{\frac{\alpha}{2}}\frac{\sigma_0}{\sqrt{n}}\right\}$$

从而得 μ 的 $1-\alpha$ 置信区间：

$$\left(\bar{X}-u_{\frac{\alpha}{2}}\frac{\sigma_0}{\sqrt{n}},\ \bar{X}+u_{\frac{\alpha}{2}}\frac{\sigma_0}{\sqrt{n}}\right)$$

(2) 假设方差 σ^2 未知. 样本的函数

$$t=\frac{\bar{X}-\mu}{\frac{S}{\sqrt{n}}}=\sqrt{n}\times\frac{\bar{X}-\mu}{S}$$

服从自由度为 $n-1$ 的 t 分布，因此有

$$1-\alpha=P\left\{-t_{\frac{\alpha}{2}}(n-1)<t<t_{\frac{\alpha}{2}}(n-1)\right\}$$

$$=P\left\{-t_{\frac{\alpha}{2}}(n-1)<\frac{\bar{X}-\mu}{S/\sqrt{n}}<t_{\frac{\alpha}{2}}(n-1)\right\}$$

$$=P\left\{\bar{X}-t_{\frac{\alpha}{2}}(n-1)\frac{S}{\sqrt{n}}<\mu<\bar{X}+t_{\frac{\alpha}{2}}(n-1)\frac{S}{\sqrt{n}}\right\}$$

其中 S 是样本标准差，$t_{\frac{\alpha}{2}}(n-1)$ 是自由度为 $n-1$ 的 t 分布水平 α 双侧临界值（见附表 4）. 从而，得 μ 的 $1-\alpha$ 置信区间：

$$\left(\bar{X}-t_{\frac{\alpha}{2}}(n-1)\frac{S}{\sqrt{n}},\ \bar{X}+t_{\frac{\alpha}{2}}(n-1)\frac{S}{\sqrt{n}}\right)$$

7.2 评价估计量的标准

同一个未知参数 θ 可能有多个可供选择的估计量. 例如,对于正态总体 $N(\mu, \sigma^2)$,样本方差 S^2 和二阶样本中心矩(未修正样本方差)S_0^2 都可以做总体方差 σ^2 的估计量;总体的数学期望 μ 也有许多可供选择的估计量. 在类似的情形下,在一切可供选择的估计量中当然应选择具有各种优良性质的估计量,因此就产生了评价估计量优良性的标准的问题. 对于估计量优良性的最基本要求是无偏性、有效性、一致性.

(1) 无偏性:称 $\hat{\theta}$ 为未知参数 θ 的无偏估计量,如果

$$E(\hat{\theta}) = \theta$$

否则称 $\hat{\theta}$ 为未知参数 θ 的有偏估计量.

(2) 有效性:对于未知参数 θ 的任意两个无偏估计量 $\hat{\theta}_1$ 和 $\hat{\theta}_2$,如果

$$D(\hat{\theta}_1) \leqslant D(\hat{\theta}_2)$$

则称估计量 $\hat{\theta}_1$ 比 $\hat{\theta}_2$ 更有效. 在未知参数 θ 任意两个无偏估计量中,显然应该选更有效者,即方差较小者.

(3) 一致性:称 $\hat{\theta}_n = g(X_1, X_2, \cdots, X_n)$ 为未知参数 θ 的一致估计量,若 $\hat{\theta}_n$ 依概率收敛于 θ,即对任意给定的正数 ε,有

$$\lim_{n \to \infty} P(|\hat{\theta}_n - \theta| < \varepsilon) = 1$$

还有许多其他评价估计量优良性的标准,不过无偏性、有效性、一致性是一个估计量所应具备的最基本的性质. 估计量是随机变量,也就是说,我们是用一个随机变量的 $\hat{\theta}$ 值做未知参数 θ(常数)的估计值,由于数学期望和方差是随机变量的两个最基本的数字特征,因此无偏性和有效性是对于估计量最基本的要求. 无偏性要求估计量 $\hat{\theta}$ 取值的中心位置恰好是要估计的未知参数 θ 的值,没有系统偏差. 有效性表示估计量的以未知参数 θ 为中心取值越集中越好. 此外,显然只有无偏估计量比较其方差才有意义. 一致性要求当 n 充分大时 $\hat{\theta}_n$ 应"基本上"是非随机的,并且近似等于它所估计的未知参数 θ,即 $P\{\hat{\theta}_n \approx \theta\} \approx 1$.

一般,验证无偏性只需要求数学期望,比较容易实现. 比较估计量的有效性一般并不容易,特别是寻求最小方差无偏估计量或在一定范围内寻求最小方差无偏估计量,涉及较多数学知识,而且在许多场合最小方差无偏估计量根本不存在,因此在类似的情形下只能寻求在一定条件下方差最小的无偏估计量,而这已经超出本书要求的范围. 一致性是大数定律的推论,故一致性的证明一般并不困难.

例 7.2.1 假设 X 是任意总体,$\mu = E(X)$ 和 $\sigma^2 = D(X)$ 存在,$(X_1, X_2, \cdots, X_n)$

是来自总体 X 的简单随机样本，$\bar{X}$ 是样本均值，S^2 是样本方差，证明：$\bar{X}$ 是 $\mu = E(X)$ 的无偏估计量，S^2 是 $\sigma^2 = D(X)$ 的无偏估计量.

证明 事实上，有

$$E(\bar{X}) = \frac{1}{n} \sum_{i=1}^{n} E(X_i) = \mu$$

$$E(S^2) = \frac{1}{n-1} E\Big[\sum_{i=1}^{n} (X_i - \bar{X})^2 \Big] = \frac{1}{n-1} E\Big[\sum_{i=1}^{n} (X_i^2 - 2\bar{X}X_i + \bar{X}^2) \Big]$$

$$= \frac{1}{n-1} E\Big[\sum_{i=1}^{n} X_i^2 - n\bar{X}^2 \Big] = \frac{1}{n-1} \Big[\sum_{i=1}^{n} E(X_i^2) - nE(\bar{X}^2) \Big]$$

$$= \frac{n}{n-1} \Big[(\sigma^2 + \mu^2) - \Big(\frac{\sigma^2}{n} + \mu^2 \Big) \Big] = \sigma^2$$

注意：样本方差 S^2 是总体方差 $\sigma^2 = D(X)$ 的无偏估计量，但二阶样本中心矩 $S_0^2 = \bar{\mu}_2$ 是总体方差 $\sigma^2 = D(X)$ 的有偏估计量；样本标准差 S 也是总体标准差 σ 的有偏估计量. 有些有偏估计量乘以或加上常数即可修正为无偏估计量. 例如，二阶样本中心矩 $S_0^2 = \bar{\mu}_2$ 乘以 $\frac{n}{n-1}$ 得样本方差 S^2，是 $\sigma^2 = D(X)$ 的无偏估计量. 此外，可以证明对于正态总体 $X \sim N(\mu, \sigma^2)$，$\bar{X}$ 和 S^2 相应为 μ 和 σ^2 的最小方差无偏估计量.

对于任意 $k(k > 0)$，有 k 阶样本原点矩 $\bar{\alpha}_k$ 是总体 k 阶原点矩 $\alpha_k = E(X^k)$ 的无偏与一致估计量（留给读者证明）. 注意：样本中心矩不是相应总体中心矩的无偏估计量.

例 7.2.2 设 v_n 是 n 次独立重复试验成功的次数，f_n 是成功的频率，p 是每次试验成功的概率，证明：成功的频率 f_n 是成功的概率 p 的一致估计量和无偏估计量[*].

证明 由伯努利大数定律知

$$P - \lim_{n \to \infty} \hat{p}_n = \lim_{n \to \infty} P(|f_n - p| < \varepsilon) = 1$$

因此 f_n 是 p 的一致估计量. v_n 作为 n 次独立重复试验成功的次数，服从参数为 (n, p) 的二项分布，故 $E(v_n) = np$，从而 $E(f_n) = p$，因此 f_n 是 p 的无偏估计量.

例 7.2.3 设 μ 和 σ^2 为总体 X 的数学期望和方差，$(X_1, X_2, \cdots, X_n)$ 是来自 X 的简单随机样本；$w_1, w_2, \cdots, w_n$ 是任意非负常数，满足条件：$w_1 + w_2 + \cdots + w_n = 1$. 记

---

[*] 不难证明频率 f_n 是概率 p 的最小方差无偏估计量.

$$\overline{X} = \frac{1}{n}\sum_{i=1}^{n}X_i, \quad \widetilde{X} = \sum_{i=1}^{n}w_iX_i$$

证明：(1) 统计量$\overline{X}$和$\widetilde{X}$都是μ的无偏估计量；(2) 作为μ的无偏估计量，$\overline{X}$比$\widetilde{X}$更有效.

证明　(1) 证$\overline{X}$和$\widetilde{X}$的无偏性. 由于$E(X_i)=\mu(i=1,\cdots,n)$，可见

$$E(\overline{X}) = \frac{1}{n}\sum_{i=1}^{n}E(X_i) = \mu, \quad E(\widetilde{X}) = \sum_{i=1}^{n}w_iE(X_i) = \mu\sum_{i=1}^{n}w_i = \mu$$

(2) 比较$\overline{X}$和$\widetilde{X}$的有效性，设$DX_i=\sigma^2(i=1,2,\cdots,n)$. 由$X_1,X_2,\cdots,X_n$独立同分布，可见

$$D(\overline{X}) = \frac{1}{n^2}\sum_{i=1}^{n}D(X_i) = \frac{\sigma^2}{n}, \quad D(\widetilde{X}) = \sum_{i=1}^{n}w_i^2D(X_i) = \sigma^2\sum_{i=1}^{n}w_i^2 \geqslant \frac{\sigma^2}{n}$$

上面用到柯西不等式*. 在柯西不等式中令$a_i=w_i,b_i=1$，有

$$\left(\sum_{i=1}^{n}w_i\right)^2 \leqslant n\sum_{i=1}^{n}w_i^2$$

即

$$\sum_{i=1}^{n}w_i^2 \geqslant \frac{1}{n}\left(\sum_{i=1}^{n}w_i\right)^2 = \frac{1}{n}$$

于是$D(\overline{X})\leqslant D(\widetilde{X})$，即作为$\mu$的无偏估计量，$\overline{X}$比$\widetilde{X}$更有效.

7.3　矩估计法和最大似然估计法

求分布参数的点估计，关键是选择适当的估计量. 存在多种求估计量的方法，其中矩估计法和最大似然估计法是最常用的两种，用这两种方法得到的估计量分别称作矩估计量和最大似然估计量. 前者便于计算和应用，后者在许多情形下具有各种优良性，然而使用时往往需要进行比较复杂的计算.

7.3.1　矩估计法

所谓矩估计法，就是用样本矩来估计相应的总体矩、用样本矩的函数来估计总

＊　柯西不等式：$\left(\sum a_ib_j\right)^2 \leqslant \left(\sum a_i^2\right)\left(\sum b_j^2\right)$.

体矩的相应函数的一种估计方法. 总体的 k 阶原点矩和中心矩定义分别为

$$\nu_k = E(X^k)$$

$$\mu_k = E[X - EX]^k \quad (k = 1, 2, \cdots)$$

其中最常用的是前四阶矩. 相应的 k 阶样本原点矩 $\bar{\nu}_k$ 和样本中心矩 $\bar{\mu}_k$ 的定义见第六章.

1. 样本原点矩和中心矩的简单性质

容易证明: 样本原点矩 $\bar{\nu}_k$ 是相应的总体原点矩 ν_k 的无偏与一致估计量, 而样本中心矩 $\bar{\mu}_k$ 一般不是相应总体矩的无偏估计量; 样本原点矩和样本中心矩是相应的总体原点矩 ν_k 和中心矩 μ_k 的一致估计量. 矩估计法的优点是它不需要知道总体的概率分布和抽样分布, 并且计算简便. 由于求矩估计量不需要总体的分布, 所以只要总体的相应数字特征存在, 其矩估计量就存在. 下面表 7-1 列出了数学期望、方差和标准差的矩估计量.

表 7-1　期望、方差和标准差的矩估计量

总体的数字特征		矩估计量	
数学期望	$\nu_1 = E(X)$	$\bar{\nu}_1 = \bar{X}$	样本均值
方　差	$\sigma^2 = D(X) = \mu_2 = \nu_2 - \nu_1^2$	$S_0^2 = \bar{\mu}_2 = \bar{\nu}_2 - \bar{\nu}_1^2$	二阶中心矩
标准差	$\sigma = \sqrt{\mu_2} = \sqrt{\nu_2 - \nu_1^2}$	$S_0 = \sqrt{\bar{\mu}_2}$	(未修正)样本标准差

2. 求矩估计量的一般步骤

(1) 用 k 阶样本原点矩 $\bar{\nu}_k$ 估计总体的 k 阶原点矩 ν_k, 用 k 阶样本中心矩 $\bar{\mu}_k$ 估计总体的 k 阶中心矩 μ_k(见表 7-1).

(2) 设 $\theta = g(\nu_1, \nu_2, \cdots, \nu_r)$ 是原点矩 $\nu_k = E(X^k)(k = 1, 2, \cdots, r)$ 的函数, $\bar{\nu}_k(k = 1, 2, \cdots, r)$ 为相应的样本原点矩, 则 $\theta = g(\nu_1, \nu_2, \cdots, \nu_r)$ 的矩估计量(见表7-1)为

$$\hat{\theta} = g(\bar{\nu}_1, \bar{\nu}_2, \cdots, \bar{\nu}_r)$$

(3) 如果总体的分布参数是 r 维的, 即要同时估计 $r(r \geqslant 2)$ 个参数, 则总体的矩是这些参数的函数. 在类似的情形下, 一般每个参数都可以表示为前 r 阶矩的函数. 以 $r = 2$ 的情形为例, 假设一阶和二阶原点矩 ν_1 和 ν_2 依赖于未知参数 θ_1 和 θ_2: $\nu_i = g_i(\theta_1, \theta_2)(i = 1, 2)$, 而 $\bar{\nu}_1$ 和 $\bar{\nu}_2$ 分别是一阶和二阶样本原点矩, 则方程组

$$\begin{cases} \bar{\nu}_1 = g_1(\theta_1, \theta_2), \\ \bar{\nu}_2 = g_2(\theta_1, \theta_2) \end{cases}$$

关于 θ_1 和 θ_2 的解 $\hat{\theta}_i = g_i(\bar{\nu}_1, \bar{\nu}_2)(i = 1, 2)$ 就是 θ_1 和 θ_2 的矩估计量.

例 7.3.1 设总体 X 服从二项分布 $B(n,p)$,其中 n 已知,$X_1,X_2,\cdots,X_n$ 为来自 X 的样本,求参数 p 的矩法估计.

解 令 $E(X)=\bar{X}$,又 $E(X)=np$,因此

$$np=\bar{X}$$

所以 p 的矩估计量

$$\hat{p}=\frac{\bar{X}}{n}$$

例 7.3.2 设总体 X 的密度函数

$$f(x;\theta)=\begin{cases}\dfrac{2}{\theta^2}(\theta-x), & 0<x<\theta; \\ 0, & \text{其他}\end{cases}$$

$X_1,X_2,\cdots,X_n$ 为来自 X 的样本,试求参数 θ 的矩法估计.

解 因为

$$E(X)=\frac{2}{\theta^2}\int_0^\theta x(\theta-x)\mathrm{d}x=\frac{2}{\theta^2}\left(\theta\frac{x^2}{2}-\frac{x^3}{3}\right)\Big|_0^\theta=\frac{\theta}{3}$$

令 $E(X)=\bar{X}$,因此 $\dfrac{\theta}{3}=\bar{X}$,所以 θ 的矩估计量为 $\hat{\theta}=3\bar{X}$.

例 7.3.3 设总体 X 服从 $[a,b]$ 上的均匀分布,其中 a,b 为未知参数,$X_1,X_2,\cdots,X_n$ 为来自 X 的样本,求 a,b 的矩估计量.

解 因为

$$\nu_1=E(X)=\frac{a+b}{2}$$

$$\nu_2=E(X^2)=D(X)+[E(X)]^2=\frac{(b-a)^2}{12}+\frac{(a+b)^2}{4}$$

即

$$\begin{cases}a+b=2\nu_1 \\ b-a=\sqrt{12(\nu_2-\nu_1^2)}\end{cases}$$

自这一方程组解得

$$a=\nu_1-\sqrt{3(\nu_2-\nu_1^2)}, \quad b=\nu_1+\sqrt{3(\nu_2-\nu_1^2)}$$

得到 a,b 的矩估计量分别为$\left(\text{注意到 } \dfrac{1}{n}\sum_{i=1}^{n}X_i^2-\bar{X}^2=\dfrac{1}{n}\sum_{i=1}^{n}(X_i-\bar{X})^2\right)$

$$\hat{a} = \bar{X} - \sqrt{\frac{3}{n} \sum_{i=1}^{n} (X_i - \bar{X})^2}$$

$$\hat{b} = \bar{X} + \sqrt{\frac{3}{n} \sum_{i=1}^{n} (X_i - \bar{X})^2}$$

7.3.2　最大似然估计法

最大似然估计法,亦称极大似然估计法.与矩估计法不同,它要求事先知道简单随机样本的概率分布,即事先必须掌握总体分布的数学形式.本书只限于考虑离散型和连续型总体,并且用概率函数表示概率分布.我们只讨论 θ 是一维或二维未知参数 $\theta = (\theta_1, \theta_2)$ 的情形,不考虑 θ 是二维以上的参数的情形.

简单随机样本的概率函数,既依赖于样本观测值又依赖于参数 θ,它作为未知参数 θ 的函数称作似然函数,使似然函数达到最大值的参数值 $\hat{\theta}$ 称作它的最大似然估计值.

1. 最大似然估计量的概念

设总体 X 的概率函数为 $P(x; \theta)$,则来自总体 X 的简单随机样本 $(X_1, X_2, \cdots, X_n)$ 的概率函数为

$$f(x_1, x_2, \cdots, x_n; \theta) = P(x_1; \theta) P(x_2; \theta) \cdots P(x_n; \theta)$$

如果随机抽样得样本值 $(x_1, x_2, \cdots, x_n)$,则说明 $(x_1, x_2, \cdots, x_n)$ 出现的可能性比较大,故 $f(x_1, x_2, \cdots, x_n; \theta)$ 的值也应该比较大.因此,未知参数 θ 的估计值 $\hat{\theta}$ 自然应选满足下列条件者:在未知参数 θ 的一切可能值中,$\hat{\theta}$ 使 $f(x_1, x_2, \cdots, x_n; \theta)$ 达到最大值,即

$$f(x_1, x_2, \cdots, x_n; \hat{\theta}) = \max_{\theta} P(x_1, x_2, \cdots, x_n; \theta)$$

这就是所谓最大似然原理的思想,它在统计推断理论中是一种很重要的思想.

2. 似然函数

称未知参数 θ 的函数

$$L(\theta) = L(x_1, x_2, \cdots, x_n; \theta) = P(x_1; \theta) P(x_2; \theta) \cdots P(x_n; \theta)$$

为参数 θ 的似然函数,称函数

$$\ln L(\theta) = \ln P(x_1; \theta) + \ln P(x_2; \theta) \cdots + \ln P(x_n; \theta)$$

为对数似然函数(亦简称似然函数).

定义 7.3.1　对于给定的样本值 $(x_1, x_2, \cdots, x_n)$,使似然函数 $L(\theta)$ 或 $\ln L(\theta)$ 达到最大值的参数值 $\hat{\theta}$ 称作未知参数 θ 的最大似然估计值.

显然,函数 $L(\theta)$ 和 $\ln L(\theta)$ 在同一点上达到最大值. 最大似然估计值可以用微积分中求函数的最大值的方法来求.

3. 似然方程

由函数有极值的必要条件,得方程

$$\frac{\mathrm{d}L(\theta)}{\mathrm{d}\theta} = 0$$

或

$$\frac{\mathrm{d}\ln L(\theta)}{\mathrm{d}\theta} = \sum_{i=1}^{n} \frac{1}{P(x_i;\theta)} \frac{\mathrm{d}P(x_i;\theta)}{\mathrm{d}\theta} = 0$$

称作参数 θ 的似然方程. 假如未知参数 $\theta=(\theta_1,\theta_2)$ 是二维的,则得方程组

$$\begin{cases} \dfrac{\partial L(\theta)}{\partial \theta_1} = 0, \\ \dfrac{\partial L(\theta)}{\partial \theta_2} = 0 \end{cases}$$

或

$$\begin{cases} \dfrac{\partial \ln L(\theta)}{\partial \theta_1} = \displaystyle\sum_{i=1}^{n} \frac{1}{P(x_i;\theta)} \frac{\partial P(x_i;\theta)}{\partial \theta_1} = 0, \\ \dfrac{\partial \ln L(\theta)}{\partial \theta_2} = \displaystyle\sum_{i=1}^{n} \frac{1}{P(x_i;\theta)} \frac{\partial P(x_i;\theta)}{\partial \theta_2} = 0 \end{cases}$$

称作参数 $\theta=(\theta_1,\theta_2)$ 的似然方程(组).

在相当广泛的情形下,似然方程的解就是最大似然估计量. 一般,需要用微积分中的方法确定似然方程的解是否就是最大似然估计量;而有时只能用近似计算的方法求解似然方程;在有些情形下似然函数对 θ 的导数不存在,这时应选用其他方法求最大似然估计量.

例 7.3.4   假设总体 X 服从参数为 λ 的泊松分布,试根据来自总体 X 的随机样本观察值 $(x_1,x_2,\cdots,x_n)$ 求 λ 的最大似然估计值.

解   参数为 λ 的泊松分布的概率分布为

$$P(x;\lambda) = \frac{\lambda^x}{x!} \mathrm{e}^{-\lambda} \quad (x=0,1,2,\cdots)$$

未知参数 λ 的似然函数为

$$L(\lambda) = \prod_{i=1}^{n} \frac{\lambda^{x_i}}{x_i!} \mathrm{e}^{-\lambda} = \left(\prod_{i=1}^{n} \frac{1}{x_i!}\right) \lambda^{\sum_{i=1}^{n} x_i} \mathrm{e}^{-n\lambda}$$

则对数似然函数为

$$\ln L(\lambda) = \ln\Big(\prod_{i=1}^{n} \frac{1}{x_i!}\Big) + n\bar{x}\ln\lambda - n\lambda$$

对 λ 求导数，得似然方程

$$\frac{\mathrm{d}\ln L(\lambda)}{\mathrm{d}\lambda} = \frac{n\bar{x}}{\lambda} - n = 0$$

得似然方程的解为 $\hat{\lambda} = \bar{x}$. 易见，$\hat{\lambda} = \bar{x}$ 即为 λ 的最大似然估计值.

　　例 7.3.5　假设随机变量 X 在自然数集 $\{0, 1, 2, \cdots, N\}$ 上有等可能分布，试根据来自 X 的简单随机样本观察值 $(x_1, x_2, \cdots, x_n)$ 求 N 的最大似然估计值.

　　解　这里 N 是所要估计的未知参数. 随机变量 X 的概率分布为

$$P(x; N) = \begin{cases} \dfrac{1}{N+1}, & \text{若 } x = 0, 1, \cdots, N; \\ 0, & \text{其他} \end{cases}$$

参数 N 的似然函数为

$$L(N) = \prod_{i=1}^{n} P(x_i; N) = \frac{1}{(N+1)^n}$$

这里不能对 N 求导. 我们直接求 $L(N)$ 的最大值. 注意到

$$\max\{x_1, x_2, \cdots, x_n\} \leqslant N$$

而且 $L(N)$ 随着 N 的减小而增大，可见当

$$N = \hat{N} = \max\{x_1, x_2, \cdots, x_n\}$$

时 $L(N)$ 达到最大值，即 $\hat{N} = \max\{x_1, x_2, \cdots, x_n\}$ 就是参数 N 的最大似然估计值.

　　例 7.3.6　假设一批产品的不合格品数与合格品数之比为 R（未知常数），现在按还原抽样方式随意抽取的 n 件产品中发现 k 件不合格品，试求 R 的最大似然估计值.

　　解　设 a 是不合格品的件数，而 b 是合格品的件数. 从而 $a = Rb$，不合格品率为

$$p = \frac{a}{a+b} = \frac{bR}{(1+R)b} = \frac{R}{1+R}$$

设 X 是随意抽取的一件产品中不合格品的件数，则 X 服从参数为 p 的"0 - 1"分布. 对于来自总体 X 的简单随机样本观察值 $x_1, x_2, \cdots, x_n$，记 $v_n = x_1 + x_2 + \cdots + x_n$，则 R 的似然函数和似然方程为

$$L(R) = p^{v_n}(1-p)^{n-v_n} = \left(\frac{R}{1+R}\right)^{v_n}\left(\frac{1}{1+R}\right)^{n-v_n} = \frac{R^{v_n}}{(1+R)^n}$$

$$\ln L(R) = v_n\ln R - n\ln(1+R), \quad \frac{\mathrm{d}\ln L(R)}{\mathrm{d}R} = \frac{v_n}{R} - \frac{n}{1+R} = 0$$

由条件知 $v_n = x_1 + x_2 + \cdots + x_n = k$,于是似然方程的惟一解

$$\hat{R} = \frac{k}{n-k}$$

就是 R 的最大似然估计值.

例 7.3.7 设总体 X 服从参数为 λ 的泊松分布,$x_1, x_2, \cdots, x_n$ 是来自总体 X 的简单随机样本,求概率 $P\{X \geqslant 1\}$ 的最大似然估计量.

解 易见,对于参数为 λ 的泊松分布,有

$$P\{X \geqslant 1\} = 1 - P\{X = 0\} = 1 - e^{-\lambda}$$

概率 $p = P\{X \geqslant 1\} = 1 - e^{-\lambda}$ 是参数 λ 的严格单调增函数. 根据最大似然估计量的性质,如果 $\hat{\lambda}$ 是参数 λ 的最大似然估计量,则 $\hat{p} = 1 - e^{-\hat{\lambda}}$ 就是 $p = 1 - e^{-\lambda}$ 的最大似然估计量. 又 $\hat{\lambda} = \bar{x}$ 是 λ 的最大似然估计量,从而 $\hat{p} = 1 - e^{-\bar{x}}$ 就是概率

$$p = P\{X \geqslant 1\} = 1 - e^{-\lambda}$$

的最大似然估计量.

7.4 正态总体参数的区间估计

正态总体参数的估计,方法最典型,结果最完满,应用也最广泛. 关于正态总体的参数点估计只需指出样本均值 $\bar{X}$ 是数学期望 μ 的一致估计量及最小方差无偏估计量,样本方差 S^2 是方差 σ^2 的一致估计量及最小方差无偏估计量. 注意:虽然样本方差 S^2 是方差 σ^2 的无偏估计量,然而样本标准差 S 并不是总体标准差 σ 的无偏估计量. 不过,当 n 充分大时 S 基本上是 σ 的无偏估计,如实际应用中当 $n \geqslant 10$(最好大于 30)时就可以认为 S 是 σ 的无偏估计. 这一节我们只讲正态总体的参数区间估计. 由于构造置信区间要借助于相应的样本特征及其抽样分布,而正态总体的样本特征都有比较简单的抽样分布,因此很容易构造正态总体的参数置信区间. 有了置信区间,还可以对正态总体参数的点估计的误差作出评价.

7.4.1 正态总体均值和方差的区间估计

1. 数学期望 μ 的置信区间

(1) $\sigma^2 = \sigma_0^2$ 为已知

考虑正态总体 $X \sim N(\mu, \sigma^2)$，这时可选取统计量

$$u = \frac{\overline{X} - \mu}{\sigma_0 / \sqrt{n}} \sim N(0, 1)$$

则对给定的置信度 $1 - \alpha$，存在临界值 $u_{\frac{\alpha}{2}}$（见图 7-1），使得

$$P\{|u| < u_{\frac{\alpha}{2}}\} = 1 - \alpha$$

这里 $u_{\frac{\alpha}{2}}$ 由标准正态分布表可查得. 将 u 的表示式代入可得

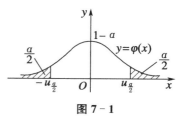

图 7-1

$$P\left\{\left|\frac{\overline{X} - \mu}{\sigma_0 / \sqrt{n}}\right| < u_{\frac{\alpha}{2}}\right\} = 1 - \alpha$$

从而

$$P\left\{\overline{X} - u_{\frac{\alpha}{2}} \frac{\sigma_0}{\sqrt{n}} < \mu < \overline{X} + u_{\frac{\alpha}{2}} \frac{\sigma_0}{\sqrt{n}}\right\} = 1 - \alpha$$

所以正态总体的数学期望 μ 的 $1 - \alpha$ 置信区间为

$$\left(\overline{X} - u_{\frac{\alpha}{2}} \frac{\sigma_0}{\sqrt{n}}, \ \overline{X} + u_{\frac{\alpha}{2}} \frac{\sigma_0}{\sqrt{n}}\right) \tag{7-3}$$

（2）当 σ^2 为未知

假设 $(X_1, X_2, \cdots, X_n)$ 是来自总体 X 的简单随机样本，$\overline{X}$ 是样本均值，S^2 是样本方差. 这时选取统计量

$$t = \frac{\overline{X} - \mu}{S / \sqrt{n}} \sim t(n - 1)$$

所以对给定的置信度 $1 - \alpha$，存在 $t_{\frac{\alpha}{2}}(n - 1)$（见图 7-2），使

$$P\{|t| < t_{\frac{\alpha}{2}}(n - 1)\} = 1 - \alpha$$

这里的 $t_{\frac{\alpha}{2}}(n - 1)$ 是自由度为 $n - 1$ 的 t 分布的临界值，它的值可查附表 4 求得. 将 t 的表达式代入可得

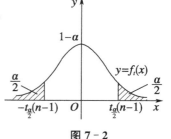

图 7-2

$$P\left\{\left|\frac{\overline{X} - \mu}{S / \sqrt{n}}\right| < t_{\frac{\alpha}{2}}(n - 1)\right\} = 1 - \alpha$$

因此有

$$P\left\{\bar{X} - t_{\frac{\alpha}{2}}(n-1)\frac{S}{\sqrt{n}} < \mu < \bar{X} + t_{\frac{\alpha}{2}}(n-1)\frac{S}{\sqrt{n}}\right\} = 1-\alpha$$

所以 μ 的置信度为 $1-\alpha$ 的置信区间是

$$\left(\bar{X} - t_{\frac{\alpha}{2}}(n-1)\frac{S}{\sqrt{n}}, \ \bar{X} + t_{\frac{\alpha}{2}}(n-1)\frac{S}{\sqrt{n}}\right) \tag{7-4}$$

2. 方差 σ^2 和标准差 σ 的置信区间

设总体 X 服从正态分布 $N(\mu,\sigma^2)$，其中 μ 和 σ^2 都是未知参数，从总体中抽取一个样本，求总体方差 σ^2 或标准差 σ 的区间估计。

此时，可以选取统计量为 $\chi^2 = \dfrac{(n-1)S^2}{\sigma^2} \sim \chi^2(n-1)$，选择常数 C_1 和 C_2 使

$$P\{C_1 < \chi^2 < C_2\} = 1-\alpha$$

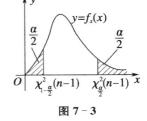

图 7-3

其中 $C_1 = \chi^2_{1-\frac{\alpha}{2}}(n-1)$，$C_2 = \chi^2_{\frac{\alpha}{2}}(n-1)$. 于是由

$$P\{\chi^2_{1-\frac{\alpha}{2}}(n-1) < \chi^2 < \chi^2_{\frac{\alpha}{2}}(n-1)\} = 1-\alpha$$

可得

$$P\left\{\frac{(n-1)S^2}{\chi^2_{\frac{\alpha}{2}}(n-1)} < \sigma^2 < \frac{(n-1)S^2}{\chi^2_{1-\frac{\alpha}{2}}(n-1)}\right\} = 1-\alpha$$

故 σ^2 的置信度为 $1-\alpha$ 的置信区间为

$$\left(\frac{(n-1)S^2}{\chi^2_{\frac{\alpha}{2}}(n-1)}, \ \frac{(n-1)S^2}{\chi^2_{1-\frac{\alpha}{2}}(n-1)}\right) \tag{7-5}$$

标准差 σ 的 $1-\alpha$ 置信区间为

$$\left(\sqrt{\frac{n-1}{\chi^2_{\frac{\alpha}{2}}(n-1)}}\,S, \ \sqrt{\frac{n-1}{\chi^2_{1-\frac{\alpha}{2}}(n-1)}}\,S\right) \tag{7-6}$$

注 当 $\mu=\mu_0$ 已知时，可以建立方差 σ^2 的如下 $1-\alpha$ 置信区间：

$$\left(\frac{1}{\chi^2_{\frac{\alpha}{2}}(n)}\sum_{i=1}^{n}(X_i-\mu_0)^2, \ \frac{1}{\chi^2_{1-\frac{\alpha}{2}}(n)}\sum_{i=1}^{n}(X_i-\mu_0)^2\right)$$

其中 $\chi^2_{1-\frac{\alpha}{2}}(n)$ 和 $\chi^2_{\frac{\alpha}{2}}(n)$ 是自由度为 n 的 χ^2 分布水平相应为 $1-\dfrac{\alpha}{2}$ 和 $\dfrac{\alpha}{2}$ 的两个临界值.

例 7.4.1 在某地区小学五年级的男生中随意抽选了 25 名，测得其平均身高为 150 cm，标准差为 12 cm. 假设该地区小学五年级的男生身高服从正态分布律，试根据所得数据求该地区小学五年级的男生平均身高和标准差的 0.95 置信区间.

解　这里,样本容量 $n=25$,样本均值 $\bar{X}=150$,样本标准差 $S=12$,置信度 $1-\alpha$ $=0.95$.正态总体参数 μ 和 σ 的 0.95 置信区间的一般公式分别为

$$\left(\bar{X}-t_{\frac{\alpha}{2}}(n-1)\frac{S}{\sqrt{n}},\ \bar{X}+t_{\frac{\alpha}{2}}(n-1)\frac{S}{\sqrt{n}}\right),\ \left(\sqrt{\frac{n-1}{\chi_{\frac{\alpha}{2}}^2(n-1)}}\ S,\ \sqrt{\frac{n-1}{\chi_{1-\frac{\alpha}{2}}^2(n-1)}}\ S\right)$$

由附表 4 查得自由度为 24 的 t 分布水平 0.05 双侧临界值 $t_{0.025}(24)=2.06$.由附表 5 查得自由度为 24 的 χ^2 分布水平 0.975 和 0.025 的两个临界值 $\chi_{0.975}^2(24)=$ 12.4 和 $\chi_{0.025}^2(24)=39.4$.将上述数据分别代入 σ 的 0.95 置信区间的一般公式,男生平均身高和标准差的 0.95 置信区间为

$$(145.05,154.95) 和 (9.37,16.69)$$

例 7.4.2　设 $X\sim N(\mu,1)$,由来自 X 容量为 n 的简单随机样本建立的数学期望 μ 的 0.95 置信区间.

(1) 设样本容量为 $n=25$,求置信区间的长度 L;

(2) 估计使置信区间的长度不大于 0.5 的样本容量 n.

解　(1) 正态总体的数学期望 μ 的 0.95 置信区间的一般公式为

$$\left(\bar{X}-1.96\frac{\sigma_0}{\sqrt{n}},\ \bar{X}+1.96\frac{\sigma_0}{\sqrt{n}}\right)$$

又根据条件 $\sigma_0=1$,由此可得样本容量为 $n=25$ 时置信区间的长度

$$L=1.96\frac{\sigma_0}{\sqrt{n}}\times 2=3.92\times\frac{1}{\sqrt{25}}=0.784$$

(2) 当限定置信区间的长度 $L\leqslant 0.5$ 时,样本容量 n 应满足

$$n=\left(3.92\frac{\sigma_0}{L}\right)^2\geqslant 15.366\ 4\times\frac{1}{0.5^2}=61.465\ 6$$

即为使置信区间的长度不大于 0.5,应当使样本容量 $n\geqslant 62$.

7.4.2　两个正态总体均值差和方差比的区间估计

现在考虑两个正态总体的情形,最常用的是两个正态总体均值差的置信区间和两个正态总体方差比的置信区间.

假设有两个相互独立的正态总体 X 和 Y:$X\sim N(a,\sigma_x^2)$,$Y\sim N(b,\sigma_y^2)$;$(X_1, X_2,\cdots,X_m)$ 和 $(Y_1,Y_2,\cdots,Y_n)$ 分别为来自总体 X 和 Y 的两个简单随机样本;$\bar{X}$ 和 $\bar{Y}$ 为相应的样本均值;S_x^2 和 S_y^2 为相应的样本方差;而 S_{xy}^2 是两个样本的联合样本方差.

1. 两个正态总体均值差的置信区间

均值差 $a-b$ 的 $1-\alpha$ 置信区间为

$$(\bar{X}-\bar{Y}-\Delta,\ \bar{X}-\bar{Y}+\Delta)$$

其中关于 Δ 的表达式,区分 σ_x^2,σ_y^2 已知和 σ_x^2,σ_y^2 未知但相等两种情形:

$$\Delta=\begin{cases} u_{\frac{\alpha}{2}}\sqrt{\dfrac{\sigma_x^2}{m}+\dfrac{\sigma_y^2}{n}}, & \text{若 } \sigma_x^2 \text{ 和 } \sigma_y^2 \text{ 已知;} \\[3mm] t_{\frac{\alpha}{2}}(m+n-2)S_{xy}\sqrt{\dfrac{1}{m}+\dfrac{1}{n}}, & \text{若 } \sigma_x^2=\sigma_y^2 \text{ 未知} \end{cases} \tag{7-7}$$

其中 $u_{\frac{\alpha}{2}}$ 是标准正态分布水平 α 双侧临界值(附表 2),$t_{\frac{\alpha}{2}}(m+n-2)$ 是自由度为 $m+n-2$ 的 t 分布水平 α 双侧临界值(见附表 4).

当 σ_x^2,σ_y^2 已知时,有

$$\bar{X}-\bar{Y}\sim N\Big(a-b,\frac{\sigma_1^2}{m}+\frac{\sigma_2^2}{n}\Big),\quad U=\frac{\bar{X}-\bar{Y}-(a-b)}{\sqrt{\dfrac{\sigma_1^2}{m}+\dfrac{\sigma_2^2}{n}}}\sim N(0,1)$$

$$\begin{aligned} 1-\alpha &= P\{|U|<u_\alpha\}=P\{-u_\alpha<U<u_\alpha\} \\ &= P\Big\{\bar{X}-\bar{Y}-u_\alpha\sqrt{\frac{\sigma_1^2}{m}+\frac{\sigma_2^2}{n}}<a-b<\bar{X}-\bar{Y}+u_\alpha\sqrt{\frac{\sigma_1^2}{m}+\frac{\sigma_2^2}{n}}\Big\} \\ &= P\{\bar{X}-\bar{Y}-\Delta<a-b<\bar{X}-\bar{Y}+\Delta\} \end{aligned}$$

由此立即得式(7-7)的第一种情形.

设 σ_x^2,σ_y^2 相等但未知,记 $\sigma_x^2=\sigma_y^2=\sigma^2$. 则

$$t=\frac{(\bar{X}-\bar{Y})-(a-b)}{S_{xy}\sqrt{\dfrac{1}{m}+\dfrac{1}{n}}}=\frac{(\bar{X}-\bar{Y})-(a-b)}{S_{xy}}\sqrt{\frac{mn}{m+n}}$$

服从 t 分布,自由度为 $m+n-2$,其中 S_{xy}^2 是联合样本方差. 因此

$$\begin{aligned} 1-\alpha &= P\{|t|<t_{\frac{\alpha}{2}}(m+n-2)\} \\ &= P\{-t_{\frac{\alpha}{2}}(m+n-2)<t<t_{\frac{\alpha}{2}}(m+n-2)\} \\ &= P\Big\{\bar{X}-\bar{Y}-t_{\frac{\alpha}{2}}(m+n-2)S_{xy}\sqrt{\frac{1}{m}+\frac{1}{n}}<a-b<\bar{X}-\bar{Y} \\ &\qquad +t_{\frac{\alpha}{2}}(m+n-2)S_{xy}\sqrt{\frac{1}{m}+\frac{1}{n}}\Big\} \\ &= P\{\bar{X}-\bar{Y}-\Delta<a-b<\bar{X}-\bar{Y}+\Delta\} \end{aligned}$$

由此立即得式(7-7)的第二种情形.

2. 两个正态总体方差比的置信区间(u_1,u_2 未知)

方差比 $\dfrac{\sigma_x^2}{\sigma_y^2}$ 的 $1-\alpha$ 置信区间为

$$\left(F_{\frac{\alpha}{2}}^{-1}(m-1,n-1)\frac{S_x^2}{S_y^2},\ F_{\frac{\alpha}{2}}(n-1,m-1)\frac{S_x^2}{S_y^2}\right) \tag{7-8}$$

两个正态总体标准差之比 $\dfrac{\sigma_x}{\sigma_y}$ 的 $1-\alpha$ 置信区间为

$$\left(\sqrt{F_{\frac{\alpha}{2}}^{-1}(m-1,n-1)}\frac{S_x}{S_y},\ \sqrt{F_{\frac{\alpha}{2}}(n-1,m-1)}\frac{S_x}{S_y}\right) \tag{7-9}$$

其中 $F_{\frac{\alpha}{2}}(f_1,f_2)$ 是自由度为 (f_1,f_2) 的 F 分布水平 $\dfrac{\alpha}{2}$ 上侧临界值(见附表 6).

由正态总体的抽样分布知,统计量

$$F=\frac{\dfrac{S_x^2}{\sigma_x^2}}{\dfrac{S_y^2}{\sigma_y^2}}=\frac{S_x^2}{S_y^2}\times\frac{\sigma_y^2}{\sigma_x^2}$$

服从自由度为 (f_1,f_2) 的 F 分布. 由附表 6 查出自由度为 (f_1,f_2) 的 F 分布水平 $1-\dfrac{\alpha}{2}$ 上侧临界值 $F_{1-\frac{\alpha}{2}}(f_1,f_2)$,以及自由度为 (f_2,f_1) 的 F 分布水平 $\dfrac{\alpha}{2}$ 上侧临界值 $F_{\frac{\alpha}{2}}(f_2,f_1)$. 由表示 F 分布水平 $\dfrac{\alpha}{2}$ 与水平 $1-\dfrac{\alpha}{2}$ 上侧临界值之间关系,可见

$$F_{1-\frac{\alpha}{2}}(f_1,f_2)=\frac{1}{F_{\frac{\alpha}{2}}(f_2,f_1)}$$

因此对于给定的 $\alpha(0<\alpha<1)$,有

$$\begin{aligned}
1-\alpha &= P\{F_{1-\frac{\alpha}{2}}(f_1,f_2)<F<F_{\frac{\alpha}{2}}(f_1,f_2)\}\\
&= P\left\{F_{1-\frac{\alpha}{2}}(f_1,f_2)<\frac{S_x^2}{S_y^2}\times\frac{\sigma_y^2}{\sigma_x^2}<F_{\frac{\alpha}{2}}(f_1,f_2)\right\}\\
&= P\left\{F_{1-\frac{\alpha}{2}}^{-1}(f_1,f_2)>\frac{S_y^2}{S_x^2}\times\frac{\sigma_x^2}{\sigma_y^2}>F_{\frac{\alpha}{2}}^{-1}(f_1,f_2)\right\}\\
&= P\left\{F_{\frac{\alpha}{2}}^{-1}(f_1,f_2)\frac{S_x^2}{S_y^2}<\frac{\sigma_x^2}{\sigma_y^2}<F_{\frac{\alpha}{2}}(f_2,f_1)\frac{S_x^2}{S_y^2}\right\}
\end{aligned}$$

其中 $f_1=m-1,f_2=n-1$. 由此立即可得式(7-8)和式(7-9).

例 7.4.3 用两种工艺(或原料)A 和 B 生产同一种橡胶制品,为比较两种工艺下产品的耐磨性,从两种工艺下的产品中各随意抽取了若干件,测得如下数据:

工艺 A：185.82，175.10，217.30，213.86，198.40

工艺 B：152.10，139.89，121.50，129.96，154.82，165.60

假设两种工艺下产品的耐磨性 X 和 Y 都服从正态分布：$X \sim N(a, \sigma_x^2)$，$Y \sim N(b, \sigma_y^2)$.

（1）建立 $\dfrac{\sigma_x}{\sigma_y}$ 的 0.95 置信区间；

（2）建立 $a-b$ 的 0.95 置信区间；

（3）能否认为工艺 A 产品的耐磨性平均明显高于工艺 B 产品？

解 经计算，得 $\overline{X}=198.10$，$S_x=18.01$，$\overline{Y}=143.98$，$S_y=16.55$，则 $\dfrac{S_x}{S_y}=1.09$.

（1）由附表 6 分别查出自由度为 $(4,5)$ 和 $(5,4)$ 的 F 分布两个临界值：

$$F_{0.025}(4,5)=7.39$$

$$F_{0.975}^{-1}(4,5)=F_{0.025}(5,4)=9.36$$

将有关数据代入式（7-9），得 $\dfrac{\sigma_x}{\sigma_y}$ 的 0.95 置信区间为

$$\left(\sqrt{F_{0.025}^{-1}(4,5)} \; \frac{S_x}{S_y}, \;\; \sqrt{F_{0.975}^{-1}(4,5)} \; \frac{S_x}{S_y} \right) = (0.40, 3.33)$$

由于所得置信区间 $(0.40, 3.34)$ 包含 1，故在水平 0.05 下可以认为 $\dfrac{\sigma_x}{\sigma_y}=1$，即 $\sigma_x = \sigma_y$.

（2）由于（1）可以认为 $\sigma_x=\sigma_y$，故可以按式（7-7）构造 $a-b$ 的 0.95 置信区间. 经计算，得 $\overline{X}-\overline{Y}=54.12$，$S_{xy}=17.21$；由附表 4 查出自由度为 $5+6-2=9$ 的 t 分布水平 0.05 的双侧临界值 $t_{0.025}(9)=2.26$；按式（7-7）第二种情形计算得 $\Delta=23.57$. 将以上各个数据代入公式，得 $a-b$ 的 0.95 置信区间 $(30.55, 77.69)$.

（3）由于 $a-b$ 以概率 0.95 包含在区间 $(30.55, 77.69)$ 中，因此以概率 0.95 可以断定 $a-b>0$，即 a 明显大于 b，可以认为工艺 A 产品的耐磨性平均明显高于工艺 B 产品.

例 7.4.4（配对数据） 一家石油公司研制了一种汽油添加剂，使用这种添加剂有望增加每升汽油的可行驶里程. 为观察这种添加剂的效果，现特安排了 14 辆同型汽车进行试验：每辆汽车先使用有添加剂和后使用无添加剂的汽油在同一路线上行驶，分别记录每升汽油平均行驶的里程，得表 7-2 中数据. 以 X 和 Y 分别表示每升汽油有添加剂和无添加剂平均行驶的里程，假设 X 和 Y 的联合分布是正态分布，试根据所得试验数据建立 $a-b$ 的 0.95 置信区间，其中 $a=E(X)$，$b=E(Y)$.

表 7-2　有添加剂和无添加剂每升汽油行驶里程的试验数据

No.	1	2	3	4	5	6	7	8	9	10	11	12	13	14
X	6.05	4.50	4.11	5.59	4.96	6.30	5.20	5.77	3.82	5.27	6.97	4.03	4.03	3.29
Y	5.77	4.11	3.96	5.27	4.53	6.05	4.74	5.45	3.57	4.85	6.48	3.89	3.72	3.08
$X-Y$	0.28	0.39	0.15	0.32	0.43	0.25	0.46	0.32	0.25	0.42	0.49	0.14	0.31	0.21

解　需要求两个正态总体均值之差 $a-b$ 的置信区间,但这里不能用式(7-8)构造 $a-b$ 的置信区间,因为该式要求两个总体的方差相等而且两个样本相互独立,但是这里的两样本显然不独立.

这是一个典型的配对样本问题,即两个样本的观测值是成对出现的.解决类似问题的办法是把两个随机变量 X 和 Y 之差 $Z=X-Y$ 视为总体,从而将求两总体均值之差 $a-b$ 的置信区间的问题转化为求一个总体均值 $c=E(Z)=a-b$ 的置信区间的问题,可以用式(7-4)求解.由表 7-2 中的数据可见表中最下面一行的数据可以视为来自总体 $Z=X-Y$ 的简单随机样本值.经计算,得 $\overline{Z}=0.32$,$S_z=0.11$.由附表 4 查出自由度为 $n-1=13$ 的 t 分布的水平 0.05 的双侧临界值 $t_{0.025}(13)=2.16$.按式(7-4)计算,有

$$\left(\overline{Z}-t_{\frac{\alpha}{2}}(n-1)\frac{S}{\sqrt{n}},\ \overline{Z}+t_{\frac{\alpha}{2}}(n-1)\frac{S}{\sqrt{n}}\right)$$

$$=\left(0.32-2.16\times\frac{0.11}{\sqrt{14}},\ 0.32+2.16\times\frac{0.11}{\sqrt{14}}\right)$$

$$=(0.26,0.38)$$

所得结果表明:每升有添加剂的汽油比无添加剂的平均可多行驶 0.26~0.38 km.

7.4.3　正态总体参数的单侧置信区间

只有一个端点是统计量的置信区间称作单侧置信区间.对于总体中的参数 θ 和给定的置信度 $1-\alpha$,如果有

$$P\{\hat{\theta}_1<\theta\}=1-\alpha$$

或

$$P\{\theta<\hat{\theta}_2\}=1-\alpha$$

其中 $\hat{\theta}_1$ 和 $\hat{\theta}_2$ 是统计量,则称 $\hat{\theta}_1$ 为参数 θ 的置信下限,$\hat{\theta}_2$ 为参数 θ 的置信上限.对于正态总体,由未知参数的(双侧)置信区间容易得到单侧置信区间.

1. 数学期望的单侧置信区间

设正态总体的数学期望 μ 的 $1-\alpha$ 置信区间为

$$\left(\overline{X}-u_{\frac{\alpha}{2}}\frac{\sigma_0}{\sqrt{n}},\ \overline{X}+u_{\frac{\alpha}{2}}\frac{\sigma_0}{\sqrt{n}}\right)$$

或

$$\left(\overline{X}-t_{\frac{\alpha}{2}}(n-1)\frac{S}{\sqrt{n}},\ \overline{X}+t_{\frac{\alpha}{2}}(n-1)\frac{S}{\sqrt{n}}\right)$$

那么,仿照式(7-3)、式(7-4)容易证明: $\overline{X}+u_{\alpha}\dfrac{\sigma_0}{\sqrt{n}}$ 或 $\overline{X}+t_{\alpha}(n-1)\dfrac{S}{\sqrt{n}}$ 为 μ 的 $1-\alpha$ 的单侧置信上限, $\overline{X}-u_{\alpha}\dfrac{\sigma_0}{\sqrt{n}}$ 或 $\overline{X}-t_{\alpha}(n-1)\dfrac{S}{\sqrt{n}}$ 是 μ 的 $1-\alpha$ 的单侧置信下限.

2. 方差的置信区间(u 未知)

方差 σ^2 的 $1-\alpha$ 置信区间为

$$\left(\frac{(n-1)S^2}{\chi^2_{\frac{\alpha}{2}}(n-1)},\ \frac{(n-1)S^2}{\chi^2_{1-\frac{\alpha}{2}}(n-1)}\right)$$

那么,仿照式(7-5)容易证明

$$\frac{(n-1)S^2}{\chi^2_{1-\alpha}(n-1)}$$

为方差 σ^2 的 $1-\alpha$ 的置信上限.

例 7.4.5 现从一批袋装食品中随意抽取了 14 袋,测量每袋的重量得到如下数据: 500.90,490.01,501.63,500.73,515.87,511.85,498.39,514.23,487.96, 525.01,509.37,509.43,488.46,497.15.假设这种袋装食品每袋的重量 X 服从正态分布 $N(\mu,\sigma^2)$,求 μ 和 σ 的置信度为 0.90 的单侧置信限.

解 (1) $\overline{X}=503.64, S=11.11, t_{0.1}(13)=1.35$,则 μ 的 0.90 的单侧置信上限为 $\overline{X}+t_{\alpha}(n-1)\dfrac{S}{\sqrt{n}}=507.64$,单侧置信下限为 $\overline{X}-t_{\alpha}(n-1)\dfrac{S}{\sqrt{n}}=499.63$.

(2) $\chi^2_{1-\alpha}(n-1)=\chi^2_{0.9}(14-1)=7.04$,则 σ^2 的 0.90 的单侧置信上限为

$$\frac{(n-1)S^2}{\chi^2_{1-\alpha}(n-1)}=\frac{13\times11.11^2}{7.04}=227.93$$

则 σ 的 0.90 的单侧置信上限为 15.1.

习 题 七

7.1 已知箱中有 100 个球,其中只有红色和白色两种球,现从箱中有放回地

每次抽出一球,共取 6 次. 如出现红球记为 1,出现白球记为 0,得数据 1,1,0,1,1,
1.试用矩估计法估计红球的个数 r.

7.2　设 $X_1, X_2, \cdots, X_n$ 是从正态总体 $N(\mu, \sigma^2)$ 中抽出的样本,求参数 μ 和 σ^2
的矩估计量.

7.3　设 $X_1, X_2, \cdots, X_n$ 是从区间 $[0, \theta]$ 上均匀分布的总体中抽出的样本,求 θ
的矩估计量.

7.4　设总体 $X \sim U[0, \theta]$,来自总体 X 的样本 $X_1, X_2, \cdots, X_n$,求 θ 的极大似然
估计.

7.5　设 $X_1, X_2, \cdots, X_n$ 是从某总体中抽出的样本,证明:样本均值 $\overline{X}$ 是总体
分布均值 θ 的无偏估计.

7.6　设总体 X,其简单随机样本为 $X_1, X_2, \cdots, X_n, X_{n+1}$,当分别用 $X_n, \overline{X}_n = \dfrac{1}{n} \sum\limits_{i=1}^{n} X_i, \overline{X}_{n+1} = \dfrac{1}{n+1} \sum\limits_{i=1}^{n+1} X_i$ 估计总体的数学期望时,最有效的是哪一个?

7.7　设总体 X 的概率密度函数为

$$f(x) = \begin{cases} \lambda e^{-\lambda(x-\mu)}, & x \geqslant \mu; \\ 0, & x < \mu \end{cases}$$

其中 $\lambda > 0$ 和 μ 都是参数. 又若 $X_1, X_2, \cdots, X_n, X_{n+1}$ 为总体的简单随机样本,而 $x_1, x_2, \cdots, x_n, x_{n+1}$ 为样本的观察值.

(1) 设 λ 已知,求 μ 的极大似然估计;

(2) 设 μ 已知,求 λ 的矩估计.

7.8　设总体 $X \sim N(1, \sigma^2)$,其中 σ 未知,抽取简单随机样本 $X_1, X_2, \cdots, X_n$,问
$\dfrac{1}{n} \sqrt{\dfrac{\pi}{2}} \sum\limits_{i=1}^{n} |X_i - 1|$ 是否为 σ 的无偏估计?

7.9　设总体 $X \sim U[0, \theta]$(U 为均匀分布),来自该总体 X 的样本 $X_1, X_2, \cdots, X_n$,估计量 $\hat{\theta} = 2\overline{X}$ 和 $\hat{\theta}_L = \max(X_1, X_2, \cdots, X_n)$,试判断它们的无偏性.

7.10　设总体 $X \sim N(0, \theta)$,X_1, X_2, X_3 是 X 的一个容量为 3 的样本,若 X 的
分布函数为

$$F(x, \theta) = \begin{cases} 1, & x \geqslant \theta; \\ \dfrac{x}{\theta}, & x \in (0, \theta); \\ 0, & x \leqslant 0 \end{cases}$$

试证明 $\dfrac{4}{3} \max\limits_{1 \leqslant i \leqslant 3} \{X_i\}$,$4 \min\limits_{1 \leqslant i \leqslant 3} \{X_i\}$ 都是 θ 的无偏估计,并比较它们哪个更有效.

7.11　设 $X_1, X_2, \cdots, X_n$ 是来自总体 X 的简单随机样本,若 X 的概率密度为

$$f(x,\lambda) = \begin{cases} \lambda \alpha x^{\alpha-1} \mathrm{e}^{-\lambda x^{\alpha}}, & x > 0; \\ 0, & x \leqslant 0 \end{cases}$$

其中 $\lambda > 0$ 为未知参数,α 为已知常数,求 λ 的极大似然估计.

7.12   设 $X_1, X_2, \cdots, X_{2n}$ 为来自总体 $N(\mu, \sigma^2)$ 的简单随机样本,现有未知参数 μ 的两个估计量 $T_1 = \bar{X}, T_2 = \dfrac{1}{n} \sum\limits_{i=1}^{n} X_{2i}$,问 T_1, T_2 是否为 μ 的无偏估计? 若是,哪一个更有效?

7.13   设 $X_1, X_2, \cdots, X_n$ 和 $Y_1, Y_2, \cdots, Y_m$ 是两组简单随机样本,分别取自总体 $X \sim N(\mu, 1)$ 和 $Y \sim N(\mu, 2^2)$,当 a, b 满足什么条件时,$T = a \sum\limits_{i=1}^{n} X_i + b \sum\limits_{j=1}^{m} Y_j$ 为 μ 的一个无偏估计?又问 a, b 取何值时 T 最有效?

7.14   用某种仪器间接测量温度,现重复测量 5 次,得温度分别为 1 250℃,1 265℃,1 245℃,1 260℃,1 275℃.试问温度的真值在什么范围内?(设 $\alpha = 0.05$)

7.15   从一批钉子中抽取 16 枚,测得其长度(单位:cm)分别为 2.14,2.10,2.13,2.15,2.13,2.12,2.13,2.10,2.15,2.12,2.14,2.10,2.13,2.11,2.14,2.11.设钉子长服从正态分布 $N(\mu, \sigma^2)$,已知 $\sigma = 0.01 \text{cm}$,试求 μ 的置信度为 0.90 的置信区间.

7.16   在上题中若 σ^2 未知,试求 μ 的置信度为 0.90 的置信区间.

7.17   设某种清漆的 9 个样品,其干燥时间(以小时计)分别为 6.0,5.7,5.8,6.5,7.0,6.3,5.6,6.1,5.0.设干燥时间总体服从正态分布 $N(\mu, \sigma^2)$,求 μ 的置信度为 0.95 的置信区间.(方差 σ^2 未知)

7.18   设大学生中男生身高的总体 $X \sim N(\mu, 16)$(单位:cm),若要使其平均身高置信度为 0.95 的置信区间长度小于 1.2,问至少应抽查多少名男生的身高?

7.19   现抽查了 400 名在校男大学生的身高,求得该 400 名学生的平均身高为 166 cm,假定由经验知道全体男大学生身高总体的方差为 16,则大学生的平均身高的置信度为 0.99 的置信区间近似为多少?

7.20   现从一批钢索中抽取 10 根,测得其折断力(单位:kg)如下:

578   572   570   568   572   570   570   596   584   572

若折断力 $X \sim N(\mu, \sigma^2)$,试求方差 σ^2、均方差 σ 的置信度为 0.95 的置信区间.

7.21   某厂生产的电子元件,其电阻值服从正态分布 $N(\mu, \sigma^2)$,其中 μ, σ^2 均未知,现从中抽查了 20 个电阻,测得其样本电阻均值为 3.0 Ω,样本标准差 $S = 0.11$ Ω,试求电阻标准差的置信度为 0.95 的置信区间.

7.22   为了比较两种型号步枪子弹的枪口速度,先随机地取甲型子弹 10 发进行试验,得枪口速度的均值 $\bar{X} = 507$ m/s,标准差 $S_1 = 1.04$ m/s;又随机地取乙型子弹 15 发,得枪口速度 $\overline{Y}$=498 m/s,标准差 S_2=1.17 m/s.设两总体服从正态分布,并且方差相等,求两总体均值差 $\mu_1-\mu_2$ 的置信度为 0.95 的置信区间.

7.23　用两台机床加工同一种零件,现分别抽取 6 个和 9 个零件,测零件长度计算得 S_1^2=0.245,S_2^2=0.375,假定各台机床零件长度服从正态分布,试求两个总体方差比 $\dfrac{\sigma_1^2}{\sigma_2^2}$ 的置信度为 0.95 的置信区间.

7.24　设某种材料强度 $X \sim N(\mu,\sigma^2)$,今进行 5 次测试,求得样本强度均值为 $\overline{X}$=1 160 kg/cm²,样本均方差为 99.75 kg/cm²,试求材料强度均值 μ 的 0.99 的置信下限.

第八章 假设检验

统计推断的基本问题是通过对样本分析和研究推断总体. 第七章是通过由样本估计总体参数来推断总体,而这一章首先关于总体提出某种"假设",然后通过由样本判断所提"假设"是否成立以推断总体. 假设检验,就是根据样本对关于总体的"假设"作出判断,是统计推断的基本问题之一. 实际中,假设检验问题常以比较的形式出现. 例如,抽样验收一批产品就是推断不合格品率 p 是否超过规定的界限 p_0,即不合格品率 p 与不合格品率的规定界限 p_0 的比较;检验一个总体是否服从正态分布,就是该总体的分布与正态分布的比较等等. 这些都可以归结为对某种"假设"的检验. 本章讲统计检验和比较的基本概念、原理和方法,并重点介绍有重要实际应用的正态总体参数的检验和比较方法,

8.1 假设检验的基本概念

统计估计和假设检验是统计推断的两类基本问题. 统计估计是根据样本估计总体参数或分布;而假设检验首先是关于总体参数或概率分布提出某种"假设",然后根据样本来检验(判断)所提"假设"是否成立. 判断"假设"是否成立或是否真实所依据的"规则"称作"检验准则",简称为"检验". 在介绍常用统计检验方法之前,首先阐述统计"假设"的概念和类型、选择统计检验规则的原则以及显著性检验的一般程序.

8.1.1 统计假设的概念和类型

1. 统计假设的概念

统计假设简称为假设,指关于总体参数、数字特征或总体的分布以及关于两个或两个以上总体之间的关系的各种论断或命题、"猜测"或推测、设想或假说. 为便于叙述,我们用字母"H"表示假设. 例如:

H_1:一批产品的不合格品率 p 不超过规定的界限 p_0;

H_2:甲厂产品的质量不低于乙厂产品的质量;

H_3:有添加剂汽油每升的平均可行驶里程多于无添加剂的汽油;

H_4:某种药品对降低血脂无效;

H_5:两组统计数据有相同的统计结构;

H_6：失业率与文化程度无关；

H_7：两个地区人口的性别比相同.

统计假设的提法及统计假设形式的确定需要以相应的实践知识和理论知识为基础，要求有关人员具有丰富的经验、判断力以及应用有关方法和原理的能力，有时还要考虑样本所能提供的信息以及所提假设是否便于统计处理.

2. 统计假设的基本类型

假设可以分为基本假设与备选假设、简单假设与复合假设、参数假设与非参数假设.

（1）基本假设与备选假设：两个二者必居其一的假设 H_0 和 H_1，其中一个称为基本假设，而另一个则称为备选假设. 习惯上，以 H_0 表示基本假设，而以 H_1 表示备选假设. 基本假设亦称为原假设，备选假设亦称为对立假设.

两个二者必居其一的假设，哪个选为基本假设，哪个视为备选假设，原则上是任意的. 不过，一般把要重点考察且统计分析便于操作和处理的选为基本假设，并且在统计分析过程中始终假定基本假设成立. 例如，设 p 是一批产品的不合格品率，p_0 是已知常数，则 $H_0:p \leqslant p_0$，$H_1:p > p_0$；H_0：两个地区人口的性别比相同，H_1：两个地区人口的性别比不同；H_0：总体 X 服从正态分布，H_1：总体 X 不服从正态分布……在这些例子中，基本假设 H_0 都是要重点考察的. 在上面的例子中 H_0 显然比 H_1 更便于处理，因为统计检验的过程始终是在"假设 H_0 成立"的前提下进行的. 以"H_0：总体 X 服从正态分布"为例，在"假设 H_0 成立"的条件下，可以利用来自正态总体 X 的简单随机样本的一系列性质；相反，在"H_1：总体 X 不服从正态分布"的条件下，我们甚至无法行动.

（2）简单假设与复合假设：完全决定总体分布的假设称为简单假设，否则称为复合假设. 例如，"$H:p = p_0$"和"H：总体服从标准正态分布"是简单假设，"$H:p \neq p_0$"和"H：总体服从正态分布"是复合假设. 实际应用中，简单假设比复合假设较为少见.

（3）参数假设与非参数假设：参数假设是在总体分布的数学形式已知的情况下关于其中若干未知参数的假设；非参数假设是在总体分布的数学形式未知（或不确知）的情况下关于总体的一般性假设. 例如，已知总体服从正态分布时，关于其数学期望 μ 或方差 σ^2 的假设是参数假设；"H：总体 X 服从正态分布"、"H：两个总体同分布"是非参数假设. 有些假设虽然用一个或若干个参数表述（例如 $H:E(X) = 0$），但是当总体分布的数学形式未知时也属于非参数假设的范畴，不过习惯上类似的假设仍按参数假设对待. 因此，可以把不能用有限个参数表示的假设称作非参数假设，而可以用有限个参数表示的假设称为参数假设.

注意：假设类型的区分并不是绝对的，而在一定意义上是描述性的. 然而区分假设的类型是必要的，因为对于不同类型的假设，处理的方法有所不同. 此外，假设类型的划分还可以很好地显示假设的基本特点,有助于更深入地理解假设的概念.但是必须指出,这种划分在一定意义上是相对的,在假设的各种类型之间实际上并没有绝对的界限.

8.1.2　统计假设的检验

假设的检验,指按照一定规则——检验准则,根据样本判断所作假设的真伪,并决定接受还是否定假设.因为假设检验的决定是根据随机样本或统计量作出的,因此任何检验都不能避免错误.选择检验准则的基本原则是检验的错误要小.

1. 检验准则

判断假设是否成立以决定假设取舍的规则称作检验准则,简称为检验.检验准则常以否定域和临界函数的形式表示,而本书只采用否定域的形式.

否定域亦称为拒绝域或临界域.假设 H_0 的否定域 V 是给样本值划定的一个范围或在一切样本值的集合——样本空间中指定的一个区域:当样本值 $x=(x_1, x_2,\cdots,x_n)$ 属于区域 V 时否定 H_0.应用中,否定域 V 常通过适当选择的统计量 T 来构造.这时,否定域 V 是 T 的值域内的区间.由统计量 T 构造的检验称为 T 检验,而 T 称作检验的统计量.以否定域的形式表示的检验只有"否定 H_0"和"不否定 H_0"两种可能的决定.

抽样验收一批产品,若不合格品率 p 超过规定的界限 p_0,则认为这批产品不合格并予以拒收.以 v_n 表示"n 次抽样抽到不合格品的件数".这是一个"基本假设为 $H_0:p\leqslant p_0$ 而对立假设为 $H_1:p>p_0$"的统计检验问题.可以用 $V=\{v_n\geqslant c\}$ 做假设 H_0 的否定域,其中 c 是随机抽验的 n 件产品中不合格品的临界件数,即当 $v_n\geqslant c$ 时否定 H_0,并认为这批产品不合格,予以拒收.对于固定的 n,确定临界值 c 的原则是犯错误的概率要小.这时可能出现两种类型的错误:① 错误地"拒收合格批",即这批产品中不合格品率 p 本来未超过规定的界限 p_0,却被错误地拒收了;② 错误地"接收不合格批",即这批产品中不合格品率 p 本来超过了规定的界限 p_0,却被错误地接收了.

2. 检验的两类错误

设 H_0 是关于总体 X 的假设,V 是 H_0 的否定域,$(X_1,X_2,\cdots,X_n)$ 是来自总体 X 的简单随机样本.当"随机点 $(X_1,X_2,\cdots,X_n)$ 落入否定域 V"时,即当事件 $V=\{(X_1,X_2,\cdots,X_n)\in V\}$ 出现时否定 H_0*.因为统计检验的结论是根据随机样本 $(X_1,X_2,\cdots,X_n)$ 作出的,故所作决定有可能是错误的.根据基本假设 H_0 的"真"与"伪"以及所作决定是"否定 H_0"还是"接受 H_0",有表 8-1 的四种可能情形,其中

＊ 为便于叙述,区域 V 和事件"随机点 $(X_1,X_2,\cdots,X_n)$ 落入区域 V"都使用同一符号 V 表示.

两种是正确决定,另外两种则是错误决定.

① 第一类错误:否定了本来真实的假设(弃真),称作第一类错误;

② 第二类错误:接受了本来错误的假设(纳伪),称作第二类错误.

表 8-1　检验结果的四种可能情形

决定的对错　真实假设 决定	H_0	H_1
否定 H_0	第一类错误	正确
接受 H_0	正确	第二类错误

由于检验的规则依赖于样本,而样本具有随机性,因此检验的错误出现与否也是随机的,但是我们可以估计和控制检验错误出现的概率. 在假设 H_0 本来成立的条件下事件 V 出现的概率,即检验第一类错误概率可以表示为 $P(V|H_0)$;在假设 H_0 本来错误(从而 H_1 成立)的条件下事件 $\overline{V}=\{(X_1,X_2,\cdots,X_n)\notin V\}$ 出现的概率,即检验犯第二类错误概率表示为 $P(\overline{V}|H_1)$.

例如,抽样验收一批产品,如果其不合格品率 p 超过规定界限 p_0,则拒收,否则就接收. 由于这批产品的不合格品率 p 未知,因而产生了区分基本假设为 $H_0:p\leqslant p_0$ 与对立假设为 $H_1:p>p_0$ 的检验问题. 检验的第一类错误:不合格品率 p 本来不超过规定界限 p_0,但这批产品却被拒收了;检验的第二类错误:不合格品率 p 本来超过规定界限 p_0,但这批产品却被接收了. 第一类错误概率 $\alpha(p)=P\{v_n\geqslant c|p\leqslant p_0\}$ 和第二类错误概率 $\beta(p)=P\{v_n<c|p>p_0\}$ 又分别称作厂方风险(或 α 风险)和用户风险(或 β 风险). 例如,在雷达搜索目标(如敌机)时,第一类错误是"谎报":本来无目标却判断成有目标;第二类错误是"漏报":本来有目标却判断为无目标.

例 8.1.1　假定 X 是连续型随机变量,U 是对 X 的(一次)观测值. 关于其概率密度 $f(x)$ 有如下假设:

$$H_0:f(x)=\begin{cases}\dfrac{1}{2}, & \text{若 } 0\leqslant x\leqslant 2;\\ 0, & \text{其他}\end{cases}$$

$$H_1:f(x)=\begin{cases}\dfrac{x}{2}, & \text{若 } 0\leqslant x\leqslant 2;\\ 0, & \text{其他}\end{cases}$$

检验规则:当事件 $V=\left\{U>\dfrac{3}{2}\right\}$ 出现时否定假设 H_0 接受 H_1,求检验的第一类错

误概率 α 和检验的第二类错误概率 β.

解　由检验的两类错误概率 α 和 β 的意义,知

$$\alpha = P\left\{U > \frac{3}{2} \,\Big|\, H_0\right\} = \int_{\frac{3}{2}}^{2} \frac{1}{2}\,\mathrm{d}x = \frac{1}{4}$$

$$\beta = P\left\{U \leqslant \frac{3}{2} \,\Big|\, H_1\right\} = \int_{0}^{\frac{3}{2}} \frac{x}{2}\,\mathrm{d}x = \frac{9}{16}$$

例 8.1.2　假定总体 $X \sim N(\mu, 1)$,关于总体 X 的数学期望 μ 有两个假设:

$$H_0 : \mu = 0, \quad H_1 : \mu = 1$$

设 $(X_1, X_2, \cdots, X_9)$ 是来自总体 X 的简单随机样本, $\overline{X}$ 是样本均值.考虑基本假设 H_0 的如下两个否定域: $V_1 = \{3\,\overline{X} \geqslant u_{0.05}\}$ 和 $V_2 = \{3\,|\overline{X}| \leqslant u_{0.475}\}$,其中 u_α 是标准正态分布水平 α 双侧临界值(见附表 2),试分别求两个检验的两类错误概率.

解　由条件知 $H_0 : X \sim N(0,1)$, $H_1 : X \sim N(1,1)$,样本容量 $n = 9$.当总体 $X \sim N(\mu, \sigma^2)$ 时,有 $\overline{X} \sim N\left(\mu, \dfrac{\sigma^2}{n}\right)$,故 $H_0 : 3\,\overline{X} \sim N(0,1)$, $H_1 : (3\,\overline{X} - 1) \sim N(0,1)$.

(1) 以 $V_1 = \{3\,\overline{X} \geqslant u_{0.05}\}$ 为否定域的检验的两类错误概率 α_1 和 β_1:

$$\alpha_1 = P(V_1 \mid H_0) = P\{3\,\overline{X} \geqslant u_{0.05} \mid H_0\} = 0.05$$

$$\begin{aligned}
\beta_1 &= P(\overline{V}_1 \mid H_1) = P\{3\,\overline{X} < u_{0.05} \mid H_1\} \\
&= P\{3\,\overline{X} < 1.65 \mid H_1\} \\
&= P\{3(\overline{X} - 1) < -1.35 \mid H_1\} \\
&= \Phi(-1.35) = 1 - \Phi(1.35) = 0.088\,5
\end{aligned}$$

(2) 以 $V_2 = \{3\,|\overline{X}| \leqslant u_{0.475}\}$ 为否定域的检验的两类错误概率 α_2 和 β_2:

$$\alpha_2 = P(V_2 \mid H_0) = P\{3\,|\overline{X}| \leqslant u_{0.475} \mid H_0\} = 0.05$$

$$\begin{aligned}
\beta_2 &= P(\overline{V}_2 \mid H_1) = P\{3\,|\overline{X}| \geqslant u_{0.475} \mid H_1\} \\
&= 1 - P\{-0.06 < 3\,\overline{X} < 0.06 \mid H_1\} \\
&= 1 - P\{-3.06 < 3(\overline{X} - 1) < -2.94 \mid H_1\} \\
&= 1 - [\Phi(-2.94) - \Phi(-3.06)] \\
&= 1 - [\Phi(3.06) - \Phi(2.94)] = 0.998\,6
\end{aligned}$$

其中 $u_{0.05} = 1.65$, $u_{0.475} = 0.06$,而 $\Phi(x)$ 是标准正态分布函数.

例 8.1.3　假设新购进五部移动电话机,关于其质量有如下假设 H_0:最多一

部有质量问题. 采用如下检验规则: 若在随意取出的两部中发现其中有存在质量问题的, 则否定 H_0. 试就假设 H_0 和备选假设 H_1 的各种可能情形, 求此检验的两类错误概率.

解　以 v_2 表示"随意取出的两部中有质量问题的件数", 则 $V=\{v_2 \geqslant 1\}$ 是 H_0 的否定域. 以 θ 表示"有质量问题的电话机部数", 记 $\varphi(\theta)=P(V|\theta)$ 为当有质量问题电话机为 θ 部时否定 H_0 的概率, 其中 $H_0:\theta \leqslant 1, H_1:\theta > 1$. 易见, 对于 $\theta=0$ 和 $\theta=1, \alpha(\theta)$ 是第一类错误概率; 对于 $\theta=2,3,4,5, \beta(\theta)=1-\varphi(\theta)=P(\bar{V}|\theta)=P\{v_5 | \theta\}$ 是第二类错误概率, 其中 $\bar{V}=\{v_2=0\}$. 因此, 有

$$\alpha(0)=P\{v_2 \geqslant 1 | \theta=0\}=0, \quad \alpha(1)=P\{v_2 \geqslant 1 | \theta=1\}=\frac{4}{C_5^2}=0.4$$

$$\beta(2)=P\{v_2=0 | \theta=2\}=\frac{3}{C_5^2}=0.3, \quad \beta(3)=P\{v_2=0 | \theta=3\}=\frac{1}{C_5^2}=0.1$$

$$\beta(4)=P\{v_2=0 | \theta=4\}=0, \quad \beta(5)=P\{v_2=0 | \theta=5\}=0$$

将计算结果列在下面的表 8-2 中.

表 8-2　例 8.1.3 的计算表

假　　设	H_0		H_1			
有质量问题部数	0	1	2	3	4	5
第一类错误概率	0	0.4	—			
第二类错误概率	—		0.3	0.1	0	0

8.1.3　显著性检验

对于假设 H_0 对 H_1 检验问题, 表征检验准则优劣的有如下三个量: 样本容量 n、第一类错误概率的上限 α、第二类错误概率的上限 β. 显然, 三个量 (n,α,β) 都是越小越好. 然而, 由于检验作出的判断所依赖的样本具有随机性, 同时完全控制三个量 (n,α,β) 是做不到的, 必须在三者之间进行权衡来选择检验准则. 解决问题有多种途径, 显著性检验是实际应用中最常用的一种情形. 所谓显著性检验, 是基于"小概率原则"的只控制第一类错误概率的一种检验方法.

因为在事先固定样本容量 n 的情况下, 在各种可供选择的检验中需选择两类错误概率都满足要求的检验准则, 然而构造两类错误概率同时都小的检验是困难的, 所以在假设检验的多数应用中只控制第一类错误概率, 通常并不控制第二类错误概率. 第二类错误概率因涉及备选假设的具体形式一般难以计算, 有时甚至无法计算. 通常, 在第一类错误概率不大于给定上限 α 的检验准则中, 选第二类错误概

率最小或在一定条件下最小的检验. 只控制第一类错误概率的检验称作显著性检验; 选定的第一类错误概率的上限 α 称作检验的显著性水平, 相应的检验称作水平 α 显著性检验.

现在讨论显著性检验否定域的构造以及显著性检验的一般程序.

1. 小概率原则

构造显著性检验的否定域, 一般依据所谓"小概率原则": 指定一个可以认为是"充分小"的正数 $\alpha(0<\alpha<1)$, 并且认为凡是概率不大于 α 的事件 V 是"实际不可能事件", 即认为这样的事件在一次试验或观测中实际上不会出现. 对于只控制第一类错误概率的显著性检验, 小概率原则中的所规定的概率上界 α 称作检验的显著性水平. 检验的显著性水平 α 的具体值的选取并不是理论问题而是实际问题, 应根据实际问题具体要求而定. 若事件 V 的出现将造成严重后果或重大损失 (如飞机失事、沉船), 则 α 应选得小一些, 否则可以选得大一些. 常选 $\alpha=0.001, 0.01, 0.05, 0.10$ 等. 这种几乎划一的选法, 除了为制表方便外, 并无其他特别意义.

2. 显著性检验的否定域

设 H_0 是关于总体 X 的假设, $(X_1, X_2, \cdots, X_n)$ 是来自 X 的简单随机样本. 对于水平 α 显著性检验, H_0 的否定域 V 应满足条件: 在 H_0 成立的条件下样本值属于否定域 V 的概率不大于 α, 即

$$P(V \mid H_0) = P\{ (X_1, X_2, \cdots, X_n) \in V \mid H_0 \} \leqslant \alpha$$

这样, 在水平 α 下可以认为 V 是实际不可能事件, 因此当 V 出现时, 即当样本值属于否定域 V 时否定 H_0. 这时检验的第一类错误概率不会大于 α.

否定域通常由检验的统计量 T 来构造: 首先在假设 H_0 成立的条件下求出 T 的抽样分布, 然后根据给定的显著性水平 α, 利用相应的数值表求出决定 H_0 取舍的临界值 (或临界值). 检验常用的统计量有 U, t, χ^2 和 F 等, 相应的检验分别称作 U 检验、t 检验、χ^2 检验和 F 检验. 这些都是统计推断中最常见的检验, 其相应的否定域分别有如下一些常见形式:

$$\{ |U| \geqslant u_{\frac{\alpha}{2}} \}, \{ |t| \geqslant t_{\frac{\alpha}{2}}(自由度) \}, \{ \chi^2 \geqslant \chi_\alpha^2(自由度) \}, \{ F \geqslant F_\alpha(f_1, f_2) \}$$

其中相应的临界值 $u_{\frac{\alpha}{2}}, t_{\frac{\alpha}{2}}(自由度), \chi_\alpha^2(自由度), F_\alpha(f_1, f_2)$ 分别由附表 2、附表 4、附表 5、附表 6 给出. (这里 f_1 为第一自由度, f_2 为第二自由度)

3. 显著性检验的一般程序

(1) 明确基本假设: 把欲考察的问题以基本假设 H_0 的形式提出, 并且在作出最后的判断之前始终在假定 H_0 成立的前提下进行分析;

(2) 规定显著性水平: 根据具体问题的要求规定显著性水平 $\alpha(0<\alpha<1)$;

(3) 建立否定域: 建立假设 H_0 的水平 α 否定域;

（4）作出判断：进行简单随机抽样获得样本值，若样本值属于否定域 V，则否定假设 H_0，否则不否定 H_0.

注意：在 H_0 成立的条件下，由于"样本值属于否定域 V"是"实际不可能事件"，即在 H_0 成立的条件下实际上不会出现，因此它的出现表明 H_0 实际上不成立，故应否定 H_0. 然而，"样本值不属于否定域 V"只说明抽样结果与假设 H_0 不矛盾，故应作出"不否定 H_0"的决定，但是原则上没有理由作出"接受 H_0"决定，因为我们并不知道接受 H_0 接受错了的概率——第二类错误概率. 不过，常用一些显著性检验都是经过统计学家精心研究和选择的，一般在给定的显著性水平下（在一定条件下）第二类错误概率都是最小的. 例如在例 8.1.2 中，假设 H_0 的两个否定域 V_1 和 V_2 的第一类错误概率都等于 0.05，但是第二类错误概率却分别为 0.088 5 和 0.998 6，自然应选 V_1.

例 8.1.4 用自动包装机包装的葡萄糖，每袋重量 X 服从正态分布 $N(\mu, \sigma^2)$，根据以往统计资料已知 $\sigma = 14$. 质量管理控制数学期望 μ 和标准差 σ. 现在抽取了 10 袋，测得每袋平均重 $\bar{X} = 502$ g. 假设质量管理标准要求 $\mu = \mu_0 = 500$ g，试通过统计检验说明：根据抽样结果能否认为每袋平均重量符合标准要求？

解 问题可化为假设 $H_0: \mu = 500$ 的检验. 由于总体的标准差 $\sigma = 14$ 已知，故采用统计量

$$U = \frac{\bar{X} - 500}{\dfrac{\sigma}{\sqrt{10}}} \sim N(0, 1)$$

来构造 $H_0: \mu = 500$ 的检验. 对于 $\bar{X} = 502, \sigma = 14$，得统计量 U 的值为 0.451 8. 由正态分布函数值表（见附表 2），可见

$$P\{|U| \geqslant 0.451\ 8\} = 1 - P\{|U| < 0.451\ 8\} \approx 0.653\ 6$$

因此不能否定假设 $H_0: \mu = 500$. 因为若否定 H_0，则否定错了的概率高达 65% 以上，故可以认为每袋平均重量符合 500 g 的要求.

例 8.1.5 按质量标准，某种罐头的平均净重为 379 g. 现在从一批产品中随机抽验了 10 盒，得如下数据（单位：g）：370.74, 372.80, 386.43, 393.08, 386.22, 371.93, 367.90, 381.67, 369.21, 398.14. 假设这批产品每罐净重 X 服从正态分布，问抽验结果是否说明这批产品的平均净重符合标准？

解 由条件知总体 $X \sim N(\mu, \sigma^2)$. 关于总体数学期望 μ 提出假设 $H_0: \mu = \mu_0 = 379$，样本容量 $n = 10$. 取统计量

$$t = \frac{\bar{X} - \mu_0}{\dfrac{S}{\sqrt{n}}} = \frac{\bar{X} - 379}{\dfrac{S}{\sqrt{10}}}$$

服从自由度为 9 的 t 分布.经计算,得 $\bar{X}=379.81, S=10.79, t=0.24$.由附表 4 得自由度为 9 的 t 分布水平 0.80 的双侧临界值 $t_{\frac{0.80}{2}}(9)=t_{0.40}(9)=0.261$,故

$$P\{\mid t \mid \geqslant 0.24\} > P\{\mid t \mid \geqslant 0.261\} = 0.80$$

于是不能否定假设 $H_0: \mu = \mu_0 = 397$,故可以认为这批产品的平均净重符合 379 g 的标准.

8.2　正态总体参数的检验

对于理论研究和实际应用,正态分布在各种概率分布中都居首要地位.一方面,许多自然现象和社会经济现象都可以或近似地用正态分布律来描述;另一方面,正态分布有比较简单的数学表达式,只要掌握了它的两个参数就等于掌握了正态分布律.关于正态分布参数假设的检验,不但实际应用中最重要和最广泛,而且方法最典型,结果也最完满.下面我们主要介绍一个正态分布的数学期望和方差的检验以及两个正态分布的数学期望和方差的比较,其次简单介绍在样本容量充分大时非正态总体数学期望的检验.

8.2.1　正态总体数学期望和方差的检验

假设总体 $X \sim N(\mu, \sigma^2)$,$(X_1, X_2, \cdots, X_n)$ 是来自总体 X 的简单随机样本,$\bar{X}$ 是样本均值,S^2 是样本方差.正态总体参数的检验常使用如下一些统计量:

$$U = \frac{\bar{X} - \mu_0}{\frac{\sigma_0}{\sqrt{n}}}, \quad t = \frac{\bar{X} - \mu_0}{\frac{S}{\sqrt{n}}}$$

$$\chi^2 = \frac{(n-1)S^2}{\sigma_0^2} = \frac{1}{\sigma_0^2} \sum_{i=1}^{n} (X_i - \bar{X})^2, \quad \chi_0^2 = \frac{1}{\sigma_0^2} \sum_{i=1}^{n} (X_i - \mu_0)^2$$

其中 μ_0 和 σ_0 是已知常数.$U \sim N(0, 1)$,t 服从自由度为 $n-1$ 的 t 分布,χ^2 服从自由度为 $n-1$ 的 χ^2 分布.易见,χ_0^2 服从自由度为 n 的 χ^2 分布.

1. 正态总体数学期望的检验

正态总体数学期望的检验,实际上必须表现为总体的未知数学期望 μ 与给定的值 μ_0 的比较,当 $\sigma = \sigma_0$ 已知时用 U 检验,当 σ 未知时用 t 检验.表 8-3 是假设及其否定域的各种情形,其中 u_α 是标准正态分布水平 α 的临界值(见附表 2),$t_\alpha(n-1)$ 是自由度为 $n-1$ 的 t 分布水平 α 的临界值(见附表 4).

表 8-3　正态总体数学期望的检验

情形	假设		基本假设 H_0 的否定域	
	H_0	H_1	U 检验	t 检验
1	$\mu=\mu_0$	$\mu\neq\mu_0$	$\{\lvert U\rvert\geqslant u_{\frac{\alpha}{2}}\}$	$\{\lvert t\rvert\geqslant t_{\frac{\alpha}{2}}(n-1)\}$
2	$\mu\leqslant\mu_0$	$\mu>\mu_0$	$\{U\geqslant u_\alpha\}$	$\{t\geqslant t_\alpha(n-1)\}$
3	$\mu\geqslant\mu_0$	$\mu<\mu_0$	$\{U\leqslant-u_\alpha\}$	$\{t\leqslant-t_\alpha(n-1)\}$

　　假设已知总体 X 服从正态分布 $N(\mu,\sigma^2)$，其中参数 μ 未知，区分 σ^2 未知和 $\sigma^2=\sigma_0^2$ 已知两种情形. 下面我们只证明情形 1 中关于数学期望 μ 的假设 $H_0:\mu=\mu_0$，其中 μ_0 是已知常数. 情形 2 和情形 3 中否定域的构造在直观上是容易理解的，严格证明时要用到较多的数学知识.

　　现在对于情形 1，建立假设 H_0 的显著性检验的水平 α 否定域. 设 $(X_1,X_2,\cdots,X_n)$ 是来自总体 X 的简单随机样本，分别以 $\overline{X}$ 和 S 表示样本均值和样本标准差.

　　（1）设总体方差 $\sigma^2=\sigma_0^2$ 已知，在假设 $H_0:\mu=\mu_0$ 成立的情形下，统计量

$$U=\frac{\overline{X}-\mu_0}{\dfrac{\sigma_0}{\sqrt{n}}}\sim N(0,1)$$

因此有 $P\{\lvert U\rvert\geqslant u_{\frac{\alpha}{2}}\}=\alpha$，其中 $u_{\frac{\alpha}{2}}$ 是标准正态分布水平 α 的双侧临界值（见附表 2）. 于是，$V=\{\lvert U\rvert\geqslant u_{\frac{\alpha}{2}}\}$ 就是假设 H_0 的显著性水平为 α 的否定域.

　　（2）设总体方差 σ^2 未知，则在假设 $H_0:\mu=\mu_0$ 成立的前提下，统计量

$$t=\frac{\overline{X}-\mu_0}{\dfrac{S}{\sqrt{n}}}$$

服从自由度为 $n-1$ 的 t 分布. 故 $P\{\lvert t\rvert\geqslant t_{\frac{\alpha}{2}}(n-1)\}=\alpha$，其中 $t_{\frac{\alpha}{2}}(n-1)$ 是自由度为 $n-1$ 的 t 分布水平 $\alpha=0.05$ 的双侧临界值（见附表 4）. 于是，$V=\{\lvert t\rvert\geqslant t_{\frac{\alpha}{2}}(n-1)\}$ 就是假设 H_0 的显著性水平为 α 的否定域.

　　2. 正态总体方差的检验

　　正态总体 $N(\mu,\sigma^2)$ 方差的检验，实际上是未知方差 σ^2 与给定标准值 σ_0^2 的比较，区分 $\mu=\mu_0$ 已知和 μ 未知，都使用 χ^2 检验.

　　表 8-4 是假设及其否定域的各种情形，其中临界值为 $c_1=\chi_{1-\frac{\alpha}{2}}^2(n)$，$c_2=\chi_{\frac{\alpha}{2}}^2(n)$；$\lambda_1=\chi_{1-\frac{\alpha}{2}}^2(n-1)$，$\lambda_2=\chi_{\frac{\alpha}{2}}^2(n-1)$；而 $\chi_\alpha^2(n)$ 是自由度为 n 的 χ^2 分布水平 α 的临界值（见附表 5）.

表 8-4   正态总体方差的检验

情形	假设		假设 H_0 的水平 α 的否定域	
	H_0	H_1	$\mu = \mu_0$ 已知	μ 未知
1	$\sigma^2 = \sigma_0^2$	$\sigma^2 \neq \sigma_0^2$	$\{\chi_0^2 \leqslant c_1\} \bigcup \{\chi_0^2 \geqslant c_2\}$	$\{\chi^2 \leqslant \lambda_1\} \bigcup \{\chi^2 \geqslant \lambda_2\}$
2	$\sigma^2 \leqslant \sigma_0^2$	$\sigma^2 > \sigma_0^2$	$\{\chi_0^2 \geqslant \chi_\alpha^2(n)\}$	$\{\chi^2 \geqslant \chi_\alpha^2(n-1)\}$
3	$\sigma^2 \geqslant \sigma_0^2$	$\sigma^2 < \sigma_0^2$	$\{\chi_0^2 \leqslant \chi_{1-\alpha}^2(n)\}$	$\{\chi^2 \leqslant \chi_{1-\alpha}^2(n-1)\}$

上表中情形 2 和情形 3 中否定域的构造在直观上很容易理解,严格证明时要用到较多的数学知识.

现在证明情形 1:假设总体数学期望 μ 未知,统计量 χ^2 服从自由度为 $n-1$ 的 χ^2 分布,故

$$P(\{\chi^2 \leqslant \chi_{1-\frac{\alpha}{2}}^2(n-1)\} \bigcup \{\chi^2 \geqslant \chi_{\frac{\alpha}{2}}^2(n-1)\})$$
$$= P\{\chi^2 \leqslant \chi_{1-\frac{\alpha}{2}}^2(n-1)\} + P\{\chi^2 \geqslant \chi_{\frac{\alpha}{2}}^2(n-1)\}$$
$$= \frac{\alpha}{2} + \frac{\alpha}{2} = \alpha$$

因此 $V = \{\chi^2 \leqslant \chi_{1-\frac{\alpha}{2}}^2(n-1)\} \bigcup \{\chi^2 \geqslant \chi_{\frac{\alpha}{2}}^2(n-1)\}$ 是假设 $H_0: \sigma^2 = \sigma_0^2$ 的水平 α 的否定域. 同理可证总体数学期望 $\mu = \mu_0$ 已知的情形.

例 8.2.1   假设某种钢筋的抗拉强度 X 服从正态分布 $N(\mu, \sigma^2)$,现在从一批新产品钢筋中随意抽出了 10 条,测得样本标准差 $S = 30$ kg,抗拉强度平均比老产品的平均抗拉强度多 25 kg. 问抽样结果是否说明新产品的抗拉强度比老产品有明显提高?(取显著性水平 $\alpha = 0.05$)

解   需要检验假设 $H_0: \mu \leqslant \mu_0, H_1: \mu > \mu_0$,其中 μ_0 表示"老产品的平均抗拉强度". 由题的条件知样本容量 $n = 10$,样本标准差 $S = 30$,则有 $\bar{X} - \mu_0 = 25$,其中 $\bar{X}$ 表示"10 条钢筋的抗拉强度样本均值". 检验的统计量

$$t = \frac{\bar{X} - \mu_0}{\frac{S}{\sqrt{n}}}$$

服从自由度为 9 的 t 分布. 对于 $\bar{X} - \mu_0 = 25, S = 30$ 和 $n = 10$,得统计量 $t = 2.6352$. 由附表 4 可见 $t_{0.05}(9) = 1.833$. 由于 $t = 2.6352 > t_{0.05}(9)$,可见在显著性水平 0.05 下应否定 $H_0: \mu \leqslant \mu_0$,即说明新产品的抗拉强度比老产品有明显提高.

例 8.2.2   在生产条件稳定的情况下,一自动机床所加工零件的尺寸服从正态分布. 标准差 σ 是衡量机床加工精度的重要特征,假设设计要求 $\sigma \leqslant 0.5$ mm. 为控制生产过程,现定时对产品进行抽验:每次抽验 5 件,测定其尺寸的标准差 S.

试制定一种规则,以便根据 S 的值判断机床的精度是否降低了.(取显著性水平 $\alpha=0.05$)

解　这里要求为样本标准差确定一个上限 S_0:当 $S \leqslant S_0$ 时认为精度符合设计要求,当 $S > S_0$ 时则认为精度比设计要求降低了.临界值 S_0 的确定可以通过构造假设检验的方法解决.

设零件的尺寸 $X \sim N(\mu, \sigma^2)$.考虑假设 $H_0: \sigma \leqslant \sigma_0$ 对 $H_1: \sigma > \sigma_0$ 的检验,其中 $\sigma_0 = 0.5$ mm.检验基于来自总体 X 的容量为 $n=5$ 的简单随机样本,检验的统计量

$$\chi^2 = \frac{4S^2}{0.5^2}$$

服从自由度为 $n-1=4$ 的 χ^2 分布.对于 $\alpha=0.05$ 和自由度 4,由附表 5 可得 $\chi^2_{0.05}(4)=9.49$,从而得假设 $H_0: \sigma \leqslant \sigma_0$ 的水平 $\alpha=0.05$ 的否定域

$$V = \{\chi^2 \geqslant 9.49\} = \left\{\frac{4S^2}{0.5^2} \geqslant 9.49\right\} = \{S \geqslant 0.77\}$$

这样,为控制机床的加工精度,需要制定如下规则:定时抽样,每次抽验 5 件,测定其尺寸的标准差 S,当 $S > 0.77$ 时认为机床的精度降低了(显著性水平为 0.05).

例 8.2.3　按环境保护条例的规定,在排放的工业废水中某种有害物质 A 的含量不得超过 1‰.按制度每周随机抽样化验 4 份水样,以 $\bar{X}$ 表示"4 份水样中有害物质 A 的含量的算术平均值(‰)".假设化验结果 $X \sim N(\mu, \sigma^2)$,试求在水平 $\alpha=0.05$ 下可以认为"有害物质 A 的含量超标"的 $\bar{X}$ 的临界值 c.

解　问题可以化为假设 $H_0: \mu \leqslant \mu_0 = 1$‰ 假设 $H_1: \mu > \mu_0 = 1$‰ 的检验问题,属于表 8-3 的情形 2.假设 H_0 的水平 $\alpha=0.05$ 的否定域为

$$V = \left\{\frac{\bar{X} - \mu_0}{S/\sqrt{n}} \geqslant t_\alpha(n-1)\right\} = \left\{\bar{X} \geqslant \mu_0 + t_\alpha(n-1)\frac{S}{\sqrt{n}}\right\}$$

其中 $\mu_0 + t_\alpha(n-1)\dfrac{S}{\sqrt{n}} = c$ 即所要求临界值.已知 $\mu_0 = 1$‰,$n=4$,$\alpha=0.05$,S 是 4 次化验结果的样本标准差,$t_{0.05}(3)=2.35$ 是自由度为 3 的 t 分布水平 0.05 的临界值.将有关数据代入后,得 $c = 1$‰ $+ 1.175 S$,则当 $\bar{X} \geqslant c$ 时,否定假设 $H_0: \mu \leqslant \mu_0 = 1$‰,认为"有害物质 A 的含量超标".

例 8.2.4　自动机床加工的某种零件,按设计标准每个零件的内径为 2 cm,标准差不超过 0.05 cm.今从新生产的一批产品中随意抽检了 5 个零件,测得其平均内径为 2.10 cm,标准差为 0.07 cm.假设零件内径 $X \sim N(\mu, \sigma^2)$,问抽检结果能否

说明这批零件的内径在显著性水平 $\alpha=0.05$ 下符合标准?

解   这里总体 X 的数学期望 μ 的标准值 $\mu_0=2$ cm,标准差 σ 的最大允许值 σ_0 $=0.05$ cm,样本容量 $n=5$,样本均值 $\overline{X}=2.10$,样本标准差 $S=0.07$. 问题可以归结为假设 $H_0:\mu=\mu_0=2$ 及 $\widetilde{H}_0:\sigma\leqslant\sigma_0=0.05$ 的检验问题.

(1)假设 $H_0:\mu=\mu_0=2$ 的检验属于表 8-3 的情形 1,检验的统计量

$$t=\frac{\overline{X}-\mu_0}{\dfrac{S}{\sqrt{n}}}=\frac{2.10-2}{\dfrac{0.07}{\sqrt{5}}}\approx 3.1944$$

由附表 4 可得自由度为 4 的水平 0.05 的双侧临界值为 $t_{\frac{0.05}{2}}(4)=t_{0.025}(4)=2.78$. 由于 $|t|=3.1944>2.78$,所以在水平下应否定 H_0,即说明这批零件的内径不符合标准.

(2)假设 $\widetilde{H}_0:\sigma\leqslant\sigma_0=0.05$ 的检验属于表 8-4 的情形 2,检验的统计量

$$\chi^2=\frac{(n-1)S^2}{\sigma_0^2}=\frac{4\times 0.07^2}{0.05^2}=7.84$$

由附表 5 可得自由度为 4 的 χ^2 分布的临界值为 $\chi^2_{0.05}(4)=9.49$. 由于 $\chi^2=7.84<9.49$,故不能否定假设 $\widetilde{H}_0$,即可以认为加工的标准差不超过 0.05 cm.

8.3   两个正态总体数学期望和方差的检验

假设有两个相互独立的正态总体 $X\sim N(a,\sigma_x^2)$ 和 $Y\sim N(b,\sigma_y^2)$;$X_1,X_2,\cdots,X_m$ 和 $Y_1,Y_2,\cdots,Y_n$ 分别为来自总体 X 和 Y 的简单随机样本;$\overline{X}$和$\overline{Y}$与 S_x^2 和 S_y^2 相应为样本均值与样本方差. 记

$$S_{xy}^2=\frac{(m-1)S_x^2+(n-1)S_y^2}{m+n-2},\quad F=\frac{S_x^2/S_y^2}{\sigma_x^2/\sigma_y^2}$$

$$U=\frac{\overline{X}-\overline{Y}-(a-b)}{\sqrt{\dfrac{\sigma_x^2}{m}+\dfrac{\sigma_y^2}{n}}},\quad t=\frac{\overline{X}-\overline{Y}}{S_{xy}}\sqrt{\frac{m+n}{mn}}$$

易见,当 $a=b$ 时统计量 $U\sim N(0,1)$. 在 $\sigma_x^2=\sigma_y^2$ 的前提下,当 $a=b$ 时统计量 t 服从自由度为 $m+n-2$ 的 t 分布;统计量 F 服从自由度为$(m-1,n-1)$的 F 分布. 我们分别讨论两个正态总体方差和数学期望的情形,前者使用 F 检验,后者使用 U 检验或 t 检验.

1. 比较两个正态总体方差的检验

方差 σ_x^2 和 σ_y^2 的比较,基于样本方差 S_x^2 和 S_y^2 的比较,其比值就是统计量 F. 表

$8{-}5$ 是有关假设及其否定域的各种情形,其中 $F_\alpha(f_1,f_2)$ 是自由度为 (f_1,f_2) 的 F 分布水平 α 的临界值(见附表 6),自由度 $f_1{=}m{-}1$, $f_2{=}n{-}1$.

表 8-5　两个正态总体方差 σ_x^2 和 σ_y^2 的比较 $(f_1{=}m{-}1,f_2{=}n{-}1)$(两个总体期望和方差均未知)

情形	H_0	H_1	假设 H_0 的水平 α 的否定域
1	$\sigma_x^2{=}\sigma_y^2$	$\sigma_x^2{\neq}\sigma_y^2$	$\{F{\leqslant}F_{\frac{\alpha}{2}}^{-1}(f_2,f_1)\}\bigcup\{F{\geqslant}F_{\frac{\alpha}{2}}(f_1,f_2)\}$
2	$\sigma_x^2{\leqslant}\sigma_y^2$	$\sigma_x^2{>}\sigma_y^2$	$\{F{\geqslant}F_\alpha(f_1,f_2)\}$
3	$\sigma_x^2{\geqslant}\sigma_y^2$	$\sigma_x^2{<}\sigma_y^2$	$\{F{\leqslant}F_\alpha^{-1}(f_2,f_1)\}$

我们现在推导表 8-5 中情形 1 的否定域. 检验的统计量为 $F=\dfrac{S_x^2}{S_y^2}$,当 $\sigma_x^2=\sigma_y^2$ 时统计量 F 服从自由度为 $(m{-}1,n{-}1)$ 的 F 分布. 因此,有

$$P(\{F{\leqslant}F_{1-\frac{\alpha}{2}}(m{-}1,n{-}1)\}\bigcup\{F{\geqslant}F_{\frac{\alpha}{2}}(m{-}1,n{-}1)\})=\alpha$$

其中 $F_{1-\frac{\alpha}{2}}(m{-}1,n{-}1)=\dfrac{1}{F_{\frac{\alpha}{2}}(n{-}1,m{-}1)}$. 于是

$$V=\{F{\leqslant}F_{\frac{\alpha}{2}}^{-1}(n{-}1,m{-}1)\}\bigcup\{F{\geqslant}F_{\frac{\alpha}{2}}(m{-}1,n{-}1)\}$$

就是假设 $H_0{:}\sigma_x^2{=}\sigma_y^2$ 的水平 α 否定域. 情形 2 和 3 的证明要用到较多数学知识.

2. 两个正态总体数学期望的检验

比较数学期望 a 与 b 的前提条件是两个总体的方差相等 * $(\sigma_x^2{=}\sigma_y^2)$. 在方差未知的情形下,可以用表 8-5 的方法来检验 $\sigma_x^2{=}\sigma_y^2$ 是否成立. 表 8-6 是有关统计假设及其否定域的各种情形,其中 u_α 是标准正态分布水平 α 的临界值(见附表 2),$t_\alpha(n)$ 是自由度为 n 的 t 分布水平 α 的临界值(见附表 4).

表 8-6 中各种情形下否定域的推导与表 8-5 完全类似,留给读者完成.

表 8-6　两个正态总体数学期望的比较

情形	假设		假设 H_0 的水平 α 否定域	
	H_0	H_1	U 检验	t 检验
1	$a{=}b$	$a{\neq}b$	$\{\lvert U\rvert{\geqslant}u_{\frac{\alpha}{2}}\}$	$\{\lvert t\rvert{\geqslant}t_{\frac{\alpha}{2}}(m{+}n{-}2)\}$
2	$a{\leqslant}b$	$a{>}b$	$\{U{\geqslant}u_\alpha\}$	$\{t{\geqslant}t_\alpha(m{+}n{-}2)\}$
3	$a{\geqslant}b$	$a{<}b$	$\{U{\leqslant}{-}u_\alpha\}$	$\{t{\leqslant}{-}t_\alpha(m{+}n{-}2)\}$

例 8.3.1 为研究一种化肥对某种农作物的效力,选了 13 块条件相当的地种植这种作物,在其中 6 块上施肥,在其余 7 块上不施肥. 结果,施肥的平均单产为

---

* 当 σ_x^2,σ_y^2 未知时,$\sigma_x^2{=}\sigma_y^2$ 是比较均值 p 与 p_0 的前提条件. 当 σ_x^2,σ_y^2,p 未知且 $\sigma_x^2{\neq}\sigma_y^2$ 时,不能用表 8-6 中的方法比较均值 a 与 b,这时可以采用近似的 t 检验.

33 千克,方差为 3.2;未施肥的平均单产为 30 千克,方差为 4. 假设产量服从正态分布律,问实验结果能否说明此肥料提高产量的效力显著?(设显著性水平 $\alpha=0.10$)

解 以 X 和 Y 分别表示施肥和不施肥地块单位面积产量,假设 $X \sim N(a, \sigma_1^2)$,$Y \sim N(b, \sigma_2^2)$. 由条件知:基于来自 X 的容量为 $m=6$ 的简单随机样本,测得样本均值 $\overline{X}=33$,样本方差 $S_x^2=3.2$;基于来自 Y 的容量为 $n=7$ 的简单随机样本,测得样本均值 $\overline{Y}=30$,样本方差 $S_y^2=4$. X 和 Y 的联合样本方差

$$S_{xy}^2 = \frac{5S_x^2 + 6S_y^2}{11} \approx 1.91^2$$

(1)为比较两种情形的平均单位面积产量,先检验假设 $H_0: \sigma_1^2 = \sigma_2^2$,检验的统计量

$$F = \frac{S_x^2}{S_y^2} \tag{8-1}$$

服从自由度为 $(5,6)$ 的 F 分布. 将 $S_x^2 = 3.2$ 和 $S_y^2 = 4$ 代入式(8-1),得 $F=0.8$. 由附表 6,查出自由度为 $(5,6)$ 的 F 分布水平 0.95 和 0.05 的两个临界值:

$$F_{0.95}(5,6) = F_{0.05}^{-1}(6,5) = \frac{1}{4.95} \approx 0.20, \quad F_{0.05}(5,6) = 4.39$$

由于统计量 $F=0.8$ 介于 0.20 和 4.39 之间,从而可以认为假设 $H_0: \sigma_1^2 = \sigma_2^2$ 成立,因此可以用 t 检验比较 X 和 Y 的数学期望 a 和 b.

(2)为判断此肥料提高产量的效力是否显著,需要检验假设 $H_0: a \leqslant b$,假如 H_0 被否定,则说明 a 显著大于 b. 采用 t 检验,检验的统计量

$$t = \frac{\overline{X} - \overline{Y}}{S_{xy}} \sqrt{\frac{mn}{m+n}}$$

服从自由度为 $m+n-2$ 的 t 分布. 对于 $\overline{X}=33$,$S_x^2=3.2$,$m=6$;$\overline{Y}=30$,$S_y^2=4$,$n=7$,得统计量 t 的值为 2.823. 由附表 4 可见 $t > t_\alpha(11) = t_{0.10}(11) = 1.363$,因此在显著性水平 $\alpha=0.10$ 下应否定 $H_0: a \leqslant b$,即说明肥料提高产量的效力显著.

例 8.3.2 某市为比较甲、乙两个居民区户月人均煤气用量,在甲、乙两个居民区分别调查了 8 户和 10 户的月人均煤气用量 X 和 Y(假设都服从正态分布),得如下数据(如表 8-7 所示).

表 8-7

X	7.68	6.99	5.91	10.13	6.70	7.97	8.62	6.44		
Y	6.14	5.60	4.75	7.98	6.88	5.37	5.43	6.37	5.16	6.57

（1）两区户月人均煤气用量是否有显著差异？

（2）甲区户月人均煤气用量是否明显高于乙区？（取显著性水平 0.05）

解　设 $X \sim N(a, \sigma_1^2), Y \sim N(b, \sigma_2^2)$. 基于分别来自 X 和 Y 的容量为 $m = 8$ 和 $n = 10$ 的样本，经计算得 $\bar{X} = 7.56, S_x = 1.36; \bar{Y} = 6.02, S_y = 0.94; S_{xy} = 1.14$.

（1）为判断两区户月人均煤气用量是否有显著差异，需要检验假设 $H_0: a = b$，而为此应先检验假设 $H_0': \sigma_1^2 = \sigma_2^2$. 有

$$F = \frac{S_x^2}{S_y^2} = \left(\frac{1.36}{0.94}\right)^2 = 2.0932, \qquad t = \frac{\bar{X} - \bar{Y}}{S_{xy}} \sqrt{\frac{mn}{m+n}} = 2.85$$

由附表 6 查出自由度为 $(7, 9)$ 的 F 分布水平分别为 0.975 和 0.025 的两个临界值：$F_{0.975}(7, 9) = F_{0.025}^{-1}(9, 7) = \frac{1}{4.82} = 0.208; F_{0.025}(7, 9) = 4.20$. 由于统计量 $F = 2.0932$ 介于 0.208 和 4.20 之间，从而可以认为假设 $H_0: \sigma_1^2 = \sigma_2^2$ 成立，因此可以用 t 检验比较 X 和 Y 的数学期望 a 和 b.

由附表 4 可见 $t_{\frac{0.05}{2}}(16) = 2.120$. 因为统计量 $|t| = 2.85 > 2.120$，所以在显著性水平 $\alpha = 0.05$ 下应否定 $H_0: a = b$，即说明两区户月人均煤气用量在水平 0.05 下有显著差异.

（2）为判断甲区户月人均煤气用量是否明显高于乙区，需要检验假设 $H_0: a \leqslant b$，如果假设被否定，则说明甲区户月人均煤气用量明显高于乙区. 假设 $H_0: a \leqslant b$ 在水平 α 的否定域相应为

$$\{t \geqslant t_\alpha(m+n-2)\}$$

对于自由度 16，由附表 4 查出临界值

$$t_{0.05}(16) = 1.746$$

由于统计量 $t = 2.85 > t_{0.05}(16) = 1.746$，从而拒绝 $H_0: a \leqslant b$，可以断定甲区每户月人均煤气用量明显高于乙区.

习　题　八

8.1　某校毕业班历年语文毕业成绩接近 $N(78.5, 7.6^2)$，今年毕业 40 名学生，平均分数为 76.4 分，有人说这届学生的语文水平和历届学生相比不相上下，这个说法能接受吗？（$\alpha = 0.05$）

8.2　某运动设备制造厂生产出一种新的人造钓鱼线，其平均切断力为 8 kg，标准差 $\sigma = 0.5$ kg，现对 50 条随机样本进行检验，测得其平均切断力为 7.8 kg，试检验假设 $H_0: \mu = 8$ kg，$H_1: \mu \neq 8$ kg.（取 $\alpha = 0.01$）

8.3 某药厂生产一种抗菌素,已知在正常生产情况下每瓶抗菌素的某项主要指标服从均值为 23.0 的正态分布.某日开工后,测得 5 瓶的数据如下:

$$22.3 \quad 21.5 \quad 22.0 \quad 21.8 \quad 21.4$$

问该日生产是否正常?($\alpha = 0.01$)

8.4 设 $X_1, X_2, \cdots, X_n$ 是来自正态总体 $N(\mu, \sigma^2)$ 的简单随机样本,其中参数 μ, σ^2 未知,记 $\bar{X} = \frac{1}{n}\sum_{i=1}^{n} X_i$, $Q^2 = \sum_{i=1}^{n}(X_i - \bar{X})^2$,则假设 $H_0: \mu = 0$ 的 t 检验使用统计量 T 怎么选取?

8.5 已知某厂生产的维尼龙纤度(表示粗细程度的量)服从正态分布,其中方差 $\sigma_0^2 = 0.048^2$. 现抽取 9 根,测得纤度分别为

$$1.38 \quad 1.40 \quad 1.55 \quad 1.46 \quad 1.48 \quad 1.51 \quad 1.40 \quad 1.44 \quad 1.38$$

问今日生产的维尼龙纤度的方差 σ^2 是否有显著性的变化?($\alpha = 0.05$)

8.6 一种元件,要求其使用寿命不得低于 1 000 h. 现在从一批这种元件中任取 25 件,测得其寿命平均值为 950 h,已知该种元件寿命服从均方差 $\sigma = 100$ h 的正态分布,问这批元件是否合格?($\alpha = 0.05$)

8.7 某种合金弦的抗拉强度 $X \sim N(\mu, \sigma^2)$,过去经验 $\mu \leqslant 10\ 560 (\text{kg/cm}^2)$. 今用新工艺生产了一批弦线,随机取 10 根做抗拉试验,测得数据如下:

$$10\ 512 \quad 10\ 632 \quad 10\ 668 \quad 10\ 554 \quad 10\ 776$$
$$10\ 707 \quad 10\ 557 \quad 10\ 581 \quad 10\ 666 \quad 10\ 670$$

问这批抗拉强度是否提高了?($\alpha = 0.05$)

8.8 某种导线,要求其电阻的标准差不得超过 0.005 Ω,今在生产的一批导线中取样品 9 根,测得 $S = 0.007$ Ω,设总体(电阻)X 服从正态分布,问在显著性水平 $\alpha = 0.05$ 下能否认为这批导线电阻的标准差显著的偏大吗?

8.9 某工厂采用新法处理废水,今对处理后的水测量所含某种有毒物质的浓度,得到 10 个数据(单位:mg/L):22,14,17,13,21,16,15,16,19,18. 而以往用老方法处理废水后,该种有毒物质的平均浓度为 19.问新方法是否比老法效果好?假设有毒物质浓度 $X \sim N(\mu, \sigma^2)$,检验水平 $\alpha = 0.05$.

8.10 某厂生产的电子元件,其电阻值服从正态分布,平均电阻值 $\mu = 2.6$ Ω. 今该厂换了一种材料生产同类产品,从中抽查了 20 个,测得其样本电阻均值为 3.0 Ω,样本标准差 $S = 0.11$ Ω,问新材料生产的元件其平均电阻较之原来的元件的平均电阻是否有明显的提高?($\alpha = 0.05$)

8.11 已知某种溶液中水分含量 $X \sim N(\mu, \sigma^2)$,并要求平均水分含量 μ 不低于 0.5%.今测定该溶液 9 个样本,得到平均水分含量为 0.451%,均方差 $S =$

0.039%,试在显著性水平 $\alpha=0.05$ 下检验溶液水分含量是否合格.

8.12 设甲、乙两厂生产相同的灯泡,其寿命分别服从正态分布 $N(\mu_1,84^2)$ 和 $N(\mu_2,96^2)$.现从两厂生产的灯泡中分别取 60 只和 70 只,测得甲厂平均寿命为 1 295 h,乙厂为 1 230 h,能否认为两厂生产的灯泡寿命无显著差异?$(\alpha=0.05)$

8.13 某种物品在处理前后分别取样本分析其含脂率,得到数据如下:

处理前	0.29	0.18	0.31	0.30	0.36	0.32	0.28	0.12	0.30	0.27
处理后	0.15	0.13	0.09	0.07	0.24	0.19	0.04	0.08	0.20	0.12	0.24

假设处理前后含脂率都服从正态分布且方差不变,问处理前后的含脂率是否有显著性的变化?$(\alpha=0.05)$

8.14 某项实验比较两种不同塑料材料的耐磨程度,并对各块的磨损深度进行观察.取材料 1,样本大小 $n_1=12$,平均磨损深度 $\bar{x}_1=85$ 个单位,标准差 $S_1=4$;取材料 2,样本大小 $n_2=10$,平均磨损深度 $\bar{x}_2=81$ 个单位,标准差 $S_2=5$.在 $\alpha=0.05$ 下,是否能推论出材料 1 比材料 2 的磨损值超过 2 个单位?假定两个总体是方差相同的正态总体.

8.15 机床厂某日从两台机器所加工的同一种零件中分别抽取若干个测量其尺寸,得到数据如下:

甲机器	6.2	5.7	6.5	6.0	6.3	5.8	5.7	6.0	6.0	5.8	6.0
乙机器	5.6	5.9	5.6	5.7	5.8	6.0	5.5	5.7	5.5		

问这两台机器的加工精度是否有显著差异?$(\alpha=0.05)$

8.16 两台机床加工同一种零件,现从中分别取 6 个和 9 个零件,量其长度得 $S_1^2=0.345$,$S_2^2=0.357$,假设零件长度服从正态分布,问是否可认为两台机床加工的零件长度的方差无显著差异?$(\alpha=0.05)$

8.17 现测得两批电子器件的样本的电阻(单位:Ω)如下:

A 批	0.140	0.138	0.143	0.142	0.144	0.137
B 批	0.135	0.140	0.142	0.136	0.138	0.140

已知这两批器件的电阻值分别服从正态分布 $N(\mu_1,\sigma_1^2)$ 和 $N(\mu_2,\sigma_2^2)$,且两样本独立,试问这两批电子器件的电阻值是否有显著性差异?$(\alpha=0.05)$

8.18 用两种工艺生产的某种电子元件的抗击穿强度 X 和 Y 为随机变量,分布分别为 $N(\mu_1,\sigma_1^2)$ 和 $N(\mu_2,\sigma_2^2)$(单位:V).某日分别抽取 9 只和 6 只样品,测得抗击穿强度数据分别为 $x_1,\cdots,x_9$ 和 $y_1,\cdots,y_6$,并算得

$$\sum_{i=1}^{9} x_i = 370.80, \quad \sum_{i=1}^{9} x_i^2 = 15\ 280.17$$

$$\sum_{i=1}^{6} y_i = 204.60, \quad \sum_{i=1}^{6} y_i^2 = 6\ 978.93$$

（1）检验 X 和 Y 的方差有无明显差异（取 $\alpha = 0.05$）；

（2）利用（1）的结果求 $\mu_1 - \mu_2$ 的置信度为 0.95 的置信区间.

8.19 有两台光谱仪 I_x, I_y 用来测量材料中某种金属的含量，为鉴定它们的测量结果有无显著的差异，现制备了 9 件试块（其成分、金属含量、均匀性等均各不相同），分别用这两台仪器对每一试块测量一次，得到 9 对观察值如下所示：

$x(\%)$	0.20	0.30	0.40	0.50	0.60	0.70	0.80	0.90	1.00
$y(\%)$	0.10	0.21	0.52	0.32	0.78	0.59	0.68	0.77	0.89
$d = x - y(\%)$	0.10	0.09	-0.12	0.18	-0.18	0.11	0.12	0.13	0.11

问能否认为这两台仪器的测量结果有显著差异？（取 $\alpha = 0.01$）

第九章 线性统计模型

回归分析和方差分析是数理统计的两个分支,在数理统计的其他分支中尤其是在解决实际问题时,它们有着非常重要的用途.本章对这两个分支的基本的内容——线性回归的数学模型及单因素试验的方差分析作简单介绍.

9.1 回归分析

9.1.1 回归分析的基本概念

在现实问题中,非确定性关系是大量存在的.例如,正常人的血压与年龄有一定的关系,一般讲年龄大的人血压相对地高一些,但是它们之间就不能用一个函数关系式表达出来.这些变量(或至少其中有一个是随机变量)之间的关系我们常称为是相关关系.为了深入了解事物的本质,往往也需要我们去寻找这些变量间的数量关系式.回归分析就是寻找这类不完全确定的变量间的数学关系式并进行统计推断的一种方法,在这种关系式中最简单的是线性回归.

9.1.2 线性回归的数学模型

先看一个例子.

例 9.1.1 维尼纶纤维的耐热水性能好坏可以用指标"缩醛化度"y 来衡量.这个指标越高,耐热水性能也越好.而甲醛浓度是影响缩醛化度的重要因素,在生产中常用甲醛浓度 x(克/升)去控制这一指标,为此必须找出它们之间的关系.现安排了一批试验,获得如下数据(如表 9-1 所示).

表 9-1

甲醛浓度 x(克/升)	18	20	22	24	26	28	30
缩醛化度 y(摩尔%)	26.86	28.35	28.75	28.87	29.75	30.00	30.36

若我们去重复这些试验,在同一甲醛浓度 x 下所获得的缩醛化度 y 不完全一致,这表明 x 与 y 之间不能用一个完全确定的函数关系来表达.为了看出它们之间是否有关,若有关又有什么样的关系,可在直角坐标系下作图(见图 9-1).从图

上我们发现随甲醛浓度 x 的增加,缩醛化度 y 也增加,且这些点 $(x_i, y_i)(i=1,2,\cdots,7)$ 近似在一直线附近,但又不完全在一条直线上. 引起这些点 (x_i, y_i) 与直线偏离的原因是由于在生产过程和测试过程中还存在着一些不可控的因素,它们都在影响着试验结果 y_i.

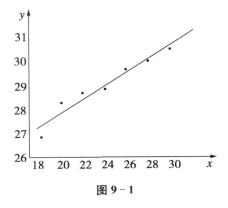

图 9-1

这样我们可以把试验结果看作由两部分叠加而成:一部分是由 x 的线性函数引起的,记为 $\beta_0 + \beta_1 x$;另一部分是由随机因素引起的,记为 ε. 即

$$y = \beta_0 + \beta_1 x + \varepsilon \qquad\qquad (9-1)$$

由于我们把 ε 看成是随机误差,一般来讲,假定它服从 $N(0, \sigma^2)$ 分布是合理的,这也就意味着假定

$$y \sim N(\beta_0 + \beta_1 x, \sigma^2)$$

y 的数学期望是 x 的线性函数.

在式(9-1)中 x 是一般变量,它可以精确测量或可以加以控制,y 是可观测其值的随机变量,β_0, β_1 是未知参数,ε 是不可观测的随机变量,假定它服从 $N(0, \sigma^2)$ 分布.

为了获得 β_0, β_1 的估计,我们就要进行若干次独立试验. 设所得结果为

$$(y_i, x_i), \quad i=1,2,\cdots,n$$

则由式(9-1)知

$$y_i = \beta_0 + \beta_1 x_i + \varepsilon_i, \quad i=1,2,\cdots,n$$

这里 $\varepsilon_1, \varepsilon_2, \cdots, \varepsilon_n$ 是独立随机变量,它们均服从 $N(0, \sigma^2)$. 这就是一元线性回归模型.

一般讲,影响结果 y 的因素往往不止一个,设有 $x_1, x_2, \cdots, x_p$ 共 p 个因素. 这时要通过作图来确定它们的关系是困难的,常可根据经验做出假设. 其中最简单的是假设它们之间有线性关系:

$$y = \beta_0 + \beta_1 x_1 + \cdots + \beta_p x_p + \varepsilon \qquad\qquad (9-2)$$

其中 $x_1, x_2, \cdots, x_p$ 都是可精确测量或可控制的一般变量,y 是可观测的随机变量. $\beta_0, \cdots, \beta_p$ 是未知参数,ε 是服从 $N(0, \sigma^2)$ 分布的不可观测的随机误差. 假如我们对式(9-2)获得了 n 组独立观测值(样本)

$$(y_i; x_{i1}, x_{i2}, \cdots, x_{ip}), \quad i=1,2,\cdots,n \qquad\qquad (9-3)$$

于是由式(9-2)知 y_i 具有数据结构式

$$y_i = \beta_0 + \beta_1 x_{i1} + \cdots \beta_p x_{ip} + \varepsilon_i, \quad i = 1, 2, \cdots, n \tag{9-4}$$

其中 $\varepsilon_1, \varepsilon_2, \cdots, \varepsilon_n$ 相互独立,且均服从 $N(0, \sigma^2)$. 这就是 p 元线性回归模型.

对 p 元线性回归模型我们将研究下面几个问题:

(1) 根据样本(9-3)去估计未知参数 $\beta_0, \beta_1, \cdots \beta_p, \sigma^2$,从而建立 y 与 $x_1, x_2, \cdots x_p$ 间的数量关系式(常称为回归方程);

(2) 对由此得到的数量关系式的可信度进行统计检验;

(3) 检验各变量 $x_1, x_2, \cdots, x_p$ 分别对指标是否有显著影响.

下面就分别来讨论这些问题.

1. 参数估计

我们首先讨论如何由式(9-3)去估计式(9-2)中的参数 $\beta_0, \beta_1, \cdots, \beta_p$ 及 σ^2 的问题.

设 $\beta_0, \beta_1, \cdots, \beta_p$ 的估计分别记为 $\hat{\beta}_0, \hat{\beta}_1, \cdots, \hat{\beta}_p$,那我们就可以得到一个 p 元线性方程:

$$y = \hat{\beta}_0 + \hat{\beta}_1 x_1 + \cdots + \hat{\beta}_p x_p \tag{9-5}$$

称式(9-5)为 p 元线性回归方程. 对式(9-3)的每一样本点 $(x_{i1}, x_{i2}, \cdots, x_{ip})$ 由式(9-5)可求得相应的值:

$$\hat{y}_i = \hat{\beta}_0 + \hat{\beta}_1 x_{i1} + \cdots + \hat{\beta}_p x_{ip} \tag{9-6}$$

称由式(9-6)所求得的 $\hat{y}_i$ 为回归值. 我们总希望由估计 $\hat{\beta}_0, \hat{\beta}_1, \cdots, \hat{\beta}_p$ 所定出的回归方程能使一切 y_i 与 $\hat{y}_i$ 之间的偏差达到最小,根据最小二乘法的原理,即要求

$$\min_{\beta_0, \beta_1 \cdots \beta_p} \sum_{i=1}^{n} (y_i - \beta_0 - \beta_1 x_{i1} - \cdots - \beta_p x_{ip})^2 = \sum_{i=1}^{n} (y_i - \hat{\beta}_0 - \hat{\beta}_1 x_{i1} - \cdots - \hat{\beta}_p x_{ip})^2$$

所以我们只要求使

$$Q(\beta_0, \beta_1, \cdots, \beta_p) = \sum_{i=1}^{n} (y_i - \beta_0 - \beta_1 x_{i1} - \cdots - \beta_p x_{ip})^2$$

达到最小的 $\beta_0, \beta_1, \cdots, \beta_p$. 由于 Q 是 $\beta_0, \beta_1, \cdots, \beta_p$ 的一个非负二次型,故其最小值必存在,根据微积分的理论知道只要求 Q 对 $\beta_0, \beta_1, \cdots, \beta_p$ 的一阶偏导数为 0:

$$\begin{cases} \dfrac{\partial Q}{\partial \beta_0} = -2 \sum_{i=1}^{n} (y_i - \beta_0 - \beta_1 x_{i1} - \cdots - \beta_p x_{ip}) = 0, \\[2mm] \dfrac{\partial Q}{\partial \beta_j} = -2 \sum_{i=1}^{n} (y_i - \beta_0 - \beta_1 x_{i1} - \cdots - \beta_p x_{ip}) x_{ij} = 0, \end{cases} \quad j = 1, 2, \cdots, p$$

经整理即得关于 $\beta_0, \beta_1, \cdots, \beta_p$ 的一个线性方程组（以下"$\sum$"均表示"$\sum\limits_{i=1}^{n}$"）：

$$\begin{cases} n\beta_0 + \sum x_{i1}\beta_1 + \cdots + \sum x_{ip}\beta_p = \sum y_i, \\ \sum x_{i1}\beta_0 + \sum x_{i1}^2\beta_1 + \cdots \sum x_{i1}x_{ip}\beta_p = \sum x_{i1}y_i, \\ \quad\vdots \\ \sum x_{ip}\beta_0 + \sum x_{ip}x_{i1}\beta_1 + \cdots \sum x_{ip}^2\beta_p = \sum x_{ip}y_i \end{cases} \qquad (9-7)$$

称(9-7)为正规方程组，其解称为 $\beta_0, \beta_1, \cdots, \beta_p$ 的最小二乘估计.

方程组(9-7)可用矩阵形式简洁得表示出来. 令

$$\boldsymbol{X} = \begin{bmatrix} 1 & x_{11} & \cdots & x_{1p} \\ 1 & x_{21} & \cdots & x_{2p} \\ \vdots & \vdots & & \vdots \\ 1 & x_{n1} & \cdots & x_{np} \end{bmatrix}, \quad \boldsymbol{Y} = \begin{bmatrix} y_1 \\ y_2 \\ \vdots \\ y_n \end{bmatrix}, \quad \boldsymbol{\beta} = \begin{bmatrix} \beta_0 \\ \beta_1 \\ \vdots \\ \beta_p \end{bmatrix}$$

若记方程组(9-7)的系数矩阵为 $\boldsymbol{A}$，常数项矩阵为 $\boldsymbol{B}$，则 A 恰为 $\boldsymbol{X'X}$，$\boldsymbol{B}$ 恰为 $\boldsymbol{X'Y}$，因而用矩阵形式表示即为

$$\boldsymbol{X'X\beta} = \boldsymbol{X'Y} \qquad (9-8)$$

称 $\boldsymbol{X}$ 为结构矩阵，它说明 $\boldsymbol{Y}$ 的数学期望的结构. $A = \boldsymbol{X'X}$ 为正规方程组的系数矩阵，$\boldsymbol{B} = \boldsymbol{X'Y}$ 为正规方程组的常数项矩阵. 在回归分析中通常 $\boldsymbol{A}^{-1}$ 存在，这时最小二乘估计 $\hat{\boldsymbol{\beta}}$ 可表示为

$$\hat{\boldsymbol{\beta}} = (\boldsymbol{X'X})^{-1}\boldsymbol{X'Y} \qquad (9-9)$$

当我们求得了 $\boldsymbol{\beta}$ 的最小二乘估计 $\hat{\boldsymbol{\beta}}$ 后，就可建立回归方程(9-6)，从而我们可以利用它对指标进行预报和控制. 例如，给出任意一组变量 $x_1, x_2 \cdots, x_p$ 的值($x_{01}, x_{02}, \cdots, x_{0p}$)后就可根据式(9-6)求得对应的 y_0 的预测值：

$$\hat{y}_0 = \hat{\beta}_0 + \hat{\beta}_1 x_{01} + \cdots + \hat{\beta}_p x_{0p}$$

为了了解预测的精度及控制生产的需要，通常还需求得 σ^2 的估计.

为求 σ^2 的估计，先引入几个名词. 称实测值 y_i 与回归值 $\hat{y}_i$ 的差 $y_i - \hat{y}_i$ 为残差，称

$$\tilde{\boldsymbol{Y}} = \boldsymbol{Y} - \hat{\boldsymbol{Y}} = \boldsymbol{Y} - \boldsymbol{X}\hat{\boldsymbol{\beta}} = [\boldsymbol{I}_n - \boldsymbol{X}(\boldsymbol{X'X})^{-1}\boldsymbol{X'}]\boldsymbol{Y} \qquad (9-10)$$

为残差向量，而称

$$S_E = \sum (y_i - \hat{y}_i)^2 = \tilde{\boldsymbol{Y}}'\tilde{\boldsymbol{Y}}$$

$$= (Y - X\hat{\beta})'(Y - X\hat{\beta})$$

$$= Y'Y - \hat{\beta}'X'Y$$

$$= Y'[I_n - X(X'X)^{-1}X']Y \tag{9-11}$$

为剩余平方和(或残差平方和),(9-11)中各式只是它的不同表示法.

为了给出 σ^2 的无偏估计,先证明一个定理.

定理 9.1.1　$E(S_E) = (n - p - 1)\sigma^2.$ $\tag{9-12}$

证　由(9-11)知

$$E(S_E) = E(\tilde{Y}'\tilde{Y}) = E(\mathrm{tr}\tilde{Y}'\tilde{Y})$$

$$= E(\mathrm{tr}\tilde{Y}\tilde{Y}') = \mathrm{tr}E(\tilde{Y}\tilde{Y}')$$

$$E\tilde{Y} = E(Y - X\hat{\beta}) = E[Y - X(X'X)^{-1}X'Y]$$

$$= X\beta - X(X'X)^{-1}X'X\beta = 0$$

故

$$E(\tilde{Y}\tilde{Y}') = D(\tilde{Y}) = D[(I_n - X(X'X)^{-1}X')Y]$$

$$= [I_n - X(X'X)^{-1}X']D(Y)[I_n - X(X'X)^{-1}X']$$

$$= [I_n - X(X'X)^{-1}X'][I_n - X(X'X)^{-1}X']\sigma^2$$

$$= \sigma^2[I_n - X(X'X)^{-1}X']$$

将它代入 $E(S_E)$ 的表示式得

$$E(S_E) = \mathrm{tr}\sigma^2[I_n - X(X'X)^{-1}X']$$

$$= \sigma^2[\mathrm{tr}I_n - \mathrm{tr}X(X'X)^{-1}X'X]$$

$$= \sigma^2(n - \mathrm{tr}I_{p+1}) = \sigma^2(n - p - 1)$$

定理证毕.

由式(9-12)可知

$$\hat{\sigma}^2 = \frac{S_E}{n - p - 1} \tag{9-13}$$

是 σ^2 的无偏估计.

例 9.1.2　求一元线性回归

$$y_i = \beta_0 + \beta_1 x_i + \varepsilon_i, \quad i = 1, 2, \cdots, n$$

中参数 β_0, β_1 的最小二乘估计及 σ^2 的无偏估计,其中 x_1, x_2, $\cdots$, x_n 不全相同.

解   我们用矩阵形式写出其正规方程组.先写出 X, Y 矩阵

$$X = \begin{bmatrix} 1 & x_1 \\ 1 & x_2 \\ \vdots & \vdots \\ 1 & x_n \end{bmatrix}, \quad Y = \begin{bmatrix} y_1 \\ y_2 \\ \vdots \\ y_n \end{bmatrix}$$

$$X'X = \begin{bmatrix} n & \sum x_i \\ \sum x_i & \sum x_i^2 \end{bmatrix}, \quad X'Y = \begin{bmatrix} \sum y_i \\ \sum x_i y_i \end{bmatrix}$$

从而由(9-8)得正规方程组为

$$\begin{cases} n\beta_0 + \sum x_i \beta_1 = \sum y_i \\ \sum x_i \beta_0 + \sum x_i^2 \beta_1 = \sum x_i y_i \end{cases} \tag{9-14}$$

当然我们可通过求逆矩阵的方法求出 $\hat{\beta}_0$ 与 $\hat{\beta}_1$,但这里直接解方程组很简单,所以我们采用直接解方程组的方法.从(9-14)的第一式知

$$\hat{\beta}_0 = \bar{y} - \hat{\beta}_1 \bar{x}$$

其中 $\bar{x} = \dfrac{1}{n} \sum x_i$, $\bar{y} = \dfrac{1}{n} \sum y_i$. 将它代入(9-14)的第二式,由 x_1, $x_2 \cdots$, x_n 不全相等可知

$$\hat{\beta}_1 = \frac{\sum x_i y_i - n \bar{x}\,\bar{y}}{\sum x_i^2 - n\bar{x}^2} = \frac{\sum (x_i - \bar{x})(y_i - \bar{y})}{\sum (x_i - \bar{x})^2}$$

则 β_0, β_1 的最小二乘估计为

$$\begin{cases} \hat{\beta}_1 = \dfrac{\sum x_i y_i - n \bar{x}\,\bar{y}}{\sum x_i^2 - n\bar{x}^2} \\[2mm] \hat{\beta}_0 = \bar{y} - \hat{\beta}_1 \bar{x} \end{cases} \tag{9-15}$$

有了 β_0, β_1 后我们利用(9-13)来求 $\hat{\sigma}^2$.先由(9-11)求 S_E:

$$S_E = Y'Y - \hat{\boldsymbol{\beta}} X'Y$$

$$= \sum y_i^2 - (\hat{\beta}_0 n\bar{y} + \hat{\beta}_1 \sum x_i y_i)$$

$$= \sum y_i^2 - [(\bar{y} - \hat{\beta}_1 \bar{x})n\bar{y} + \hat{\beta}_1 \sum x_i y_i]$$

$$= \sum y_i^2 - n\bar{y}^2 - \hat{\beta}_1 \left(\sum x_i y_i - n\bar{x}\,\bar{y} \right)$$

由于在本例中 $p = 1$,故再由(9 - 13)知

$$\hat{\sigma}^2 = \frac{\sum y_i^2 - n\bar{y}^2 - \hat{\beta}_1 \left(\sum x_i y_i - n\bar{x}\,\bar{y} \right)}{n - 2} \tag{9 - 16}$$

我们可以利用本例的结果(9 - 15)与(9 - 16)来求例 9.1.1 中 β_0,β_1 的最小二乘估计及 σ^2 的无偏估计. 由计算可知缩醛化度关于甲醛浓度的回归方程是

$$\hat{y} = 22.648\,6 + 0.264\,3x$$

根据此方程可以通过甲醛浓度来预测缩醛化度.

可以通过类似的方法解决 p 元($p > 1$)线性回归模型中参数估计问题,因限于篇幅,这里不做介绍.

2. 假设检验

在 p 元线性回归模型(9 - 4)中除了参数估计问题外,还有如下的一些显著性检验问题.

(1) 变量 y 与 $x_1, x_2, \cdots, x_p$ 之间是否确有线性关系?如果它们之间没有线性关系,那么一切 $\beta_i (i = 1, 2, \cdots, p)$ 均应为 0. 这相当于检验假设

$$H_0 : \beta_1 = \beta_2 = \cdots = \beta_p = 0 \tag{9 - 17}$$

是否成立.

(2) 假如 y 与 $x_1, x_2, \cdots, x_p$ 之间确有线性关系,但是否每个变量都起着显著作用呢?如果因子 x_j 对 y 作用不显著,那么 β_j 应该是 0. 因此要检验因子 x_j 对 y 是否有显著影响,就相当于要检验假设

$$H_{0j} : \beta_j = 0, \quad (j = 1, 2, \cdots, p) \tag{9 - 18}$$

是否成立.

我们知道 $y_1, y_2, \cdots, y_n$ 之所以有差异,一般是由下述两个原因引起的:一是当 y 与 $x_1, x_2, \cdots, x_p$ 之间确有线性关系时,由于 $x_1, x_2, \cdots, x_p$ 取值的不同而引起 y_i 取值的不同;另一个是由于除去 y 与 $x_1, x_2, \cdots, x_p$ 的线性关系以外的一切因素引起的,包括 $x_1, x_2, \cdots, x_p$ 对 y 的非线性影响以及其他一切未加控制的随机因素. 通常我们用数据的总的偏差平方和来衡量数据波动的大小:

$$S_T = \sum (y_i - \bar{y})^2$$

$$= \sum (y_i - \hat{y}_i)^2 + \sum (\hat{y}_i - \bar{y})^2 + 2 \sum (y_i - \hat{y}_i)(\hat{y}_i - \bar{y})$$

利用正规方程组(9 - 7)可知

$$\sum (y_i - \hat{y}_i)(\hat{y}_i - \bar{y}) = 0$$

所以我们就得到了平方和分解式:

$$\sum (y_i - \bar{y})^2 = \sum (y_i - \hat{y}_i)^2 + \sum (\hat{y}_i - \bar{y})^2$$

或记为

$$S_T = S_E + S_R \tag{9-19}$$

其中

$$S_E = \sum (y_i - \hat{y}_i)^2$$

即为(9-11)所示的剩余平方和,它反映了除去 y 与 $x_1, x_2, \cdots, x_p$ 的线性关系以外一切因素引起的数据 y_i 间的波动. 而

$$S_R = \sum (\hat{y}_i - \bar{y})^2 = \sum_i \Big[\sum_{u=1}^{p} \hat{\beta}_u (x_{iu} - \bar{x}_u) \Big]^2$$

$$= \sum_i \sum_u \sum_v \hat{\beta}_u \hat{\beta}_v (x_{iu} - \bar{x}_u)(x_{iv} - \bar{x}_v)$$

称为回归平方和,它主要反映了由变量 $x_1, x_2, \cdots, x_p$ 的变化引起 y_i 间的波动. 我们通过平方和分解式(9-19)将这两个原因在数值上基本分开了.

在 p 元线性回归模型(9-4)中,当假设(9-17)为真时,一切 $y_i \sim N(\beta_0, \sigma^2)$, $i = 1, 2, \cdots, n$, 且相互独立,从而在(9-17)为真时

$$\frac{1}{\sigma^2} S_T \sim \chi^2 (n-1)$$

又由于矩阵 $\boldsymbol{X}$ 的秩为 $p+1$,于是 $\dfrac{1}{\sigma^2} S_E \sim \chi^2 (n-p-1)$, 而 S_R 是正态变量的平方和,可证明其自由度为 p,故 $(n-p-1)+p = n-1$.

可以证明假设(9-17)为真时,有

$$F = \frac{S_R / p}{S_E / (n-p-1)} \sim F(p, n-p-1)$$

这就是用来检验假设(9-17)的统计量,按照一般显著性检验的程序,在给定的显著性水平 α 下,当 $F > F_{1-\alpha}(p, n-p-1)$ 时拒绝假设(9-17),即认为 y 与 $x_1, x_2, \cdots, x_p$ 之间确有线性关系.

在具体计算中,我们往往先计算下述各量: S_T, S_R, S_E;然后再计算

$$F = \frac{S_R / p}{S_E / (n-p-1)}$$

下面我们利用这些量对例 9.1.1 所求得的回归方程进行检验.

对例 9.1.1 要检验的假设是

$$H_0 : \beta_1 = 0$$

为此先计算各偏差平方和. 利用前面的结果有

$$S_T = 8.4931$$

$$S_R = 0.2643 \times 29.6 = 7.8233$$

$$S_E = S_T - S_R = 0.6698$$

$$F = \frac{S_R / 1}{S_E / (7 - 1 - 1)} = 58.40$$

取 $\alpha = 0.05$, 由 F 分布表查得 $F_{0.95}(1, 5) = 6.61$. 由于 $58.40 > 6.61$, 故拒绝 H_0, 即认为在 $\alpha = 0.05$ 水平下, 缩醛化度对甲醛浓度的回归方程有显著意义.

下面我们再来说明(9-18)的检验问题. 由前文知 $\hat{\beta}_j \sim N(\beta_j, c_{ij} \sigma^2)$, 其中 $\hat{\beta}_j$ 与 $\hat{\sigma}^2$ 相互独立, 因此在假设(9-18)为真时, $t_j = \dfrac{\hat{\beta}_j}{\sqrt{c_{ij}}\,\hat{\sigma}} \sim t(n - p - 1)$ 就是用来检验第 j 个因子是否显著的统计量. 按照一般显著性检验程序, 对给定的显著性水平 α, 当 $|t_j| > t_{1-\frac{\alpha}{2}}(n - p - 1)$ 时拒绝假设(9-18).

9.2　方差分析

在生产和科研中, 常常需要分析哪些因素对产品的产量、质量有显著影响, 并希望知道有显著影响的因素在什么状态下使产量、质量、性能等指标产生最好的结果. 例如, 影响某化工产品产得率的因素有原料配比、溶液浓度、温度、压力和催化剂种类等多种; 影响农作物产量的则有品种、肥料种类、施肥量、雨水量、光照、温度、播种量等多种因素. 为寻求最佳的生产条件, 就需要在各种因素的不同状态下进行试验, 并对试验结果进行统计分析. 方差分析就是分析测试结果的一种方法.

我们称试验中其状态发生变化的因素为因子, 各因子在试验中的不同状态为水平. 如果在一项试验中只有一个因素在变化, 称之为单因素试验; 如果有两个因素在变化, 称之为双因素试验; 如果有两个以上的因素在变化, 则称之为多因素试验. 在这里我们讨论单因素试验的方差分析.

9.2.1　基本概念

先看下面一个例子.

例 9.2.1　设有 3 台同样型号的机器, 用于生产厚度为 2.5 mm 的铝板. 现要

了解各台机器所生产的铝板的平均厚度是否相同,分别从每台机器的产品中抽取5张铝板进行测试,得如下数据(单位:mm):

机器一:2.36,2.38,2.48,2.45,2.43;

机器二:2.57,2.53,2.55,2.54,2.61;

机器三:2.58,2.64,2.59,2.67,2.62.

分析这3台机器生产的铝板的厚度有无显著差异.

在例9.2.1中,试验指标是铝板的厚度,影响这项指标的因素是机器,而原材料规格、操作人员的技术水平等因素认为相同,因此这是单因素试验. 由测试数据能够看出第一台机器比其他两台机器生产的铝板薄一些,而这种差异是由于机器之间存在着差别而产生的还是由于随机误差产生的则是要分析考虑的问题.

一般,在单因素试验中用 A 表示因素. 根据因素 A 的变化所分成的等级或组别,称为因素 A 的水平.设 A 有 m 个水平,分别用 $A_1,A_2,\cdots,A_m$ 表示.例如,在例9.2.1中,因素 A 是机器,它有3个水平 A_1,A_2,A_3,分别表示机器一、机器二和机器三. 对因素 A 的每个水平可以独立进行相等次数或不相等次数的重复试验,其中比较简单并且常用的是进行次数相等的重复试验. 设次数为 n,则在例 9.2.1 中 $n=5$. 关于次数不相等的重复试验问题,这里不做介绍.

设在水平 A_j 下 n 次试验得到的数据为

$$x_{1j},x_{2j},\cdots,x_{nj} \quad (j=1,2,\cdots,m)$$

可将这些数据看作是来自水平 A_j 下的总体的容量为 n 的样本的观测值,相应的样本记为

$$X_{1j},X_{2j},\cdots,X_{nj} \quad (j=1,2,\cdots,m) \tag{9-20}$$

在例9.2.1中,$m=3,n=5$,从每台机器的产品中抽取5张铝板进行厚度测试所得到的数据可看成从一个总体中抽取的容量为5的样本的观测值,共有3个总体.将这3个总体的期望分别记为 μ_1,μ_2,μ_3,则例9.2.1的问题可以归为检验假设

$$H_0:\mu_1=\mu_2=\mu_3, \quad H_1:\mu_1,\mu_2,\mu_3 \text{ 不全相等} \tag{9-21}$$

如果这3个总体均为正态总体,且方差相等,则可以使用关于两个正态总体期望差的 t 检验法分别检验假设

$$H_{01}:\mu_1=\mu_2, \quad H_{11}:\mu_1 \neq \mu_2$$

$$H_{02}:\mu_2=\mu_3, \quad H_{12}:\mu_2 \neq \mu_3$$

$$H_{03}:\mu_1=\mu_3, \quad H_{13}:\mu_1 \neq \mu_3$$

来解决问题(9-21).但这种做法过于麻烦,特别当 m 较大时更是如此,因此必须采用方差分析的方法解决问题.

9.2.2　数学模型

对因素的第 j 个水平 A_j，来自 A_j 下的总体的容量为 n 的样本是 $X_{1j}, X_{2j}, \cdots,$ $X_{nj}(j=1,2,\cdots,m)$. 现设这 m 个总体均是正态总体，并且具有相同的方差 σ^2（这称为方差齐性，方差齐性的假定是进行方差分析的前提），期望分别为 $\mu_1, \mu_2, \cdots, \mu_m$. 此外，设 m 个总体相互独立. 于是

$$X_{ij} \sim N(\mu_j, \sigma^2) \qquad (i=1,2,\cdots,n; j=1,2,\cdots,m) \qquad (9-22)$$

从而得到

$$X_{ij} - \mu_j \sim N(0, \sigma^2) \qquad (i=1,2,\cdots,n; j=1,2,\cdots,m)$$

由于随机误差通常服从期望为零的正态分布，这样 $X_{ij} - \mu_j$ 可以看作是随机误差，记为 ε_{ij}，即有

$$\varepsilon_{ij} = X_{ij} - \mu_j \qquad (i=1,2,\cdots,n; j=1,2,\cdots,m)$$

综上所述，得到单因素试验方差分析的数学模型：

$$\begin{cases} X_{ij} = \mu_j + \varepsilon_{ij}, \\ \varepsilon_{ij} \sim N(0, \sigma^2), \quad i=1,2,\cdots,n; j=1,2,\cdots,m \\ \text{各 } \varepsilon_{ij} \text{ 相互独立}, \end{cases} \qquad (9-23)$$

其中，$\mu_j(j=1,2,\cdots,m)$ 和 σ^2 未知.

在上述模型下，所要检验的假设为

$$H_0: \mu_1 = \mu_2 = \cdots = \mu_m, \quad H_1: \mu_1, \mu_2, \cdots, \mu_m \text{ 不全相等} \qquad (9-24)$$

同时对未知参数 $\mu_1, \mu_2, \cdots, \mu_m$ 和 σ^2 进行估计.

如果假设检验的结果是接受假设 H_0，则认为因素 A 水平的改变对试验指标没有显著影响；如果拒绝 H_0，则认为因素 A 水平的改变对试验指标有显著影响.

为检验假设（9-24），需构造适当的检验统计量. 我们利用平方和分解式（9-19）.

这里

$$S_T = \sum_{j=1}^m \sum_{i=1}^n (X_{ij} - \bar{X})^2, \quad \text{其中} \bar{X} = \frac{1}{mn} \sum_{j=1}^m \sum_{i=1}^n X_{ij}$$

$$S_E = \sum_{j=1}^m \sum_{i=1}^n (X_{ij} - \bar{X}_j)^2, \quad \text{其中} \bar{X}_j = \frac{1}{n} \sum_{i=1}^n X_{ij} \quad (j=1,2,\cdots,m)$$

$$S_A = n \sum_{j=1}^m (\bar{X}_j - \bar{X})^2$$

上式中，S_E 表示每个总体的样本内部的波动之和，是由随机误差引起的，称为

误差平方和;S_A 由因素 A 的各水平 $A_1, A_2, \cdots, A_m$ 及随机误差引起,称为因素 A 的组间平方和. 如果 S_A 显著大于 S_E,则假设 H_0 可能不成立. 在构造检验假设(9-24)时所用的检验统计量中要用到 S_E 和 S_A.

9.2.3　检验统计量和拒绝域

可以证明 $S_E/\sigma^2 \sim \chi^2(m(n-1))$,当假设 H_0(式(9-24))成立时 $\dfrac{S_A}{\sigma^2} \sim \chi^2(m-1)$,$\dfrac{S_T}{\sigma^2} \sim \chi^2(mn-1)$,并且 S_A 和 S_E 相互独立.

如前所述,考虑比值 $\dfrac{S_A}{S_E}$ 的大小,为了数学上处理方便,构造检验统计量

$$F = \frac{S_A/(m-1)}{S_E/[m(n-1)]} \qquad (9-25)$$

由 F 分布的定义可知 H_0 成立时,有

$$F \sim F(m-1, m(n-1))$$

拒绝域的形式为 $F \geqslant k$,k 值由下式确定:

$$P\{拒绝 H_0 \mid H_0 成立\} = P\{F \geqslant k \mid H_0 成立\} = \alpha$$

其中 α 为显著性水平. 由 F 分布的上侧分位数的定义,我们可得 $k = F_\alpha(m-1, m(n-1))$,从而拒绝域为

$$F = \frac{S_A/(m-1)}{S_E/[m(n-1)]} \geqslant F_\alpha(m-1, m(n-1))$$

9.2.4　方差分析表和 S_A, S_E 的计算公式

记 $\overline{S}_A = \dfrac{S_A}{m-1}$,$\overline{S}_E = \dfrac{S_E}{m(n-1)}$,称 $\overline{S}_A, \overline{S}_E$ 为均方.

可把上述结果形成单因素试验方差分析表,如表 9-2 所示.

表 9-2　单因素试验方差分析表

方差来源	平方和	自由度	均方	F
因素 A	S_A	$m-1$	$\overline{S}_A = \dfrac{S_A}{m-1}$	$F = \dfrac{\overline{S}_A}{\overline{S}_E}$
误差	S_E	$m(n-1)$	$\overline{S}_E = \dfrac{S_E}{m(n-1)}$	
总和	S_T	$mn-1$		

S_A, S_E 的定义见式(9-19).具体计算时,可使用下面的公式:

$$S_A = \frac{1}{n} \sum_{j=1}^{m} \left(\sum_{i=1}^{n} X_{ij} \right)^2 - \frac{1}{mn} \left(\sum_{j=1}^{m} \sum_{i=1}^{n} X_{ij} \right)^2$$

$$S_E = \sum_{j=1}^{m} \sum_{i=1}^{n} X_{ij}^2 - \frac{1}{n} \sum_{j=1}^{m} \left(\sum_{i=1}^{n} X_{ij} \right)^2$$

上述两个公式的推导从略.

例 9.2.2　在水平 $\alpha = 0.05$ 下,对例 9.2.1 中 3 台机器生产的铝板厚度有无显著性差异进行检验.

解　在水平 $\alpha = 0.05$ 下,检验假设

$$H_0 : \mu_1 = \mu_2 = \mu_3, \quad H_1 : \mu_1, \mu_2, \mu_3 \text{ 不全相等}$$

计算得到 $S_A = 0.1053, S_E = 0.0192, S_T = 0.1245$,方差分析表见表 9-3.

表 9-3　例 9.2.2 的方差分析表

方差来源	平方和	自由度	均方	F
因素 A	0.105 3	2	0.052 7	32.937 5
误差	0.019 2	12	0.001 6	
总和	0.124 5	14		

由附表 6 可查到

$$F_\alpha(m-1, m(n-1)) = F_{0.05}(2, 12) = 3.89$$

由于 $32.937\,5 > 3.89$,因此拒绝 H_0,即 3 台机器生产的铝板厚度有显著差异.

习　题　九

9.1　某炼铝厂检测所产铸模用的铝的硬度 x 与抗张强度 y 所得数据如表 9-4 所示.

表 9-4

铝的硬度 x	68	53	70	84	60	72	51	83	70	64
抗张强度 y	288	293	349	343	290	354	283	324	340	286

(1) 求 y 对 x 的回归方程;

(2) 在显著性水平 $\alpha = 0.05$ 下检验回归方程的显著性;

(3) 试预报当铝的硬度 $x = 65$ 时的抗张强度 y.($\alpha = 0.05$)

9.2　　某服装公司在服装标准的制定过程中调查了很多人的身材,得到一系列的服装各部位的尺寸与身高、胸围等的关系.例如表9-5给出的就是一组女青年身高 x 与裤长 y 的数据.

表 9-5

i	x	y	i	x	y	i	x	y
1	168	107	11	158	100	21	156	99
2	162	103	12	156	99	22	164	107
3	160	103	13	165	105	23	168	108
4	160	102	14	158	101	24	165	106
5	156	100	15	166	105	25	162	103
6	157	100	16	162	105	26	158	101
7	162	102	17	150	97	27	157	101
8	159	101	18	152	98	28	172	110
9	168	107	19	156	101	29	147	95
10	159	100	20	159	103	30	155	99

（1）求裤长 y 对身高 x 的回归方程；

（2）在显著性水平 $\alpha = 0.01$ 下检验回归方程的显著性.

9.3　　某研究所研究高磷钢的效率与出钢量和 FeO 的关系,测得数据如表9-6所示(表中 y 表示效率,x_1 是出钢量,x_2 是 FeO).

表 9-6

i	x_1	x_2	y	i	x_1	x_2	y	i	x_1	x_2	y
1	115.3	14.2	83.5	7	101.4	13.5	84.0	13	88.0	16.4	81.5
2	96.5	14.6	78.0	8	109.8	20.0	80.0	14	88.0	18.1	85.7
3	56.9	14.9	73.0	9	103.4	13.0	88.0	15	108.9	15.4	81.9
4	101.0	14.9	91.4	10	110.6	15.3	86.5	16	89.5	18.3	79.1
5	102.9	18.2	83.4	11	80.3	12.9	81.0	17	104.4	13.8	89.9
6	87.9	13.2	82.0	12	93.0	14.7	88.6	18	101.9	12.2	80.6

（1）假设效率与出钢量和 FeO 有线性相关关系,求回归方程

$$\hat{y} = b_0 + b_1 x_1 + b_2 x_2$$

（2）检验回归方程的显著性.(取 $\alpha = 0.10$)

9.4　　今有某种型号的电池三批,它们分别是 A,B,C 三个工厂生产的.为评比

质量,各随机抽取5只电池为样品,经试验得其寿命(h)如表9-7所示.试在显著水平 $\alpha = 0.05$ 下检验这三个工厂生产的电池的平均寿命有无显著差异.

表 9-7

工厂	电池寿命(h)				
A	40	48	38	42	45
B	26	34	30	28	32
C	39	40	43	50	50

9.5　表9-8给出了小白鼠在接种不同菌型伤寒杆菌后的存活日数,试问接种这三种菌型后平均存活日数有无显著差异?($\alpha = 0.05$)

表 9-8

菌型	存活日数									
Ⅰ	2	4	3	2	4	7	7	2	5	4
Ⅱ	5	6	8	5	10	7	12	6	6	
Ⅲ	7	11	6	6	7	9	5	10	6	3	10

9.6　将20头猪仔随机地分成四组,每组5头.现每组给一种饲料,在一定时间内每头猪增重(kg)情况如表9-9所示,问这四种饲料对猪仔的增重有无显著影响?($\alpha = 0.05$)

表 9-9

组别	A	B	C	D
	60	73	95	88
	65	67	105	53
重量(kg)	61	68	99	90
	67	66	102	84
	64	71	103	87

第十章　MATLAB 在数理统计中的应用

在应用统计过程中,一般要进行大量的数据运算,计算量很大,因此需要借助于计算机工具.现在有许多统计分析软件系统,学会运用这些软件完成统计量计算,会产生事倍功半之效.

MATLAB 统计工具箱(Statistics Toolbox)是功能强大的统计分析系统,它集数值分析、统计计算、矩阵计算和图形显示等多种强大的功能于一体,具有便捷、界面友好的用户环境.

10.1　MATLAB 数学软件的入门

10.1.1　实验目的

(1)熟悉 MATLAB 数学软件的进入和退出、MATLAB 工作窗口;

(2)熟悉矩阵与数组的输入、修改、显示以及简单的运算,熟悉常用函数与操作键的使用以及基本注意事项.

10.1.2　实验内容

1. MATLAB 简介

MATLAB 是 MATrix 和 LABoratory 的缩写,它将计算、可视化和编程功能集成在非常便于使用的环境中,是一个交互式的以矩阵计算为基础的科学和工程计算软件. MATLAB 的特点可以简要地归纳如下.

(1)编程效率高:与 Fortran、C 等语言相比,它更接近我们通常进行计算时的思维方式,用它编程犹如在纸上书写计算公式,编程时间和程序量大大减少.

(2)计算功能强:它以不必指定维数的矩阵和数组作为主要数据对象,矩阵和向量计算功能特别强,库函数也很丰富,非常适用于科学和工程计算.

(3)使用简便:其语言灵活、方便,将编译、连接、执行融为一体,在同一画面上排除书写语法等错误,加快了用户编写、修改、调试程序的速度,计算结果也用人们十分熟悉的数学符号表示出来,具有初步计算机知识的人几个小时就可以基本掌握它.

(4)易于扩充:用户根据需要建立的文件可以与库函数一样被调用,从而提高了使用效率,扩充了计算功能,同时它还可以与 Fortran、C 语言子程序混合编程.

此外,它还有很方便的绘图功能.

为了解决各种特殊的科学和工程计算问题,MATLAB 系统提供了许多个工具箱(Toolbox).工具箱实际上是对 MATLAB 进行扩展应用的一系列 MATLAB 函数(称为 M 文件),它可用来求解各类学科的问题,包括信号处理、图像处理、控制、系统辨识、神经网络等.随着 MATLAB 版本的不断升级,其所含的工具箱的功能也越来越丰富,因此应用范围也越来越广泛,成为涉及数值分析的各类工程师不可不用的工具.

2. MATLAB 的安装和进入/退出

(1) Windows 版本的 MATLAB 安装步骤

① 启动 Windows 操作系统,打开 Windows 资源管理器;

② 在 Windows 资源管理器中选择 MATLAB 系统安装盘,察看光盘中的安装文件 setup. exe;

③ 用鼠标双击安装文件 setup. exe,屏幕上出现一些选择对话框;

④ 用鼠标点击所有选择对话框的 OK 按钮,则系统就在你的计算机上安装了 MATLAB 数学软件,这样你的计算机就可以运行 MATLAB 了.

(2) MATLAB 的进入/退出

在 MATLAB 成功安装后,会在 Windows 桌面上自动生成 MATLAB 的快捷方式图标 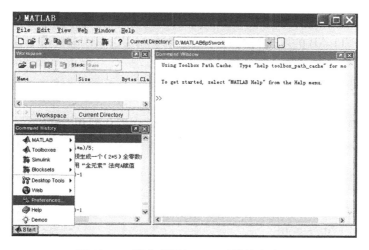,双击该图标,就可以打开如图 10 - 1 所示的操作桌面 MATLAB 6.5.lnk

(Desktop).注意:桌面上窗口的多少与设置有关,图 10 - 1 所示为缺省情况,前台有 3 个窗口.

图 10 - 1　操作桌面(Desktop)的缺省外貌

    MATLAB 指令窗（Command Window）缺省的位于 MATLAB 的右方，如图 10-1 所示.假如用户希望得到脱离操作桌面的几何独立指令窗，只要点击该指令窗右上角的↗键，就可获得如图 10-2 所示的指令窗.

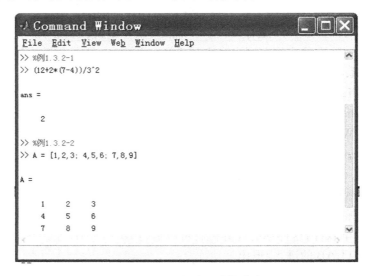

图 10-2　几何独立的指令窗

有以下三种方法可以结束 MATLAB：

① exit；

② quit；

③ 直接关闭 MATLAB 的命令视窗（Command Window）.

3. MATLAB 工作环境

运行 MATLAB 的可执行文件，自动创建 MATLAB 6.5 指令窗（Command Window）.

    如果你是个初学者，可以在指令窗键入 demo，这可是学习的好帮手.

        ＞＞demo↙

一旦发现指令不知如何使用时，help 命令将告诉你使用.例：

        ＞＞help sin↙

    SIN　Sine.

    SIN(X) is the sine of the elements of X.

    Overloaded methods

    help sym/sin. m

    在 MATLAB 下进行基本数学运算，只需将运算式直接打入提示号（＞＞）之后，并按入 Enter 键即可.例如：

$(10*19+2/4-34)/2*3$↙

ans= 234.7500

　　MATLAB 会将运算结果直接存入一变量 ans,代表 MATLAB 运算后的答案,并显示在数值屏幕上. 如果在上述的例子结尾加上";",则计算结果不会显示在指令视窗上,要得知计算值只须键入该变数值即可.

　　MATLAB 可以将计算结果以不同的精确度的数字格式显示,我们可以在指令视窗上的功能选单上的 Options 下选 Numerical Format,或者直接在指令视窗键入表 10-1 中的各个数字显示格式的指令.

表 10-1　数据显示格式的控制指令

指　　令	含　　义	举例说明
format format short	通常保证小数点后 4 位有效数字,最多不超过 7 位. 对于大于 1 000 的实数,用 5 位有效数字的科学计数形式显示	314.159 被显示为 314.159 0; 3 141.59 被显示为 3.141 6e+003
format long	15 位数字表示	3.141 592 653 589 79
format short e	5 位科学计数表示	3.141 6e+00
format long e	15 位科学计数表示	3.141 592 653 589 79e+00
format short g	从 format short 和 format short e 中自动选择最佳计数方式	3.141 6
format long g	从 format long 和 format long e 中自动选择最佳计数方式	3.141 592 653 589 79

　　MATLAB 利用了↑↓两个游标键可以将所用过的指令叫回来重复使用. 按下↑则前一次指令重新出现,之后再按 Enter 键,即再执行前一次的指令;而↓键的功用则是往后执行指令. 其他在键盘上的几个键如→←,Delete,Insert,其功能则显而易见,试用即知无须多加说明.

　　4. 变量及其命名规则

　　(1) MATLAB 对变量名的大小写是敏感的;

　　(2) 变量的第一个字符必须为英文字母,而且不能超过 31 个字符;

　　(3) 变量名可以包含下划线、数字,但不能为空格符、标点.

　　在 MATLAB 中有一些所谓的预定义的变量(Predefined Variable),每当 MATLAB 启动,这些变量就被产生. 建议:用户在编写指令和程序时应尽可能不对表 10-2 所列的预定义的变量名重新赋值,以免产生混淆.

表 10 - 2   MATLAB 的预定义的变量

ans	预设的计算结果的变量名
eps	MATLAB 定义的正的极小值＝2.2204e−16
pi	内建的 π 值
inf	∞值，无限大（1/0）
NaN	无法定义一个数目（0/0）
i 或 j	虚数单位 i＝j＝(−1)^(1/2)

而键入 clear 则是清除所有定义过的变量名称.

5. MATLAB 赋值语句

MATLAB 书写表达式的规则与"手写算式"差不多相同.

如果一个指令过长可以在结尾加上...（代表此行指令与下一行连续），例如：

>>3 * ...↙

6 ↙

ans ＝

18

再如将 23 赋值给变量 a：

>>a＝23 ↙

6. MATLAB 常用数学函数（见表 10 - 3—10 - 8）

表 10 - 3   三角函数和双曲函数

名称	含义	名称	含义	名称	含义
sin	正弦	sec	正割	asinh	反双曲正弦
cos	余弦	csc	余割	acosh	反双曲余弦
tan	正切	asec	反正割	atanh	反双曲正切
cot	余切	acsc	反余割	acoth	反双曲余切
asin	反正弦	sinh	双曲正弦	sech	双曲正割
acos	反余弦	cosh	双曲余弦	csch	双曲余割
atan	反正切	tanh	双曲正切	asech	反双曲正割
acot	反余切	coth	双曲余切	acsch	反双曲余割

表 10 - 4　指数函数

名称	含义	名称	含义	名称	含义
exp	e 为底的指数	log 10	10 为底的对数	pow 2	2 的幂
log	自然对数	log 2	2 为底的对数	sqrt	平方根

表 10 - 5　复数函数

名称	含义	名称	含义	名称	含义
abs	绝对值	conj	复数共轭	real	复数实部
angle	相角	imag	复数虚部		

表 10 - 6　取整函数和求余函数

名称	含义	名称	含义
ceil	向 $+\infty$ 取整	rem	求余数
fix	向 0 取整	round	向靠近整数取整
floor	向 $-\infty$ 取整	sign	符号函数
mod	模除求余		

表 10 - 7　矩阵变换函数

名称	含义	名称	含义
fiplr	矩阵左右翻转	diag	产生或提取对角阵
fipud	矩阵上下翻转	tril	产生下三角
fipdim	矩阵特定维翻转	triu	产生上三角
Rot 90	矩阵反时针 90 翻转		

表 10 - 8　其他函数

名称	含义	名称	含义
min	最小值	max	最大值
mean	平均值	median	中位数
std	标准差	diff	相邻元素的差
sort	排序	length	个数
norm	欧氏（Euclidean）长度	sum	总和
prod	总乘积	dot	内积
cumsum	累计元素总和	cumprod	累计元素总乘积
cross	外积		

7. MATLAB 系统命令(见表 10 - 9)

表 10 - 9　MATLAB 系统命令

命　令	含　义	命　令	含　义
help	在线帮助	what	显示指定的 MATLAB 文件
helpwin	在线帮助窗口	lookfor	在 help 里搜索关键字
helpdesk	在线帮助工作台	which	定位函数或文件
demo	运行演示程序	path	获取或设置搜索路径
ver	版本信息	echo	命令回显
readme	显示 readme 文件	cd	改变当前的工作目录
who	显示当前变量	pwd	显示当前的工作目录
whos	显示当前变量的详细信息	dir	显示目录内容
clear	清空工作间的变量和函数	unix	执行 unix 命令
pack	整理工作间的内存	dos	执行 dos 命令
load	把文件调入变量到工作间	!	执行操作系统命令
save	把变量存入文件中	computer	计算机类型
quit/exit	退出 MATLAB		

8. MATLAB 语言中的关系与逻辑运算

在执行关系及逻辑运算时,MATLAB 将输入的不为零的数值都视为真(True),而为零的数值则视为假(False).运算的输出值将判断为真者以 1 表示,而判断为假者以 0 表示.各个运算符须用在两个大小相同的数组或是矩阵中的比较,见表 10 - 10、表 10 - 11、表 10 - 12.

表 10 - 10　关系运算

指令	含义	指令	含义
<	小于	>=	大于等于
<=	小于等于	==	等于
>	大于	~=	不等于

```
>>a=1:2:11;↙
>>b=2:1:7;↙
>>a>b↙
ans =
      0    0    1    1    1    1
>>a==b↙
ans =
      0    1    0    0    0    0
```

>>a>=b ↙

ans =

　　0　　1　　1　　1　　1　　1

>>a-(b>4) ↙

ans =

　　1　　3　　5　　6　　8　　10

表 10-11　逻辑运算

指令	含义
&	逻辑 and
|	逻辑 or
~	逻辑 not

>>(a<2)|(b>6) ↙

ans =

　　1　　0　　0　　0　　0　　1

>>c=a+(a>3)|(b<6) ↙

c =

　　1　　1　　1　　1　　1　　1

表 10-12　逻辑关系函数

指令	含义
xor	不相同就取 1,否则取 0
any	只要有非 0 就取 1,否则取 0
all	全为 1 取 1,否则为 0
isnan	为数 NaN 取 1,否则为 0
isinf	为数 inf 取 1,否则为 0
isfinite	有限大小元素取 1,否则为 0
ischar	是字符串取 1,否则为 0
isequal	相等取 1,否则取 0
ismember	两个矩阵是属于关系取 1,否则取 0
isempty	矩阵为空取 1,否则取 0
isletter	是字母取 1,否则取 0(可以是字符串)
isstudent	学生版取 1
isprime	质数取 1,否则取 0
isreal	实数取 1,否则取 0
isspace	空格位置取 1,否则取 0

>>isequal(a,b) ↙

ans =

　　　　0

>>isreal(a) ↙

ans =

　　　　1

>>isstudent ↙

ans =

　　　　0

9. 矩阵及运算

(1) 数组

MATLAB 的运算事实上是以数组（Array）及矩阵（Matrix）方式在做运算.

建立一个数组时,如果是要个别键入元素,须用中括号[ ]将元素置于其中. 数组为一维元素所构成,而矩阵为多维元素所组成. 例如:

　　>> x=[1 2 3 4 5 6 7 8]; ↙　　　％ 一维 1×8 数组

　　>> x=[1 2 3 4 5 6 7 8;4 5 6 7 8 9 10 11]; ↙　　　％ 二维 2×8 矩阵,
　　　　　　　　　　　　　　　　　　　　　　　以";"区隔各列
　　　　　　　　　　　　　　　　　　　　　　　的元素

　　>> x = [1 2 3 4 5 6 7 8　　　％ 二维 2×8 矩阵,各列的元素分二行
　　4 5 6 7 8 9 10 11]; ↙　　　　　　　键入

　　>> x(3)　　　％ x 的第三个元素

　　ans =

　　　　2

　　>> x([1 2 5]) ↙　　　％ x 的第一、二、五个元素

　　ans =

　　　　1　　　4　　　3

　　>>x(1:5) ↙　　　％ x 的前五个元素

　　ans =

　　　　1　　　4　　　2　　　5　　　3

　　>> x(10:end) ↙　　　％ x 的第十个元素及以后的元素

　　ans =

　　　　8　　　6　　　9　　　7　　　10　　　8　　　11

　　>> x(10:-1:2) ↙　　　％ x 的第十个元素至第二个元素的倒排

　　ans =

　　　　8　　　5　　　7　　　4　　　6　　　3　　　5　　　2　　　4

　　>> x(find(x>5))　　　　% x 中大于 5 的元素

ans =

　　　　6　　　7　　　8　　　6　　　9　　　7　　　10　　　8　　　11

　　>> x(4)=100　　　　%给 x 的第四个元素重新给值

x =

　　　　1　　　2　　　3　　　4　　　5　　　6　　　7　　　8
　　　　4　　100　　　6　　　7　　　8　　　9　　　10　　　11

　　>> x(3)=[]　　　　%删除第三个元素

x =

　　　Columns 1 through 10
　　　　1　　　4　　100　　　3　　　6　　　4　　　7　　　5　　　8　　　6
　　　Columns 11 through 15
　　　　9　　　7　　　10　　　8　　　11

　　>> x(16)=1　　　　%加入第十六个元素

x =

　　　Columns 1 through 10
　　　　1　　　4　　100　　　3　　　6　　　4　　　7　　　5　　　8　　　6
　　　Columns 11 through 16
　　　　9　　　7　　　10　　　8　　　11　　　1

　（2）建立数组

　　上面的方法只适用于元素不多的情况,而当元素很多的时候则须采用以下的方式:

　　　　>>x=0:0.02:1;　　　　%起始值=0、增量值=0.02、终止值=1 的
　　　　　　　　　　　　　　　　数组
　　　　>>x=linspace(0,1,100);　　　　%利用 linspace,以区隔起始值=0、
　　　　　　　　　　　　　　　　终止值=1 之间的元素数目=100
　　　　>>a=[]　　%空矩阵
　　　a =
　　　　[]
　　　>> zeros(2,2)　　　　%全为 0 的矩阵
　　　ans =
　　　　　0　　　0
　　　　　0　　　　　0
　　　>> ones(3,3)　　　　%全为 1 的矩阵
　　　ans =

$$
\begin{matrix}
1 & 1 & 1 \\
1 & 1 & 1 \\
1 & 1 & 1
\end{matrix}
$$

\>\>rand(2,4);↙   %随机矩阵

\>\>a=1:7, b=1:0.2:5;↙   %更直接的方式

\>\>c=[b a];↙   %可利用先前建立的数组 a 及数组 b 组成新数组

\>\>a=1:1:10;↙

\>\>b=0.1:0.1:1;↙

\>\>a+b*i↙   %复数数组

ans=

Columns 1 through 4

1.0000+0.1000i   2.0000+0.2000i   3.0000+0.3000i   4.0000+0.4000i

Columns 5 through 8

5.0000+0.5000i   6.0000+0.6000i   7.0000+0.7000i   8.0000+0.8000i

Columns 9 through 10

9.0000+0.9000i   10.0000+1.0000i

在 MATLAB 的内部资料结构中,每一个矩阵都是一个以行为主(Column-Oriented)的数组(Array),因此对于矩阵元素的存取,我们可用一维或二维的索引(Index)来定址.

(3) 矩阵的运算(见表 10-13)

表 10-13   经典的算术运算符

经　典　的　算　术　运　算　符		
	运　算　符	MATLAB 表达式
加	+	a+b
减	−	a−b
乘	*	a*b
除	/ 或 \	a/b 或 a\b
幂	ˆ	aˆb

前面我们已经把经典的算术运算符告诉大家了,在这里同样也可以使用.

\>\> a=1:1:10;↙

\>\> b=0:10:90;↙

```
>> a+b ↙
ans =
     1    12    23    34    45    56    67    78    89   100
>> a-b ↙
ans =
     1    -8   -17   -26   -35   -44   -53   -62   -71
-80
>> a. * b ↙      %注意这里 a 后加了个 "."
ans =
     0    20    60   120   200   300   420   560   720   900
>> a/b ↙
ans =
     0.1158
>> a\b ↙
ans =
     0     0     0     0     0     0     0     0     0     0
     0     0     0     0     0     0     0     0     0     0
     0     0     0     0     0     0     0     0     0     0
     0     0     0     0     0     0     0     0     0     0
     0     0     0     0     0     0     0     0     0     0
     0     0     0     0     0     0     0     0     0     0
     0     0     0     0     0     0     0     0     0     0
     0     0     0     0     0     0     0     0     0     0
     0     0     0     0     0     0     0     0     0     0
     0     1     2     3     4     5     6     7     8     9
>> a. /b ↙
ans =
  Columns 1 through 7
  If   0.2000    0.1500    0.1333    0.1250    0.1200    0.1167
  Columns 8 through 10
  0.1143    0.1125    0.1111
>> a. \b ↙
ans =
  Columns 1 through 7
     0    5.0000    6.6667    7.5000    8.0000    8.3333    8.5714
```

Columns 8 through 10

8.7500   8.8889   9.0000

　　>> a.^2 ↙

ans =

　　1   4   9   16   25   36   49   64   81   100

说明：在这里特别要注意加"."与没有加"."之间的区别,这些算术运算符所运算的两个数组是否需要长度一致.

（4）矩阵转置运算

通过在矩阵变量后加'的方法来表示转置运算. 例如：

　　>>a=1:1:10; ↙

　　>>b=0:10:90; ↙

　　>>a' ↙

ans =

　　1
　　2
　　3
　　4
　　5
　　6
　　7
　　8
　　9
　　10

　　>>c=a-b*i; ↙

　　>>c' ↙

ans =

　　1.0000
　　2.0000 -10.0000i
　　3.0000 -20.0000i
　　4.0000 -30.0000i
　　5.0000 -40.0000i
　　6.0000 -50.0000i
　　7.0000 -60.0000i
　　8.0000 -70.0000i
　　9.0000 -80.0000i

10.0000 —90.0000i

10.2　数据的处理与分析

10.2.1　实验目的

了解统计数据的描述、直方图、常用统计量的计算.

10.2.2　实验内容

1. 数据的输入

在进行编程时往往需要输入数据,通过对数据的处理去分析和解决实际问题.

数据输入的方法主要有以下三种.

方法 1:在 MATLAB 交互环境下直接输入. 该法一般用于数据比较小的情况,也就是在 MATLAB 命令窗口中直接输入等待处理的数据,输入方式同矩阵的直接输入方式.

方法 2:利用 M 文件的形式输入数据. 该法一般用于数量较大且不以计算机可读形式存在时,用户可以编写一个包含数据库的 M 文件,然后通过执行 M 文件达到数据输入的目的.

方法 3:利用读数据文件的命令 Load 读入数据. Load 命令的格式是
　　　　　　　　Load 文件名.(扩展名)

注意:所读的文件应是纯文本文件的格式. 如果所读的文件是记事本,使用 load 文件时的格式为 load ∗.txt;如果所读的文件是 word 文档,使用 load 文件时的格式为 load ∗.doc. 事实上,这条语句在 MATLAB 的工作区中创建了一个与文件名相同的变量,该变量表示的矩阵即为文件中数据组成的矩阵.

2. 数据的统计分析

MATLAB 提供的对一组数据进行统计计算的基本函数如表 10 - 14 所示.

表 10 - 14　基本的统计函数

函数名称	功能简介
$\text{Max}(x)$	求最大值
$\text{Min}(x)$	求最小值
$\text{Diff}(x)$	计算元素之间的差

函数名称	功能简介
Median(x)	求中值
Geomean(x)	求几何平均值
Harmmean(x)	求调和平均值
Mean(x)	求算术平均值
Std(x)	求样本标准差
Var(x)	求样本方差
Sort(x)	对数据进行排序
Histogram(x)	画出直方图或棒图
Correocf(x)	求相关系数
Cov(x)	求协方差矩阵

例 10.2.1　基本统计函数的使用范例.

解　① 编写 exam100. m 文件.

```
A＝rand(5,4)↙        ％产生一个 5 行 4 列的矩阵
A1MAX＝max(A)↙        ％求各列中的最大值
A2MAX＝max(A1MAX)↙        ％求矩阵的最大值
AMED＝median(A)↙        ％求矩阵中各列元素的中值
AMEAN＝mean(A)↙        ％求矩阵中各列元素的平均值
ASTD＝std(A)↙        ％求矩阵中各列元素的标准差
```

② 运行 MATLAB 命令文件 exam100. m.

```
exam100 ↙
A＝0.7216    0.5009    0.7365    0.9290
   0.8414    0.3304    0.4877    0.0158
   0.8213    0.2305    0.9858    0.7277
   0.5436    0.6049    0.9785    0.7338
   0.3644    0.0473    0.1423    0.0679
A1MAX＝0.8414    0.6049    0.9858    0.9290
A2MAX＝0.9858
AMED＝0.7216    0.3304    0.7365    0.7277
ASTD＝0.2023    0.2201    0.3574    0.4217
```

例 10.2.2　某学校随机抽取 100 名学生,测得身高(cm)、体重(kg)如表 10-15 所示.

（1）求这100名学生身高（cm）、体重（kg）的频数表和直方图；

（2）求各统计量的值.

表 10 - 15　100名学生的身高与体重

身高	体重	身高	体重	身高	体重	身高	体重	身高	体重
172	75	169	55	169	64	171	65	167	47
171	62	168	67	165	52	169	62	168	65
166	62	168	65	164	59	170	58	165	64
160	55	175	67	173	74	172	64	168	57
155	57	176	64	172	69	169	58	176	57
173	58	168	50	169	52	167	72	170	57
166	55	161	49	173	57	175	76	158	51
170	63	169	63	173	61	164	59	165	62
167	53	171	61	166	70	166	63	172	53
173	60	178	64	163	57	169	54	169	66
178	60	177	66	170	56	167	54	169	58
173	73	170	58	160	65	179	62	172	50
163	47	173	67	165	58	176	63	162	52
165	66	172	59	177	66	182	69	175	75
170	60	170	62	169	63	186	77	174	66
163	50	172	59	176	60	166	76	167	63
172	57	177	58	177	67	169	72	166	50
182	63	176	68	172	56	173	59	174	64
171	59	175	68	165	56	169	65	168	62
177	64	184	70	166	49	171	71	170	59

解　（1）① 数据输入

方法1：在MATLAB交互环境下直接输入.

方法2：读入数据文件 load s1. txt,s1 为 100×2 的矩阵,第一列为身高,第二列为体重.

① 用 hist 命令作频数表和直方图（区间个数为10,可省略）

　　[N,X]＝hist(s1(:,1),10) 100名学生身高的频数表；

　　[N,X]＝hist(s1(:,2),10) 100名学生体重的频数表；

　　hist(s1(:,1),10) 100名学生身高的直方图；

　　hist(s1(:,2),10) 100名学生体重的直方图；

MATLAB命令：

load s1. txt ✓   ％利用第二种方法输入数据

Disp('显示身高的频数表：'),[N,X]＝hist(s1(:,1),10)✓   ％列出身高的频数表

运行结果如下：

　　显示身高的频数表：

　　N＝2　3　6　18　26　22　11　8　2　2

　　X＝156.5500　159.6500　162.7500　165.8500　168.9500　172.0500

175.1500　178.2500　181.3500　184.4500

　　Disp('显示体重的频数表：'),[N,X]＝hist(s1(:,2),10)✓   ％列出体重的频数表

运行结果如下：

　　显示体重的频数表：

　　N＝8　6　8　21　13　19　11　5　4　5

　　X＝48.5000　51.5000　54.5000　57.5000　60.5000　63.5000

66.5000　69.5000　72.5000　75.5000

下面把图形窗口分为两个字图，分别画身高和体重的直方图，见图10-3.

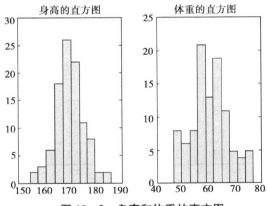

图 10-3　身高和体重的直方图

Subplot(1,2,1)，hist(s1(:,1),10),title('身高的直方图')✓

Subplot(1,2,2)，hist(s1(:,2),10),title('体重的直方图')✓

（2）计算各统计量

load s1. txt ✓

a＝s1(:,1)；b＝s1(:,2);✓

a1＝min(a);a2＝max(a);a3＝mean(a);a4＝std(a);

disp(['身高',blanks(5),'最小值',blanks(5),'最大值',blanks(5),'平均值',blanks(5),'标准差']),disp([a1,a2,a3,a4])✓

运行结果如下：

身高	最小值	最大值	平均值	标准差
	155.0000	186.0000	170.2500	5.4018

分析：从运行结果我们可以看到身高的最大值为 186 cm，最小值为 155 cm，平均值为 170.25 cm，标准差为 5.401 8 cm.

　　　　b1＝min(b)；b2＝max(b)；b3＝mean(b)；b4＝std(b)；

　　　　disp(['体重',blanks(5)，'最小值',blanks(5)，'最大值',blanks(5)，'平均值',blanks(5)，'标准差'])，disp([b1,b2,b3,b4]) ↙

运行结果如下：

体重	最小值	最大值	平均值	标准差
	47.0000	77.0000	61.2700	6.8929

分析：从运行结果我们可以看到体重的最大值为 77 kg，最小值为 47 kg，平均值为 61.27 kg，标准差为 6.892 9 kg.

10.3　数据的拟合与插值

10.3.1　实验目的

(1) 了解利用数据的插值与拟合来研究函数的性质；

(2) 熟悉 MATLAB 数学软件的数据插值与拟合的指令.

10.3.2　实验内容

1. 曲线的拟合

实验中所讲的曲线拟合主要以多项式拟合为主.

(1) 多项式拟合

多项式拟合的命令格式：$[p,s]＝polyfit(x,y,n)$

功能：对于已知的数据组 x,y 进行多项式拟合，拟合的多项式的次数是 n，其中 p 为多项式的系数矩阵，s 为预测误差估计值的矩阵.

例 10.3.1　x 取 0 至 1 之间的数，间隔为 0.1；y 为 2.3,2.5,2.1,2.5,3.2, 3.6,3.0,3.1,4.1,5.1,3.8. 分别用二次、三次和七次拟合曲线来拟合这组数据，观察这三组拟合曲线哪个效果更好.

解　① 建立 MATLAB 命令文件 exam101

　　　　clf

　　　　x＝0:.1:1;y=[2.3,2.5,2.1,2.5,3.2,3.6,3.0,3.1,4.1,5.1,3.8]

　　　　p2＝polyfit(x,y,2)；p3＝polyfit(x,y,3)；p7＝polyfit(x,y,7)；

disp('二次拟合曲线'),poly2str(p2,'x')
disp('三次拟合曲线'),poly2str(p3,'x')
disp('七次拟合曲线'),poly2str(p7,'x')
x1＝0:.1:1;
y2＝polyval(p2,x1)；y3＝polyval(p3,x1)；y7＝polyval(p7,x1)；
plot(x,y,'rp',x1,y2,'——',x1,y3,'k—',x1,y7)
legend('拟合点','二次拟合','三次拟合','七次拟合')

② 运行 MATLAB 命令文件(绘出图 10 - 4)

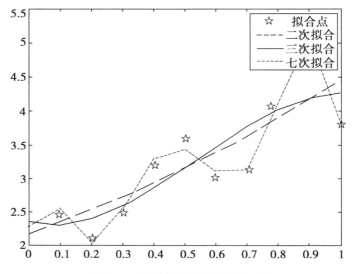

图 10 - 4　拟合数据点及其拟合曲线

exam101

二次拟合曲线

ans＝0.64103 * x^2＋1.6226 * x＋2.1734

三次拟合曲线

ans＝－4.9728 * x^3＋8.1002 * x^2－1.2218 * x＋2.3524

七次拟合曲线

ans＝1056.2558 * x^7－4598.0392 * x^6＋7609.4771 * x^5－6077.9223
* x^4＋2424.1142 * x^3－439.9012 * x^2＋27.5161 * x＋2.2942

分析：从图形上可以看到，此题次数越高拟合程度越好.

例 10.3.2　已知在某实验中测得某质点的位移和速度随时间的变化如下：

$$t＝[0,0.5,1.0,1.5,2.0,2.5,3.0]$$

$$v＝[0,0.4794,0.8415,0.9975,0.9093,0.5985,0.1411]$$

$$s=[1,1.5,2,2.5,3,3.5,4]$$

求质点的速度与位移随时间的变化曲线.

解　①建立 MATLAB 命令文件 exam102.m

```
clf
t=0:.5:3;
s=1:.5:4;
v=[0,0.4794,0.8415,0.9975,0.9093,0.5985,0.1411];
p1=polyfit(t,s,8); p2=polyfit(t,v,8);
tt=0:.1:3;
s1=polyval(p1,tt); v1=polyval(p2,tt);
plot(tt,s1,'r—.',tt,v1,'b',t,s,'p',t,v,'d')
xlabel('t'),ylabel('x(t),y(t)')
legend('位移曲线','速度曲线','位移点','速度点')
```

② 运行 MATLAB 命令文件 exam102.m

exam102.m↙　　　%绘出图形,见图 10－5

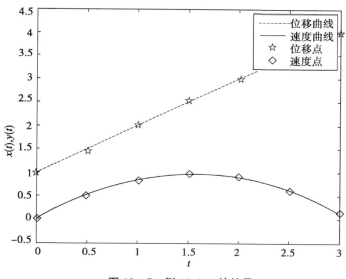

图 10－5　例 10.3.2 的结果

（2）非线性最小二乘拟合

命令形式：leastsq('f',x0)

功能：做非线性最小二乘拟合,其中 f 是 M 函数文件.

例 10.3.3　用表 10－16 中的一组数据拟合 $c(t)=re^{-kt}$ 中系数 r,k,并画出图像(见图 10－6).

表 10 - 16　例 10.3.3 的数据

t	0.25	0.5	1	1.5	2	3	4	6	8
c	19.21	18.15	15.36	14.10	12.98	9.32	7.45	5.24	3.01

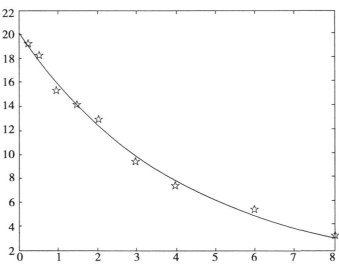

图 10 - 6　函数 $c(t) = 20.241\,3e^{-0.241\,0t}$ 的图像

解　① 建立函数文件 ct.m

function y＝ct(x)

t＝[0.25,0.5,1,1.5,2,3,4,6,8];

c＝[19.21,18.15,15.36,14.10,12.98,9.32,7.45,5.24,3.01];

y＝c－x(1)＊exp(－x(2)＊t)

② 建立 MATLAB 命令文件 exam103.m

x0＝[10,0.5];

t＝[0.25,0.5,1,1.5,2,3,4,6,8];

c＝[19.21,18.15,15.36,14.10,12.98,9.32,7.45,5.24,3.01];

x＝leastsq('ct',x0)

tt＝0:.2:8;

yy＝x(1).＊exp(－x(2).＊tt);

plot(tt,yy,t,c,'rp')

③ 运行命令文件

exam103.m

　　　　　x＝20.2413　　0.2420

　　分析得 $r=20.2413, k=0.2410$.

　　2. 函数的插值

　　插值法由实验或测量的方法得到所求函数 $y=f(x)$ 在互异点 $x_0, x_1, \cdots, x_n$ 处的值 $y_0, y_1, \cdots, y_n$,构造一个简单函数 $\varphi(x)$ 作为函数 $y=f(x)$ 的近似表达式:$y=f(x)\approx\varphi(x)$,使 $\varphi(x_0)=y_0, \varphi(x_1)=y_1, \cdots, \varphi(x_n)=y_n$. $\varphi(x)$ 称为插值函数,它常取为多项式或分段多项式. 与曲线拟合函数不同的是插值函数 $\varphi(x)$ 满足条件 $\varphi(x_0)=y_0, \varphi(x_1)=y_1, \cdots, \varphi(x_n)=y_n$.

　　(1) 一维插值

　　一维插值的命令格式为

$$Y1=\text{interp1}(x, y, X1, 'method')$$

　　功能:根据已知的数据 (x, y),用 method 方法进行插值,然后计算 X1 对应的函数值 Y1.

　　说明:x, y 是已知的数据向量,其中 x 应以升序或降序来排;X1 是插值点的自变量坐标向量;'method' 是用来选择插值算法的,它可以取 'linear'(线性插值)、'cubic'(三次多项式插值)、'nearst'(最临近插值)、'spline'(三次样条插值).

　　例 10.3.4　对 $y=\dfrac{1}{1+x^2}, -5\leqslant x\leqslant 5$,用 11 个节点作三种插值并比较结果.

　　解　① 建立 MATLAB 命令文件 exam104. m

　　　　x0＝−5:.2:5;y0＝1./(1+x0.^2);

　　　　x1＝−5:10/(11−1):5; y1＝1./(1+x1.^2);

　　　　x＝−5:0.5:5;

　　　　y2＝interp1(x1,y1,x,'linear'); y3＝interp1(x1,y1,x,'spine');

　　　　y4＝interp1(x1,y1,x,'nearst');

　　　　subplot(2,2,1),plot(x0,y0,'r−',x1,y1,'p'),title('y=1/(1+x^2)')

　　　　subplot(2,2,2),plot(x0,y0,'r−',x,y2),title('linear')

　　　　subplot(2,2,3),plot(x0,y0,'r−',x,y3),title('spine')

　　　　subplot(2,2,4),plot(x0,y0,'r−',x,y4),title('nearst'),axis([−5,5,−0.4,1.6])

　　② 运行命令文件.

　　　　exam104. m↙　　　%绘出图形,见图 10−7

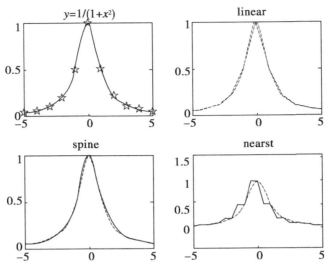

图 10-7　插值节点与不同的插值所得的插值曲线

（2）二维插值

二维插值的命令格式为

$$Z1 = interp2(x, y, z, X1, Y1, 'method')$$

功能：根据已知的数据 (x, y, z)，用 method 方法进行插值，然后计算 $(X1, Y1)$ 对应的函数值 Z1.

说明：x, y 是已知的数据向量，z 是函数值；X1, Y1 是插值点的自变量坐标向量；'method' 是用来选择插值算法的，它可以取 'linear'（双线性插值）、'cubic'（三次多项式插值）、'nearst'（最近插值）.

例 10.3.5　利用二维插值对 peak 函数进行插值.

解　MATLAB 命令文件为

[x,y]=meshgrid(−3:.25:3);↙

z=peaks(x,y);↙

[x1,y1]=meshgrid(−3:.125:3);↙

z1=interp2(x,y,z,x1,y1);↙

mesh(x1,y1,z1)↙　　　%绘出图形，见图 10-8

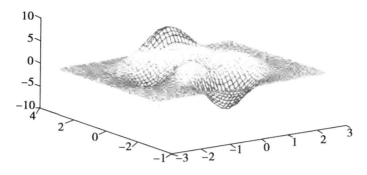

图 10-8　二维插值对 peak 函数进行插值

习　题　十

10.1　（1）简单输入矩阵 $A = \begin{bmatrix} 1 & 2 & 3 \\ 4 & 5 & 6 \\ 7 & 8 & 9 \end{bmatrix}$；

（2）找出 A 的第四个元素；

（3）找出 A 的第一、二、五个元素；

（4）找出 A 的大于 5 的元素；

（5）将 A 的第四个元素重新赋值为 7.

10.2　用 format 的不同格式显示变量 2π，并分析各个格式之间有什么相同和不同之处.

10.3　（1）用冒号生成法创建数组 $a:1,3,5,\cdots,99$ 和 $b:2,4,6,\cdots,100$；

（2）计算 a 与 b 的和；

（3）计算 a 与 b 的差；

（4）计算 a 与 b 的对应元素相乘；

（5）计算 a 的元素被 b 的对应元素除；

（6）a 的每个元素自乘两次.

10.4　用 MATLAB 计算下列各式的数值：

（1）$e^{123} + 1\ 234^{34} \times \log_2 3 \div \cos 21°$；

（2）$\tan(-x^2) \arccos x$，在 $x = 0.25$ 和 $x = 0.78\pi$ 的函数值.

10.5　某校 60 名学生的某次考试成绩如下：

93,75,83,93,91,85,84,82,77,76,77,95,94,89,91,88,86,83,96,81

79,97,78,75,67,69,68,84,83,81,75,66,85,70,94,84,83,82,80,78

74,73,76,70,86,76,90,89,71,66,86,73,80,84,79,78,77,63,53,55

求这 60 名学生成绩的频数表和直方图（6 和 10 个区间），并计算均值、标准差、方差和极差.

10.6 已知数据

$$x = [1.2, 1.4, 1.8, 2.1, 2.4, 2.6, 3.0, 3.3]$$
$$y = [4.85, 5.2, 5.6, 6.2, 6.5, 7.0, 7.5, 8.0]$$

求对 x 与 y 进行一次、二次拟合的拟合系数.

10.7 分别用 2,3,4,6 阶多项式拟合函数 $y = \cos x$，并作出拟合曲线与函数曲线 $y = \cos x$ 进行比较.

10.8 已知 $x = [0.1, 0.8, 1.3, 1.9, 2.5, 3.1]$，$y = [1.2, 1.6, 2.7, 2.0, 1.3, 0.5]$，试用不同的方法求 $x = 2$ 处的插值并分析结果有何不同.

附　　录

附表 1　常用分布、记号及数字特征一览表

（1）离散型分布

名　称	记　号	概率函数	均　值	方　差
0-1 分布	$B(1,p)$	$P(X=k)=p^k(1-p)^{1-k},k=0,1$	p	$p(1-p)$
二项分布	$B(n,p)$	$P(X=k)=C_n^k p^k(1-p)^{n-k},$ $k=0,1,\cdots,n$	np	$np(1-p)$
泊松分布	$P(\lambda)$	$P(X=k)=\mathrm{e}^{-\lambda}\cdot\dfrac{\lambda^k}{k!},$ $k=0,1,2,\cdots$	λ	λ
超几何分布	$H(n,N,M)$	$P(X=k)=\dfrac{C_M^k C_{N-M}^{n-k}}{C_N^n},$ $k=0,1,\cdots,\min\{n,M\}$ $(n,M,N\text{ 为正整数};n\leqslant N,M\leqslant N)$	$\dfrac{nM}{N}$	$\dfrac{nM}{N}\left(1-\dfrac{M}{N}\right)\dfrac{N-n}{N-1}$

（2）连续型分布

名　称	记　号	密度函数	均　值	方　差
均匀分布	$U(a,b)$	$f(x)=\begin{cases}\dfrac{1}{b-a},&a<x<b;\\0,&\text{其他}\end{cases}$	$\dfrac{a+b}{2}$	$\dfrac{(b-a)^2}{12}$
指数分布	$e(\lambda)$	$f(x)=\begin{cases}\lambda\mathrm{e}^{-\lambda x},&x\geqslant0;\\0,&\text{其他}\end{cases}$	$\dfrac{1}{\lambda}$	$\dfrac{1}{\lambda^2}$
正态分布	$N(\mu,\sigma^2)$	$f(x)=\dfrac{1}{\sqrt{2\pi}\sigma}\mathrm{e}^{-\frac{(x-\mu)^2}{2\sigma^2}},$ $-\infty<x<+\infty$	μ	σ^2

附表 2　标准正态分布表

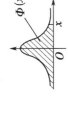

$$\Phi(x) = \int_{-\infty}^{x} \frac{1}{\sqrt{2\pi}} e^{-\frac{u^2}{2}} du$$

x	0	1	2	3	4	5	6	7	8	9
0.0	0.5000	0.5040	0.5080	0.5120	0.5160	0.5199	0.5239	0.5279	0.5319	0.5359
0.1	0.5398	0.5438	0.5478	0.5517	0.5557	0.5596	0.5636	0.5675	0.5714	0.5753
0.2	0.5793	0.5832	0.5871	0.5910	0.5948	0.5987	0.6026	0.6064	0.6103	0.6141
0.3	0.6179	0.6217	0.6255	0.6293	0.6331	0.6368	0.6406	0.6443	0.6480	0.6517
0.4	0.6554	0.6591	0.6628	0.6664	0.6700	0.6736	0.6772	0.6808	0.6844	0.6879
0.5	0.6915	0.6950	0.6985	0.7019	0.7054	0.7088	0.7123	0.7157	0.7190	0.7224
0.6	0.7257	0.7291	0.7324	0.7357	0.7389	0.7422	0.7454	0.7486	0.7517	0.7549
0.7	0.7580	0.7611	0.7642	0.7673	0.7703	0.7734	0.7764	0.7794	0.7823	0.7852
0.8	0.7881	0.7910	0.7939	0.7967	0.7995	0.8023	0.8051	0.8078	0.8106	0.8133
0.9	0.8159	0.8186	0.8212	0.8238	0.8264	0.8289	0.8315	0.8340	0.8365	0.8389
1.0	0.8413	0.8438	0.8461	0.8485	0.8508	0.8531	0.8554	0.8577	0.8599	0.8621
1.1	0.8643	0.8665	0.8686	0.8708	0.8729	0.8749	0.8770	0.8790	0.8810	0.8830
1.2	0.8849	0.8869	0.8888	0.8907	0.8925	0.8944	0.8962	0.8980	0.8997	0.9015

续表

x	0	1	2	3	4	5	6	7	8	9
1.3	0.9032	0.9049	0.9066	0.9082	0.9099	0.9115	0.9131	0.9147	0.9162	0.9177
1.4	0.9192	0.9207	0.9220	0.9236	0.9251	0.9265	0.9278	0.9292	0.9306	0.9319
1.5	0.9332	0.9345	0.9357	0.9370	0.9382	0.9394	0.9406	0.9418	0.9430	0.9441
1.6	0.9452	0.9463	0.9474	0.9484	0.9495	0.9505	0.9515	0.9525	0.9535	0.9545
1.7	0.9554	0.9564	0.9573	0.9582	0.9591	0.9599	0.9608	0.9616	0.9625	0.9633
1.8	0.9641	0.9648	0.9656	0.9664	0.9671	0.9678	0.9686	0.9693	0.9699	0.9706
1.9	0.9713	0.9719	0.9726	0.9732	0.9738	0.9744	0.9750	0.9756	0.9761	0.9767
2.0	0.9772	0.9778	0.9783	0.9788	0.9793	0.9798	0.9803	0.9808	0.9812	0.9817
2.1	0.9821	0.9826	0.9830	0.9834	0.9838	0.9842	0.9846	0.9850	0.9854	0.9857
2.2	0.9861	0.9865	0.9868	0.9871	0.9874	0.9878	0.9881	0.9884	0.9887	0.9890
2.3	0.9893	0.9896	0.9898	0.9901	0.9904	0.9906	0.9909	0.9911	0.9913	0.9916
2.4	0.9918	0.9920	0.9922	0.9925	0.9927	0.9929	0.9931	0.9932	0.9934	0.9936
2.5	0.9938	0.9940	0.9941	0.9943	0.9945	0.9946	0.9948	0.9949	0.9951	0.9952
2.6	0.9953	0.9955	0.9956	0.9957	0.9959	0.9960	0.9961	0.9962	0.9963	0.9964
2.7	0.9965	0.9966	0.9967	0.9968	0.9969	0.9970	0.9971	0.9972	0.9973	0.9974
2.8	0.9974	0.9975	0.9976	0.9977	0.9977	0.9978	0.9979	0.9979	0.9980	0.9981
2.9	0.9981	0.9982	0.9982	0.9983	0.9984	0.9984	0.9985	0.9985	0.9986	0.9986
3.0	0.9987	0.9990	0.9993	0.9995	0.9997	0.9998	0.9998	0.9999	0.9999	1.0000

附表 3　泊松分布表

$$P\{X=k\} = e^{-\lambda} \cdot \frac{\lambda^k}{k!}$$

k	0.1	0.2	0.3	0.4	0.5	0.6	0.7	0.8	0.9	1.0	1.5	2.0
0	0.904 837	0.818 731	0.740 818	0.670 320	0.606 531	0.548 812	0.496 585	0.449 329	0.406 570	0.367 879	0.223 130	0.135 335
1	0.090 484	0.163 746	0.222 245	0.268 128	0.303 265	0.329 287	0.347 610	0.359 463	0.365 913	0.367 879	0.334 695	0.270 671
2	0.004 524	0.016 375	0.033 337	0.053 626	0.075 816	0.098 786	0.121 663	0.143 785	0.164 661	0.183 940	0.251 021	0.270 671
3	0.000 151	0.001 092	0.003 334	0.007 150	0.012 636	0.019 757	0.028 288	0.038 343	0.049 398	0.061 313	0.125 510	0.180 447
4	0.000 004	0.000 055	0.000 250	0.000 715	0.001 580	0.002 964	0.004 968	0.007 669	0.011 115	0.015 328	0.047 067	0.090 224
5		0.000 002	0.000 015	0.000 057	0.000 158	0.000 356	0.000 696	0.001 227	0.002 001	0.003 066	0.014 120	0.036 089
6			0.000 001	0.000 004	0.000 013	0.000 036	0.000 081	0.000 164	0.000 300	0.000 511	0.003 530	0.012 030
7					0.000 001	0.000 003	0.000 008	0.000 019	0.000 039	0.000 073	0.000 756	0.003 437
8							0.000 001	0.000 002	0.000 004	0.000 009	0.000 142	0.000 859
9										0.000 001	0.000 024	0.000 191
10											0.000 004	0.000 038
11												0.000 007
12												0.000 001
…												
…												
29												

续表

| k | λ | | | | | | | | | | |
---	2.5	3.0	3.5	4.0	4.5	5.0	6.0	7.0	8.0	9.0	10.0
0	0.082 085	0.049 787	0.030 197	0.018 316	0.011 109	0.006 738	0.002 479	0.000 912	0.000 335	0.000 123	0.000 045
1	0.205 212	0.149 361	0.105 691	0.073 263	0.049 990	0.033 690	0.014 873	0.006 383	0.002 684	0.001 111	0.000 454
2	0.256 516	0.224 042	0.184 959	0.146 525	0.112 479	0.084 224	0.044 618	0.022 341	0.010 735	0.004 998	0.002 270
3	0.213 763	0.224 042	0.215 785	0.195 367	0.168 718	0.140 374	0.089 235	0.052 129	0.028 626	0.014 994	0.007 567
4	0.133 602	0.168 031	0.188 812	0.195 367	0.189 808	0.175 467	0.133 853	0.091 226	0.057 252	0.033 737	0.018 917
5	0.066 801	0.100 819	0.132 169	0.156 293	0.170 827	0.175 467	0.160 623	0.127 717	0.091 6104	0.060 727	0.037 833
6	0.027 834	0.050 409	0.077 098	0.104 196	0.128 120	0.146 223	0.160 623	0.149 003	0.122 138	0.091 090	0.063 055
7	0.009 941	0.021 604	0.038 549	0.059 540	0.082 363	0.104 445	0.137 677	0.149 003	0.139 587	0.117 116	0.090 079
8	0.003 106	0.008 102	0.016 865	0.029 770	0.046 329	0.065 278	0.103 258	0.130 377	0.139 587	0.131 756	0.112 599
9	0.000 863	0.002 701	0.006 559	0.013 231	0.023 165	0.036 266	0.068 838	0.101 405	0.124 077	0.131 756	0.125 110
10	0.000 216	0.000 810	0.002 296	0.005 292	0.010 424	0.018 133	0.041 303	0.070 983	0.099 262	0.118 580	0.125 110
11	0.000 049	0.000 221	0.000 730	0.001 925	0.004 264	0.008 242	0.022 529	0.045 171	0.072 190	0.097 020	0.113 736
12	0.000 010	0.000 055	0.000 213	0.000 642	0.001 599	0.003 434	0.011 264	0.026 350	0.048 127	0.072 765	0.094 780
13	0.000 002	0.000 013	0.000 057	0.000 197	0.000 554	0.001 320	0.005 199	0.014 188	0.029 616	0.050 376	0.072 908
14		0.000 003	0.000 014	0.000 056	0.000 178	0.000 472	0.002 228	0.007 094	0.016 924	0.032 384	0.052 007
15		0.000 001	0.000 003	0.000 015	0.000 053	0.000 157	0.000 891	0.003 311	0.009 026	0.019 431	0.034 718
16			0.000 001	0.000 004	0.000 015	0.000 049	0.000 334	0.001 448	0.004 513	0.010 930	0.021 699

续表

k	2.5	3.0	3.5	4.0	4.5	5.0	6.0	7.0	8.0	9.0	10.0
										λ	
17				0.000 001	0.000 004	0.000 014	0.000 118	0.000 596	0.002 124	0.005 786	0.012 764
18					0.000 001	0.000 004	0.000 039	0.000 232	0.000 944	0.002 893	0.007 091
19						0.000 001	0.000 012	0.000 085	0.000 397	0.001 370	0.003 732
20							0.000 004	0.000 030	0.000 159	0.000 617	0.001 866
21							0.000 001	0.000 010	0.000 061	0.000 264	0.000 889
22								0.000 003	0.000 022	0.000 108	0.000 404
23								0.000 001	0.000 008	0.000 042	0.000 176
24									0.000 003	0.000 016	0.000 073
25									0.000 001	0.000 006	0.000 029
26										0.000 002	0.000 011
27										0.000 001	0.000 004
28											0.000 001
29											0.000 001

附表 4　t 分布临界值表

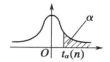

$$P\{t \geqslant t_\alpha(n)\} = \alpha$$

n	$\alpha=0.25$	0.10	0.05	0.025	0.01	0.005
1	1.000 0	3.077 7	6.313 8	12.706 2	31.820 7	63.657 4
2	0.816 5	1.885 6	2.922 0	4.302 7	6.964 6	9.924 8
3	0.764 9	1.637 7	2.353 4	3.182 4	4.546 7	5.840 9
4	0.740 7	1.533 2	2.131 8	2.776 4	3.746 9	4.604 1
5	0.726 7	1.475 9	2.015 0	2.570 6	3.364 9	4.032 2
6	0.717 6	1.439 8	1.943 2	2.446 9	3.142 7	3.707 4
7	0.711 1	1.414 9	1.894 6	2.364 6	2.998 0	3.499 5
8	0.706 4	1.396 8	1.859 5	2.306 0	2.896 5	3.355 4
9	0.702 7	1.383 0	1.833 1	2.262 2	2.821 4	3.249 8
10	0.699 8	1.372 2	1.812 5	2.228 1	2.763 8	3.169 3
11	0.697 4	1.363 4	1.795 9	2.201 0	2.718 1	3.105 8
12	0.695 5	1.356 2	1.782 3	2.178 8	2.681 0	3.054 5
13	0.693 8	1.350 2	1.770 9	2.160 4	2.650 3	3.012 3
14	0.692 4	1.345 0	1.761 3	2.144 8	2.624 5	2.976 8
15	0.691 2	1.340 6	1.753 1	2.131 5	2.602 5	2.946 7
16	0.690 1	1.336 8	1.745 9	2.119 9	2.583 5	2.920 8
17	0.689 2	1.333 4	1.739 6	2.109 8	2.566 9	2.898 2
18	0.688 4	1.330 4	1.734 1	2.100 9	2.552 4	2.878 4
19	0.687 6	1.327 7	1.729 1	2.093 0	2.539 5	2.860 9
20	0.687 0	1.325 3	1.724 7	2.086 0	2.528 0	2.845 3
21	0.686 4	1.323 2	1.720 7	2.079 6	2.517 7	2.831 4
22	0.685 8	1.321 2	1.717 1	2.073 9	2.508 3	2.818 8
23	0.685 3	1.319 5	1.713 9	2.068 7	2.499 9	2.807 3
24	0.684 8	1.317 8	1.710 9	2.063 9	2.492 2	2.796 9
25	0.684 4	1.316 3	1.708 1	2.059 5	2.485 1	2.787 4
26	0.684 0	1.315 0	1.705 6	2.055 5	2.478 6	2.778 7
27	0.683 7	1.313 7	1.703 3	2.051 8	2.472 7	2.770 7
28	0.683 4	1.312 5	1.701 1	2.048 4	2.467 1	2.763 3
29	0.683 0	1.311 4	1.699 1	2.045 2	2.462 0	2.756 4
30	0.682 8	1.310 4	1.697 3	2.042 3	2.457 3	2.750 0
31	0.682 5	1.309 5	1.695 5	2.039 5	2.452 8	2.744 0
32	0.682 2	1.308 6	1.693 9	2.036 9	2.448 7	2.738 5
33	0.682 0	1.307 7	1.692 4	2.034 5	2.444 8	2.733 3
34	0.681 8	1.307 0	1.690 9	2.032 2	2.441 1	2.728 4
35	0.681 6	1.306 2	1.689 6	2.030 1	2.437 7	2.723 8
36	0.681 4	1.305 5	1.688 3	2.028 1	2.434 5	2.719 5
37	0.681 2	1.304 9	1.687 1	2.026 2	2.431 4	2.715 4
38	0.681 0	1.304 2	1.686 0	2.024 4	2.428 6	2.711 6
39	0.680 8	1.303 6	1.684 9	2.022 7	2.425 8	2.707 9
40	0.680 7	1.303 1	1.683 9	2.021 1	2.423 3	2.704 5
41	0.680 5	1.302 5	1.682 9	2.019 5	2.420 8	2.701 2
42	0.680 4	1.302 0	1.682 0	2.018 1	2.418 5	2.698 1
43	0.680 2	1.301 6	1.681 1	2.016 7	2.416 3	2.695 1
44	0.680 1	1.301 1	1.680 2	2.015 4	2.414 1	2.692 3
45	0.680 0	1.300 6	1.679 4	2.014 1	2.412 1	2.689 6

附表 5　χ² 分布的分位表

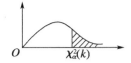

$$P(\chi^2 \geqslant \chi_\alpha^2(k)) = \alpha$$

k＼α	0.995	0.99	0.975	0.95	0.90	0.75	0.50	0.25	0.10	0.05	0.025	0.01	0.005
1	0.0^44	0.0^32	0.001	0.004	0.016	0.102	0.455	1.32	2.71	3.84	5.02	6.64	7.88
2	0.010	0.020	0.051	0.103	0.211	0.575	1.39	2.77	4.61	5.99	7.38	9.21	10.6
3	0.072	0.115	0.216	0.352	0.584	1.21	2.37	4.11	6.25	7.82	9.35	11.3	12.8
4	0.207	0.297	0.484	0.711	1.06	1.92	3.36	5.39	7.78	9.49	11.1	13.3	14.9
5	0.412	0.554	0.831	1.15	1.61	2.67	4.35	6.63	9.24	11.1	12.8	15.1	16.7
6	0.676	0.872	1.24	1.64	2.20	3.45	5.35	7.84	10.6	12.6	14.4	16.8	18.5
7	0.989	1.24	1.69	2.17	2.83	4.25	6.35	9.04	12.0	14.1	16.0	18.5	20.3
8	1.34	1.65	2.18	2.73	3.49	5.07	7.34	10.2	13.4	15.5	17.5	20.1	22.0
9	1.73	2.09	2.70	3.33	4.17	5.90	8.34	11.4	14.7	16.9	19.0	21.7	23.6
10	2.16	2.56	3.25	3.94	4.87	6.74	9.34	12.5	16.0	18.3	20.5	23.2	25.2
11	2.60	3.05	3.82	4.57	5.58	7.58	10.3	13.7	17.3	19.7	21.9	24.7	26.8
12	3.07	3.57	4.40	5.23	6.30	8.44	11.3	14.8	18.5	21.0	23.3	26.2	28.3
13	3.57	4.11	5.01	5.89	7.04	9.30	12.3	16.0	19.8	22.4	24.7	27.7	29.8
14	4.07	4.66	5.63	6.57	7.79	10.2	13.3	17.1	21.1	23.7	26.1	29.1	31.3
15	4.60	5.23	6.26	7.26	8.55	11.0	14.3	18.2	22.3	25.0	27.5	30.6	32.8
16	5.14	5.81	6.91	7.96	9.31	11.9	15.3	19.4	23.5	26.3	28.8	32.0	34.3
17	5.70	6.41	7.56	8.67	10.1	12.8	16.3	20.5	24.6	27.6	30.2	33.4	35.7
18	6.26	7.02	8.23	9.39	10.9	13.7	17.3	21.6	26.0	28.9	31.5	34.8	37.2
19	6.84	7.63	8.91	10.1	11.7	14.6	18.3	22.7	27.2	30.1	32.9	36.2	38.6
20	7.43	8.26	9.59	10.9	12.4	15.5	19.3	23.8	28.4	31.4	34.2	37.6	40.0
21	8.03	8.90	10.3	11.6	13.2	16.3	20.3	24.9	29.6	32.7	35.5	38.9	41.4
22	8.64	9.54	11.0	12.3	14.0	17.2	21.3	26.0	30.8	33.9	36.8	40.3	42.8
23	9.26	10.2	11.7	13.1	14.8	18.1	22.3	27.1	32.0	35.2	38.1	41.6	44.2
24	9.89	10.9	12.4	13.8	15.7	19.0	23.3	28.2	33.2	36.4	39.4	43.0	45.6
25	10.5	11.5	13.1	14.6	16.5	19.9	24.3	29.3	34.4	37.7	40.6	44.3	46.9
26	11.2	12.2	13.8	15.4	17.3	20.8	25.3	30.4	35.6	38.9	41.9	45.6	48.3
27	11.8	12.9	14.6	16.2	18.1	21.7	26.3	31.5	36.7	40.1	43.2	47.0	49.6
28	12.5	13.6	15.3	16.9	18.9	22.7	27.3	32.6	37.9	41.3	44.5	48.3	51.0
29	13.1	14.3	16.0	17.7	19.8	23.6	28.3	33.7	39.1	42.6	45.7	49.6	52.3
30	13.8	15.0	16.8	18.5	20.6	24.5	29.3	34.8	40.3	43.8	47.0	50.9	53.7
40	20.7	22.2	24.4	26.5	29.1	33.7	39.3	45.6	51.8	55.8	59.3	63.7	66.8
50	28.0	29.7	32.4	34.8	37.7	42.9	49.3	56.3	63.2	67.5	71.4	76.2	79.5
60	35.5	37.5	40.5	43.2	46.5	52.3	59.3	67.0	74.4	79.1	83.3	88.4	92.0

附表 6　F 分布表

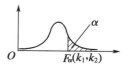

$$P(F \geqslant F_\alpha(k_1,k_2))=\alpha$$

k_1 / k_2	1	2	3	4	5	6	7	8	9
1	161.4	199.5	215.7	224.6	230.2	234.0	236.8	238.9	240.5
2	18.51	19.00	19.16	19.25	19.30	19.33	19.35	19.37	19.38
3	10.13	9.55	9.28	9.12	9.01	8.94	8.89	8.85	8.81
4	7.71	6.94	6.59	6.39	6.26	6.16	6.09	6.04	6.00
5	6.61	5.79	5.41	5.19	5.05	4.95	4.88	4.82	4.77
6	5.99	5.14	4.76	4.53	4.39	4.28	4.21	4.15	4.10
7	5.59	4.74	4.35	4.12	3.97	3.87	3.79	3.73	3.68
8	5.32	4.46	4.07	3.84	3.69	3.58	3.50	3.44	3.39
9	5.12	4.26	3.86	3.63	3.48	3.37	3.29	3.23	3.18
10	4.96	4.10	3.71	3.48	3.33	3.22	3.14	3.07	3.02
11	4.84	3.98	3.59	3.36	3.20	3.09	3.01	2.95	2.90
12	4.75	3.89	3.49	3.26	3.11	3.00	2.91	2.85	2.80
13	4.67	3.81	3.41	3.18	3.03	2.92	2.83	2.77	2.71
14	4.60	3.74	3.34	3.11	2.96	2.85	2.76	2.70	2.65
15	4.54	3.68	3.29	3.06	2.90	2.79	2.71	2.64	2.59
16	4.49	3.63	3.24	3.01	2.85	2.74	2.66	2.59	2.54
17	4.45	3.59	3.20	2.96	2.81	2.70	2.61	2.55	2.49
18	4.41	3.55	3.16	2.93	2.77	2.66	2.58	2.51	2.46
19	4.38	3.52	3.13	2.90	2.74	2.63	2.54	2.48	2.42
20	4.35	3.49	3.10	2.87	2.71	2.60	2.51	2.45	2.39
21	4.32	3.47	3.07	2.84	2.68	2.57	2.49	2.42	2.37
22	4.30	3.44	3.05	2.82	2.66	2.55	2.46	2.40	2.34
23	4.28	3.42	3.03	2.80	2.64	2.53	2.44	2.37	2.32
24	4.26	3.40	3.01	2.78	2.62	2.51	2.42	2.36	2.30
25	4.24	3.39	2.99	2.76	2.60	2.49	2.40	2.34	2.28
26	4.23	3.37	2.98	2.74	2.59	2.47	2.39	2.32	2.27
27	4.21	3.35	2.96	2.73	2.57	2.46	2.37	2.31	2.25
28	4.20	3.34	2.95	2.71	2.56	2.45	2.36	2.29	2.24
29	4.18	3.33	2.93	2.70	2.55	2.43	2.35	2.28	2.22
30	4.17	3.32	2.92	2.69	2.53	2.42	2.33	2.27	2.21
40	4.08	3.23	2.84	2.61	2.45	2.34	2.25	2.18	2.12
60	4.00	3.15	2.76	2.53	2.37	2.25	2.17	2.10	2.04
120	3.92	3.07	2.68	2.45	2.29	2.17	2.09	2.02	1.96
∞	3.84	3.00	2.60	2.37	2.21	2.10	2.01	1.94	1.88

$\alpha=0.05$

k_2 \ k_1	10	12	15	20	24	30	40	60	120	∞
1	241.9	243.9	245.9	248.0	249.1	250.1	251.1	252.2	253.3	254.3
2	19.40	19.41	19.43	19.45	19.45	19.46	19.47	19.48	19.49	19.50
3	8.79	8.74	8.70	8.66	8.64	8.62	8.59	8.57	8.55	8.53
4	5.96	5.91	5.86	5.80	5.77	5.75	5.72	5.69	5.66	5.63
5	4.74	4.68	4.62	4.56	4.53	4.50	4.46	4.43	4.40	4.36
6	4.06	4.00	3.94	3.87	3.84	3.81	3.77	3.74	3.70	3.67
7	3.64	3.57	3.51	3.44	3.41	3.38	3.34	3.30	3.27	3.23
8	3.35	3.28	3.22	3.15	3.12	3.08	3.04	3.01	2.97	2.93
9	3.14	3.07	3.01	2.94	2.90	2.86	2.83	2.79	2.75	2.71
10	2.98	2.91	2.85	2.77	2.74	2.70	2.66	2.62	2.58	2.54
11	2.85	2.79	2.72	2.65	2.61	2.57	2.53	2.49	2.45	2.40
12	2.75	2.69	2.62	2.54	2.51	2.47	2.43	2.38	2.34	2.30
13	2.67	2.60	2.53	2.46	2.42	2.38	2.34	2.30	2.25	2.21
14	2.60	2.53	2.46	2.39	2.35	2.31	2.27	2.22	2.18	2.13
15	2.54	2.48	2.40	2.33	2.29	2.25	2.20	2.16	2.11	2.07
16	2.49	2.42	2.35	2.28	2.24	2.19	2.15	2.11	2.06	2.01
17	2.45	2.38	2.31	2.23	2.19	2.15	2.10	2.06	2.01	1.96
18	2.41	2.34	2.27	2.19	2.15	2.11	2.06	2.02	1.97	1.92
19	2.38	2.31	2.23	2.16	2.11	2.07	2.03	1.98	1.93	1.88
20	2.35	2.28	2.20	2.12	2.08	2.04	1.99	1.95	1.90	1.84
21	2.32	2.25	2.18	2.10	2.05	2.01	1.96	1.92	1.87	1.81
22	2.30	2.23	2.15	2.07	2.03	1.98	1.94	1.89	1.84	1.78
23	2.27	2.20	2.13	2.05	2.01	1.96	1.91	1.86	1.81	1.76
24	2.25	2.18	2.11	2.03	1.98	1.94	1.89	1.84	1.79	1.73
25	2.24	2.16	2.09	2.01	1.96	1.92	1.87	1.82	1.77	1.71
26	2.22	2.15	2.07	1.99	1.95	1.90	1.85	1.80	1.75	1.69
27	2.20	2.13	2.06	1.97	1.93	1.88	1.84	1.79	1.73	1.67
28	2.19	2.12	2.04	1.96	1.91	1.87	1.82	1.77	1.71	1.65
29	2.18	2.10	2.03	1.94	1.90	1.85	1.81	1.75	1.70	1.64
30	2.16	2.09	2.01	1.93	1.89	1.84	1.79	1.74	1.68	1.62
40	2.08	2.00	1.92	1.84	1.79	1.74	1.69	1.64	1.58	1.51
60	1.99	1.92	1.84	1.75	1.70	1.65	1.59	1.53	1.47	1.39
120	1.91	1.83	1.75	1.66	1.61	1.55	1.50	1.43	1.35	1.25
∞	1.83	1.75	1.67	1.57	1.52	1.46	1.39	1.32	1.22	1.00

$\alpha=0.05$

k_2 ＼ k_1	1	2	3	4	5	6	7	8	9
				$\alpha=0.025$					
1	647.8	799.5	864.2	899.6	921.8	937.1	948.2	956.7	963.3
2	38.51	39.00	39.17	39.25	39.30	39.33	39.36	39.37	39.39
3	17.44	16.04	15.44	15.10	14.88	14.73	14.62	14.54	14.47
4	12.22	10.65	9.98	9.60	9.36	9.20	9.07	8.98	8.90
5	10.01	8.43	7.76	7.39	7.15	6.98	6.85	6.76	6.68
6	8.81	7.26	6.60	6.23	5.99	5.82	5.70	5.60	5.52
7	8.07	6.54	5.89	5.52	5.29	5.12	4.99	4.90	4.82
8	7.57	6.06	5.42	5.05	4.82	4.65	4.53	4.43	4.36
9	7.21	5.71	5.08	4.72	4.48	4.32	4.20	4.10	4.03
10	6.94	5.46	4.83	4.47	4.24	4.07	3.95	3.85	3.78
11	6.72	5.26	4.63	4.28	4.04	3.88	3.76	3.66	3.59
12	6.55	5.10	4.47	4.12	3.89	3.73	3.61	3.51	3.44
13	6.41	4.97	4.35	4.00	3.77	3.60	3.48	3.39	3.31
14	6.30	4.86	4.24	3.89	3.66	3.50	3.38	3.29	3.21
15	6.20	4.77	4.15	3.80	3.58	3.41	3.29	3.20	3.12
16	6.12	4.69	4.08	3.73	3.50	3.34	3.22	3.12	3.05
17	6.04	4.62	4.01	3.66	3.44	3.28	3.16	3.06	2.98
18	5.98	4.56	3.95	3.61	3.38	3.22	3.10	3.01	2.93
19	5.92	4.51	3.90	3.56	3.33	3.17	3.05	2.96	2.88
20	5.87	4.46	3.86	3.51	3.29	3.13	3.01	2.91	2.84
21	5.83	4.42	3.82	3.48	3.25	3.09	2.97	2.87	2.80
22	5.79	4.38	3.78	3.44	3.22	3.05	2.93	2.84	2.76
23	5.75	4.35	3.75	3.41	3.18	3.02	2.90	2.81	2.73
24	5.72	4.32	3.72	3.38	3.15	2.99	2.87	2.78	2.70
25	5.69	4.29	3.69	3.35	3.13	2.97	2.85	2.75	2.68
26	5.66	4.27	3.67	3.33	3.10	2.94	2.82	2.73	2.65
27	5.63	4.24	3.65	3.31	3.08	2.92	2.80	2.71	2.63
28	5.61	4.22	3.63	3.29	3.06	2.90	2.78	2.69	2.61
29	5.59	4.20	3.61	3.27	3.04	2.88	2.76	2.67	2.59
30	5.57	4.18	3.59	3.25	3.03	2.87	2.75	2.65	2.57
40	5.42	4.05	3.46	3.13	2.90	2.74	2.62	2.53	2.45
60	5.29	3.93	3.34	3.01	2.79	2.63	2.51	2.41	2.33
120	5.15	3.80	3.23	2.89	2.67	2.52	2.39	2.30	2.22
∞	5.02	3.69	3.12	2.79	2.57	2.41	2.29	2.19	2.11

| $\alpha=0.025$ | | | | | | | | | |
k_2 \ k_1	10	12	15	20	24	30	40	60	120	∞
1	968.6	976.7	984.9	993.1	997.2	1 001	1 006	1 010	1 014	1 018
2	39.40	39.41	39.43	39.45	39.46	39.46	39.47	39.48	39.49	39.50
3	14.42	14.34	14.25	14.17	14.12	14.08	14.04	13.99	13.95	13.90
4	8.84	8.75	8.66	8.56	8.51	8.46	8.41	8.36	8.31	8.26
5	6.62	6.52	6.43	6.33	6.28	6.23	6.18	6.12	6.07	6.02
6	5.46	5.37	5.27	5.17	5.12	5.07	5.01	4.96	4.90	4.85
7	4.76	4.67	4.57	4.47	4.42	4.36	4.31	4.25	4.20	4.14
8	4.30	4.20	4.10	4.00	3.95	3.89	3.84	3.78	3.73	3.67
9	3.96	3.87	3.77	3.67	3.61	3.56	3.51	3.45	3.39	3.33
10	3.72	3.62	3.52	3.42	3.37	3.31	3.26	3.20	3.14	3.08
11	3.53	3.43	3.33	3.23	3.17	3.12	3.06	3.00	2.94	2.88
12	3.37	3.28	3.18	3.07	3.02	2.96	2.91	2.85	2.79	2.72
13	3.25	3.15	3.05	2.95	2.89	2.84	2.78	2.72	2.66	2.60
14	3.15	3.05	2.95	2.84	2.79	2.73	2.67	2.61	2.55	2.49
15	3.06	2.96	2.86	2.76	2.70	2.64	2.59	2.52	2.46	2.40
16	2.99	2.89	2.79	2.68	2.63	2.57	2.51	2.45	2.38	2.32
17	2.92	2.82	2.72	2.62	2.56	2.50	2.44	2.38	2.32	2.25
18	2.87	2.77	2.67	2.56	2.50	2.44	2.38	2.32	2.26	2.19
19	2.82	2.72	2.62	2.51	2.45	2.39	2.33	2.27	2.20	2.13
20	2.77	2.68	2.57	2.46	2.41	2.35	2.29	2.22	2.16	2.09
21	2.73	2.64	2.53	2.42	2.37	2.31	2.25	2.18	2.11	2.04
22	2.70	2.60	2.50	2.39	2.33	2.27	2.21	2.14	2.08	2.00
23	2.67	2.57	2.47	2.36	2.30	2.24	2.18	2.11	2.04	1.97
24	2.64	2.54	2.44	2.33	2.27	2.21	2.15	2.08	2.01	1.94
25	2.61	2.51	2.41	2.30	2.24	2.18	2.12	2.05	1.98	1.91
26	2.59	2.49	2.39	2.28	2.22	2.16	2.09	2.03	1.95	1.88
27	2.57	2.47	2.36	2.25	2.19	2.13	2.07	2.00	1.93	1.85
28	2.55	2.45	2.34	2.23	2.17	2.11	2.05	1.98	1.91	1.83
29	2.53	2.43	2.32	2.21	2.15	2.09	2.03	1.96	1.89	1.81
30	2.51	2.41	2.31	2.20	2.14	2.07	2.01	1.94	1.87	1.79
40	2.39	2.29	2.18	2.07	2.01	1.94	1.88	1.80	1.72	1.64
60	2.27	2.17	2.06	1.94	1.88	1.82	1.74	1.67	1.58	1.48
120	2.16	2.05	1.94	1.82	1.76	1.69	1.61	1.53	1.43	1.31
∞	2.05	1.94	1.83	1.71	1.64	1.57	1.48	1.39	1.27	1.00

$\alpha = 0.01$

k_1 k_2	1	2	3	4	5	6	7	8	9
1	4 052	4 999.5	5 403	5 625	5 764	5 859	5 928	5 982	6 022
2	98.50	99.00	99.17	99.25	99.30	99.33	99.36	99.37	99.39
3	34.12	30.82	29.46	28.71	28.24	27.91	27.67	27.49	27.35
4	21.20	18.00	16.69	15.98	15.52	15.21	14.98	14.80	14.66
5	16.26	13.27	12.06	11.39	10.97	10.67	10.46	10.29	10.16
6	13.75	10.92	9.78	9.15	8.75	8.47	8.26	8.10	7.98
7	12.25	9.55	8.45	7.85	7.46	7.19	6.99	6.84	6.72
8	11.26	8.65	7.59	7.01	6.63	6.37	6.18	6.03	5.91
9	10.56	8.02	6.99	6.42	6.06	5.80	5.61	5.47	5.35
10	10.04	7.56	6.55	5.99	5.64	5.39	5.20	5.06	4.94
11	9.65	7.21	6.22	5.67	5.32	5.07	4.89	4.74	4.63
12	9.33	6.93	5.95	5.41	5.06	4.82	4.64	4.50	4.39
13	9.07	6.70	5.74	5.21	4.86	4.62	4.44	4.30	4.19
14	8.86	6.51	5.56	5.04	4.69	4.46	4.28	4.14	4.03
15	8.68	6.36	5.42	4.89	4.56	4.32	4.14	4.00	3.89
16	8.53	6.23	5.29	4.77	4.44	4.20	4.03	3.89	3.78
17	8.40	6.11	5.18	4.67	4.34	4.10	3.93	3.79	3.68
18	8.29	6.01	5.09	4.58	4.25	4.01	3.84	3.71	3.60
19	8.18	5.93	5.01	4.50	4.17	3.94	3.77	3.63	3.52
20	8.10	5.85	4.94	4.43	4.10	3.87	3.70	3.56	3.46
21	8.02	5.78	4.87	4.37	4.04	3.81	3.64	3.51	3.40
22	7.95	5.72	4.82	4.31	3.99	3.76	3.59	3.45	3.35
23	7.88	5.66	4.76	4.26	3.94	3.71	3.54	3.41	3.30
24	7.82	5.61	4.72	4.22	3.90	3.67	3.50	3.36	3.26
25	7.77	5.57	4.68	4.18	3.85	3.63	3.46	3.32	3.22
26	7.72	5.53	4.64	4.14	3.82	3.59	3.42	3.29	3.18
27	7.68	5.49	4.60	4.11	3.78	3.56	3.39	3.26	3.15
28	7.64	5.45	4.57	4.07	3.75	3.53	3.36	3.23	3.12
29	7.60	5.42	4.54	4.04	3.73	3.50	3.33	3.20	3.09
30	7.56	5.39	4.51	4.02	3.70	3.47	3.30	3.17	3.07
40	7.31	5.18	4.31	3.83	3.51	3.29	3.12	2.99	2.89
60	7.08	4.98	4.13	3.65	3.34	3.12	2.95	2.82	2.72
120	6.85	4.79	3.95	3.48	3.17	2.96	2.79	2.66	2.56
∞	6.63	4.61	3.78	3.32	3.02	2.80	2.64	2.51	2.41

k_2 \\ k_1	10	12	15	20	24	30	40	60	120	∞
					$\alpha=0.01$					
1	6 156	6 106	6 157	6 209	6 235	6 261	6 287	6 313	6 339	6 366
2	99.40	99.42	99.43	99.45	99.46	99.47	99.47	99.48	99.49	99.50
3	27.23	27.05	26.87	26.69	26.60	26.50	26.41	26.32	26.22	26.13
4	14.55	14.37	14.20	14.02	13.93	13.84	13.75	13.65	13.56	13.46
5	10.05	9.89	9.72	9.55	9.47	9.38	9.29	9.20	9.11	9.02
6	7.87	7.72	7.56	7.40	7.31	7.23	7.14	7.06	6.97	6.88
7	6.62	6.47	6.31	6.16	6.07	5.99	5.91	5.82	5.74	5.65
8	5.81	5.67	5.52	5.36	5.28	5.20	5.12	5.03	4.95	4.86
9	5.26	5.11	4.96	4.81	4.73	4.65	4.57	4.48	4.40	4.31
10	4.85	4.71	4.56	4.41	4.33	4.25	4.17	4.08	4.00	3.91
11	4.54	4.40	4.25	4.10	4.02	3.94	3.86	3.78	3.69	3.60
12	4.30	4.16	4.01	3.86	3.78	3.70	3.62	3.54	3.45	3.36
13	4.10	3.96	3.82	3.66	3.59	3.51	3.43	3.34	3.25	3.17
14	3.94	3.80	3.66	3.51	3.43	3.35	3.27	3.18	3.09	3.00
15	3.80	3.67	3.52	3.37	3.29	3.21	3.13	3.05	2.96	2.87
16	3.69	3.55	3.41	3.26	3.18	3.10	3.02	2.93	2.84	2.75
17	3.59	3.46	3.31	3.16	3.08	3.00	2.92	2.83	2.75	2.65
18	3.51	3.37	3.23	3.08	3.00	2.92	2.84	2.75	2.66	2.57
19	3.43	3.30	3.15	3.00	2.92	2.84	2.76	2.67	2.58	2.49
20	3.37	3.23	3.09	2.94	2.86	2.78	2.69	2.61	2.52	2.42
21	3.31	3.17	3.03	2.88	2.80	2.72	2.64	2.55	2.46	2.36
22	3.26	3.12	2.98	2.83	2.75	2.67	2.58	2.50	2.40	2.31
23	3.21	3.07	2.93	2.78	2.70	2.62	2.54	2.45	2.35	2.26
24	3.17	3.03	2.89	2.74	2.66	2.58	2.49	2.40	2.31	2.21
25	3.13	2.99	2.85	2.70	2.62	2.54	2.45	2.36	2.27	2.17
26	3.09	2.96	2.81	2.66	2.58	2.50	2.42	2.33	2.23	2.13
27	3.06	2.93	2.78	2.63	2.55	2.47	2.38	2.29	2.20	2.10
28	3.03	2.90	2.75	2.60	2.52	2.44	2.35	2.26	2.17	2.06
29	3.00	2.87	2.73	2.57	2.49	2.41	2.33	2.23	2.14	2.03
30	2.98	2.84	2.70	2.55	2.47	2.39	2.30	2.21	2.11	2.01
40	2.80	2.66	2.52	2.37	2.29	2.20	2.11	2.02	1.92	1.80
60	2.63	2.50	2.35	2.20	2.12	2.03	1.94	1.84	1.73	1.60
120	2.47	2.34	2.19	2.03	1.95	1.86	1.76	1.66	1.53	1.38
∞	2.32	2.18	2.04	1.88	1.79	1.70	1.59	1.47	1.32	1.00

$\alpha=0.005$

k_2 \ k_1	1	2	3	4	5	6	7	8	9
1	16 211	20 000	21 615	22 500	23 056	23 437	23 715	23 925	24 091
2	198.5	199.0	199.2	199.2	199.3	199.3	199.4	199.4	199.4
3	55.55	49.80	47.47	46.19	45.39	44.84	44.43	44.13	43.88
4	31.33	26.28	24.26	23.15	22.46	21.97	21.62	21.35	21.14
5	22.78	18.31	16.53	15.56	14.94	14.51	14.20	13.96	13.77
6	18.63	14.54	12.92	12.03	11.46	11.07	10.79	10.57	10.39
7	16.24	12.40	10.88	10.05	9.52	9.16	8.89	8.68	8.51
8	14.69	11.04	9.60	8.81	8.30	7.95	7.69	7.50	7.34
9	13.61	10.11	8.72	7.96	7.47	7.13	6.88	6.69	6.54
10	12.83	9.43	8.08	7.34	6.87	6.54	6.30	6.12	5.97
11	12.23	8.91	7.60	6.88	6.42	6.10	5.86	5.68	5.54
12	11.75	8.51	7.23	6.52	6.07	5.76	5.52	5.35	5.20
13	11.37	8.19	6.93	6.23	5.79	5.48	5.25	5.08	4.94
14	11.06	7.92	6.68	6.00	5.56	5.26	5.03	4.86	4.72
15	10.80	7.70	6.48	5.80	5.37	5.07	4.85	4.67	4.54
16	10.58	7.51	6.30	5.64	5.21	4.91	4.69	4.52	4.38
17	10.38	7.35	6.16	5.50	5.07	4.78	4.56	4.39	4.25
18	10.22	7.21	6.03	5.37	4.96	4.66	4.44	4.28	4.14
19	10.07	7.09	5.92	5.27	4.85	4.56	4.34	4.18	4.04
20	9.94	6.99	5.82	5.17	4.76	4.47	4.26	4.09	3.96
21	9.83	6.89	5.73	5.09	4.68	4.39	4.18	4.01	3.88
22	9.73	6.81	5.65	5.02	4.61	4.32	4.11	3.94	3.81
23	9.63	6.73	5.58	4.95	4.54	4.26	4.05	3.88	3.75
24	9.55	6.66	5.52	4.89	4.49	4.20	3.99	3.83	3.69
25	9.48	6.60	5.46	4.84	4.43	4.15	3.94	3.78	3.64
26	9.41	6.54	5.41	4.79	4.38	4.10	3.89	3.73	3.60
27	9.34	6.49	5.36	4.74	4.34	4.06	3.85	3.69	3.56
28	9.28	6.44	5.32	4.70	4.30	4.02	3.81	3.65	3.52
29	9.23	6.40	5.28	4.66	4.26	3.98	3.77	3.61	3.48
30	9.18	6.35	5.24	4.62	4.23	3.95	3.74	3.58	3.45
40	8.83	6.07	4.98	4.37	3.99	3.71	3.51	3.35	3.22
60	8.49	5.79	4.73	4.14	3.76	3.49	3.29	3.13	3.01
120	8.18	5.54	4.50	3.92	3.55	3.28	3.09	2.93	2.81
∞	7.88	5.30	4.28	3.72	3.35	3.09	2.90	2.74	2.62

$\alpha=0.005$

k_1 / k_2	10	12	15	20	24	30	40	60	120	∞
1	24 224	24 426	24 630	24 836	24 940	25 044	22 148	25 253	25 359	25 465
2	199.4	199.4	199.4	199.4	199.5	199.5	199.5	199.5	199.5	199.5
3	43.69	43.39	43.08	42.78	42.62	42.47	42.31	42.15	41.99	41.83
4	20.97	20.70	20.44	20.17	20.03	19.89	19.75	19.61	19.47	19.32
5	13.62	13.38	13.15	12.90	12.78	12.66	12.53	12.40	12.27	12.14
6	10.25	10.03	9.81	9.59	9.47	9.36	9.24	9.12	9.00	8.88
7	8.38	8.18	7.97	7.75	7.65	7.53	7.42	7.31	7.19	7.08
8	7.21	7.01	6.81	6.61	6.50	6.40	6.29	6.18	6.06	5.95
9	6.42	6.23	6.03	5.83	5.73	5.62	5.52	5.41	5.30	5.19
10	5.85	5.66	5.47	5.27	5.17	5.07	4.97	4.86	4.75	4.64
11	5.42	5.24	5.05	4.86	4.76	4.65	4.55	4.44	4.34	4.23
12	5.09	4.91	4.72	4.53	4.43	4.33	4.23	4.12	4.01	3.90
13	4.82	4.64	4.46	4.27	4.17	4.07	3.97	3.87	3.76	3.65
14	4.60	4.43	4.25	4.06	3.96	3.86	3.76	3.66	3.55	3.44
15	4.42	4.25	4.07	3.88	3.79	3.69	3.58	3.48	3.37	3.26
16	4.27	4.10	3.92	3.73	3.64	3.54	3.44	3.33	3.22	3.11
17	4.14	3.97	3.79	3.61	3.51	3.41	3.31	3.21	3.10	2.98
18	4.03	3.86	3.68	3.50	3.40	3.30	3.20	3.10	2.99	2.87
19	3.93	3.76	3.59	3.40	3.31	3.21	3.11	3.00	2.89	2.78
20	3.85	3.68	3.50	3.32	3.22	3.12	3.02	2.92	2.81	2.69
21	3.77	3.60	3.43	3.24	3.15	3.05	2.95	2.84	2.73	2.61
22	3.70	3.54	3.36	3.18	3.08	2.98	2.88	2.77	2.66	2.55
23	3.64	3.47	3.30	3.12	3.02	2.92	2.82	2.71	2.60	2.48
24	3.59	3.42	3.25	3.06	2.97	2.87	2.77	2.66	2.55	2.43
25	3.54	3.37	3.20	3.01	2.92	2.82	2.72	2.61	2.50	2.38
26	3.49	3.33	3.15	2.97	2.87	2.77	2.67	2.56	2.45	2.33
27	3.45	3.28	3.11	2.93	2.83	2.73	2.63	2.52	2.41	2.29
28	3.41	3.25	3.07	2.89	2.79	2.69	2.59	2.48	2.37	2.25
29	3.38	3.21	3.04	2.86	2.76	2.66	2.56	2.45	2.33	2.21
30	3.34	3.18	3.01	2.82	2.73	2.63	2.52	2.42	2.30	2.18
40	3.12	2.95	2.78	2.60	2.50	2.40	2.30	2.18	2.06	1.93
60	2.90	2.74	2.57	2.39	2.29	2.19	2.08	1.96	1.83	1.69
120	2.71	2.54	2.37	2.19	2.09	1.98	1.87	1.75	1.61	1.43
∞	2.52	2.36	2.19	2.00	1.90	1.79	1.67	1.53	1.36	1.00

习 题 答 案

第一章

1.1 (1)$\Omega=\{(正,正),(正,反),(反,正),(反,反)\}$

(2) $\Omega=\{3,4,5,6,7,8,9\}$

(3) ① $\Omega=\{(1,2),(1,3),(2,1),(2,3),(3,1),(3,2)\}$

② $\Omega=\{(1,1),(1,2),(1,3),(2,1),(2,2),(2,3),(3,1),(3,2),(3,3)\}$

③ $\Omega=\{(1,2),(1,3),(2,3)\}$

1.2 (1) $A\bar{B}C$ (2) $\overline{ABC}$ (3) $\bar{A}(B\cup C)$ (4) $A\cup B\cup C$ (5) $\overline{AB}\cup\overline{BC}\cup\overline{CA}$

1.3   设样本点 ω_i 表示"出现 i 点", $i=1,2,\cdots,6$,则 $\bar{A}=\{\omega_1,\omega_3,\omega_5\}$,表示"出现奇数点"; $\bar{B}=\{\omega_1,\omega_2,\omega_4,\omega_5\}$,表示"出现的点数不能被 3 整除"; $A\cup B=\{\omega_2,\omega_3,\omega_4,\omega_6\}$,表示"出现的点数能被 2 或 3 整除"; $\overline{A\cup B}=\{\omega_1,\omega_5\}$,表示"出现的点数既不能被 2 整除也不能被 3 整除"; $AB=\{\omega_6\}$,表示"出现的点数能被 6 整除"

1.4   0.037

1.5   (1) 0.277 8   (2) 0.555 6   (3) 0.092 6   (4) 0.004 6

1.6   0.74

1.7   0.276

1.8 $\dfrac{2^n n!}{(2n)!}$

1.9   0.625

1.10   0.067

1.11 $\dfrac{5}{6}$

1.12 $\dfrac{2}{3}$

1.13   0.035

1.14   0.85

1.15   0.992

1.16   0.03

1.17 $\dfrac{29}{90}$

1.18   (1) 0.087 1   (2) 0.999 8

1.19   0. 902

1.20　略

1.21　$\dfrac{8}{45}$

1.22　0.005 5

1.23　(1) 0.36　(2) 0.91

1.24　0.321

第二章

2.1

X	0	1	2	3	4	5
P	$\dfrac{C_{95}^{20}}{C_{100}^{20}}$	$\dfrac{C_{95}^{19}C_5^1}{C_{100}^{20}}$	$\dfrac{C_{95}^{18}C_5^2}{C_{100}^{20}}$	$\dfrac{C_{95}^{17}C_5^3}{C_{100}^{20}}$	$\dfrac{C_{95}^{16}C_5^4}{C_{100}^{20}}$	$\dfrac{C_5^5 C_{95}^{15}}{C_{100}^{20}}$

2.2　0.1

2.3

X	1	2	3	4
P	$\dfrac{10}{13}$	$\dfrac{33}{169}$	$\dfrac{72}{2\ 197}$	$\dfrac{6}{2\ 197}$

$$F(x)=P(X\leqslant x)=\begin{cases}0, & x<1;\\[2mm] \dfrac{10}{13}, & 1\leqslant x<2;\\[2mm] \dfrac{163}{169}, & 2\leqslant x<3;\\[2mm] \dfrac{2\ 191}{2\ 197}, & 3\leqslant x<4;\\[2mm] 1, & x\geqslant 4\end{cases}$$

2.4　$F(x)=P(X\leqslant x)=\begin{cases}0, & x<1;\\[2mm] \dfrac{2}{5}, & 1\leqslant x<2;\\[2mm] 1, & x\geqslant 2;\end{cases}$

2.5　$A=\dfrac{1}{2}$

2.6

X	1	2	3	4
P	$\dfrac{4}{7}$	$\dfrac{2}{7}$	$\dfrac{4}{35}$	$\dfrac{1}{35}$

2.7　$P(X\geqslant 2)=0.997$

2.8　$\dfrac{2}{3}\mathrm{e}^{-2}$

2.9　$\dfrac{3}{5}$

2.10　(1) $\dfrac{2}{\pi}$　(2) $\dfrac{1}{6}$　(3) $f(x)=\dfrac{2}{\pi}\arctan \mathrm{e}^x$　$(-\infty<x<+\infty)$

2.11　(1) $A=\dfrac{1}{2},B=\dfrac{1}{\pi}$　(2) $\dfrac{1}{2}$　(3) $f(x)=\dfrac{1}{\pi}\cdot\dfrac{1}{1+x^2}$　$(-\infty<x<+\infty)$

2.12　(1) 0.927　(2) $d=3.29$

2.13　15.9%,7%

2.14　0.923 6,[242.25,357.75]

2.15　$f_Y(y)=\begin{cases}\dfrac{1}{\sqrt{\pi y}}, & \dfrac{25}{4}\pi\leqslant y\leqslant 9\pi;\\[2mm] 0, & \text{其他}\end{cases}$

2.16　$f_Y(y)=\dfrac{1}{\sqrt{2\pi}b\sigma}e^{-\frac{(y-a-b\mu)^2}{2b^2\sigma^2}}$

2.17

Y	2	5	10	17
P	0.2	0.5	0.1	0.2

2.18　$f_Y(y)=\begin{cases}\dfrac{1}{4}, & 0\leqslant y\leqslant 4;\\[2mm] 0, & \text{其他}\end{cases}$

2.19

X	0	1	2
P	$\dfrac{1}{4}$	$\dfrac{1}{2}$	$\dfrac{1}{4}$

2.20

X	1	2	3	4	5
P	0.9	0.09	0.009	0.000 9	0.000 1

2.21　(1) $F(x)=\begin{cases}0, & x<0;\\[1mm] \dfrac{1}{4}, & 0\leqslant x<1;\\[1mm] \dfrac{3}{4}, & 1\leqslant x<2;\\[1mm] 1, & x\geqslant 2\end{cases}$　(2) $\dfrac{3}{4}$　(3) $\dfrac{3}{4}$

2.22

X	0	1
P	$\dfrac{1}{3}$	$\dfrac{2}{3}$

2.23　(1) $X\sim B(4,0.8)$　(2) $P(X\geqslant 1)=0.998\ 4$

2.24　(1) $C_{10}^9(0.7)^3(0.3)^7$　(2) $\displaystyle\sum_{i=3}^{10}C_{10}^i(0.7)^i(0.3)^{10-i}$

2.25　(1) 0.072 9　(2) 0.409 5

2.26　(1) $\dfrac{4^8}{8!}e^{-4}$　(2) $1-13e^{-4}$

2.27　$n\geqslant 299$

2.28　$F(x)=\begin{cases}0, & x<0;\\[1mm] \dfrac{1}{2}x^2, & 0\leqslant x<1;\\[1mm] -\dfrac{1}{2}x^2+2x-1, & 1\leqslant x<2;\\[1mm] 1, & x\geqslant 2\end{cases}$

2.29 $\theta = 2$

2.30   (1) $\dfrac{1}{2}$ (2) $1 - e^{-1}$ (3) $F(x) = \begin{cases} \dfrac{1}{2} e^x, & x < 0; \\ 1 - \dfrac{1}{2} e^{-x}, & x \geqslant 0 \end{cases}$

2.31   (1) $F(x) = \begin{cases} 0, & x < 0; \\ 4x^3 - 6x^2 + 3x, & 0 \leqslant x < 1; \\ 1, & x \geqslant 1 \end{cases}$ (2) 0.392   (3) 0.256

2.32   (1) $\dfrac{1}{2}$ (2) $\dfrac{\sqrt{2}}{4}$

2.33   (1) $A = 1$ (2) $f(x) = \begin{cases} 2x, & 0 < x < 1; \\ 0, & \text{其他} \end{cases}$ (3) 0.4

2.34   (1) 0.990 6   (2) 0.107 5   (3) 0.876 4

2.35   (1) 0.532 8   (2) 1   (3) 1

2.36   0.866 5

2.37 $-\dfrac{1}{a} f\left(\dfrac{y - b}{a}\right)$

第三章

3.1   (1) $k = 12$ (2) 0.9499

3.2   如下表所示：

X_1＼X_2	0	1	2
0	$\dfrac{1}{4}$	$\dfrac{1}{4}$	$\dfrac{1}{16}$
1	$\dfrac{1}{4}$	$\dfrac{1}{8}$	0
2	$\dfrac{1}{16}$	0	0

3.3   如下表所示：

X_1＼X_2	0	1	2
0	0	$\dfrac{2}{15}$	$\dfrac{1}{15}$
1	$\dfrac{1}{5}$	$\dfrac{2}{5}$	0
2	$\dfrac{1}{5}$	0	0

3.4   (1) $f(x, y) = \dfrac{6}{\pi^2 (4 + x^2)(9 + y^2)}$ (2) $\dfrac{3}{16}$

3.5　(1) 6　(2) $F(x,y)=\begin{cases}(1-\mathrm{e}^{-2x})(1-\mathrm{e}^{-3y}), & x>0,y>0;\\ 0, & \text{其他}\end{cases}$　(3) $(1-\mathrm{e}^{-2})(1-\mathrm{e}^{-6})$

3.6　$f(x,y)=\begin{cases}\dfrac{1}{\pi ab}, & (x,y)\in D;\\ 0, & \text{其他}\end{cases}$

3.7　如下两表所示：

X_1	0	1	2
P	$\dfrac{9}{16}$	$\dfrac{3}{8}$	$\dfrac{1}{16}$

X_2	0	1	2
P	$\dfrac{9}{16}$	$\dfrac{3}{8}$	$\dfrac{1}{16}$

3.8　(1)如下表所示：

X＼Y	1	2	3
0	$\dfrac{1}{10}$	$\dfrac{1}{5}$	$\dfrac{1}{10}$
1	$\dfrac{3}{10}$	$\dfrac{1}{10}$	$\dfrac{1}{5}$

(2) $P(X=0|Y\neq 1)=\dfrac{1}{2}$

3.9　(1) $A=6$　(2) $f_X(x)=\begin{cases}2\mathrm{e}^{-2x}, & x>0,\\ 0, & x\leqslant 0;\end{cases}$　$f_Y(y)=\begin{cases}3\mathrm{e}^{-3y}, & y>0,\\ 0, & y\leqslant 0\end{cases}$

3.10　(1) $f(x,y)=\begin{cases}\dfrac{1}{\pi a^2}, & x^2+y^2\leqslant a^2;\\ 0, & \text{其他}\end{cases}$

(2) $f_X(x)=\begin{cases}\dfrac{2}{\pi a^2}\sqrt{a^2-x^2}, & -a\leqslant x\leqslant a,\\ 0, & \text{其他};\end{cases}$　$f_Y(y)=\begin{cases}\dfrac{2}{\pi a^2}\sqrt{a^2-y^2}, & -a\leqslant y\leqslant a,\\ 0, & \text{其他}\end{cases}$

(3) $f_{X|Y}(x|y)=\begin{cases}\dfrac{1}{2\sqrt{a^2-y^2}}, & -\sqrt{a^2-y^2}\leqslant x\leqslant\sqrt{a^2-y^2},\\ 0, & \text{其他};\end{cases}$

$f_{Y|X}(y|x)=\begin{cases}\dfrac{1}{2\sqrt{a^2-x^2}}, & -\sqrt{a^2-x^2}\leqslant y\leqslant\sqrt{a^2-x^2},\\ 0, & \text{其他}\end{cases}$

3.11　$f_X(x)=\begin{cases}2x, & 0\leqslant x\leqslant 1,\\ 0, & \text{其他};\end{cases}$　$f_Y(y)=\begin{cases}1+y, & -1\leqslant y<0,\\ 1-y, & 0\leqslant y\leqslant 1,\\ 0, & \text{其他}\end{cases}$

3.12　(1) $f_X(x)=\begin{cases}2(1-x), & 0\leqslant x\leqslant 1,\\ 0, & \text{其他};\end{cases}$　$f_Y(y)=\begin{cases}2(1-y), & 0\leqslant y\leqslant 1,\\ 0, & \text{其他}\end{cases}$

(2) 不独立

3.13　不独立

3.14 $f(x,y)=\begin{cases}e^{-y}, & 0\leqslant x\leqslant1,y>0;\\0, & 其他\end{cases}$

3.15 $f_z(z)=\begin{cases}e^{-\frac{z}{3}}(1-e^{-\frac{z}{6}}), & z>0;\\0, & 其他\end{cases}$

3.16 (1) $A=6$ (2) 0.983 (3) $F(x,y)=\begin{cases}(1-e^{-2x})(1-e^{-3y}), & x>0,y>0;\\0, & 其他\end{cases}$

3.17 如下两表所示：

X	0	1
P	$\frac{11}{21}$	$\frac{10}{21}$

Y	0	1
P	$\frac{2}{3}$	$\frac{1}{3}$

3.18 (1) $f_X(x)=\begin{cases}2xe^{-x^2}, & x\geqslant0,\\0, & x<0;\end{cases}$ $f_Y(y)=\begin{cases}2ye^{-y^2}, & y>0,\\0, & y\leqslant0\end{cases}$

(2) 相互独立

3.19 如下表所示：

Y\X	0	1	2	3
1	0	$\frac{3}{8}$	$\frac{3}{8}$	0
3	$\frac{1}{8}$	0	0	$\frac{1}{8}$

3.20 $P(X<Y)=0.5$

3.21 $P(X+Y\geqslant1)=\frac{65}{72}$

3.22 (1) $f(x,y)=\begin{cases}25e^{-5y}, & 0\leqslant x\leqslant0.2,y>0;\\0, & 其他\end{cases}$ (2) 0.367 9

3.23 (1) $A=20$ (2) $F(x,y)=\left(\frac{1}{\pi}\arctan\frac{x}{4}+\frac{1}{2}\right)\left(\frac{1}{\pi}\arctan\frac{y}{5}+\frac{1}{2}\right)$

3.24 $f_Z(z)=\begin{cases}\frac{1}{2\sigma^2}e^{-\frac{z}{2\sigma^2}}, & z>0;\\0, & z\leqslant0\end{cases}$

3.25 $f_Z(z)=\begin{cases}\frac{3}{2}(1-z^2), & 0\leqslant z\leqslant1;\\0, & 其他\end{cases}$

3.26 相互独立

3.27 证明略

第四章

4.1 $\frac{1}{3},\frac{2}{3},\frac{35}{24}$

4.2 0.4,0.1,0.5

4.3 $n\left[1-\left(\dfrac{n-1}{n}\right)^m\right]$

4.4 $\dfrac{1}{3}$

4.5 $2,\dfrac{1}{3}$

4.6 $\dfrac{\pi}{24}(a+b)(a^2+b^2)$

4.7 $0.8n, 0.36n$

4.8 $\dfrac{n+1}{2}, \dfrac{n^2-1}{12}$

4.9 4

4.10 $0, \dfrac{1}{2}$

4.11 $\dfrac{3}{4}, \dfrac{5}{8}$

4.12 42,35

4.13 $0.7, 0.6, 0.21, 0.24, -0.02, -0.09$

4.14 $\dfrac{7}{6}, \dfrac{7}{6}, \dfrac{11}{36}, \dfrac{11}{36}, -\dfrac{1}{36}, -\dfrac{1}{11}$

4.15 2

4.16 85,37

4.17 1

4.18 略

4.19 $\dfrac{a^2-b^2}{a^2+b^2}$

4.20 $k! \cdot \theta^k$

第五章

5.1 $n \geqslant 32\,000$

5.2 略

5.3 略

5.4 190 只

5.5 0.997 4

5.6 19

5.7 0.56

5.8 (1) 0.806 (2) 52

第六章

6.1 20.25,1.165

6.2 (1) $\overline{X} \sim N\left(10, \dfrac{3}{2}\right)$ (2) 0.206 1

6.3　0.95

6.4　(1) 3.325　(2) 2.088　(3) 27.488　(4) 6.262

6.5　(1) 2.228　(2) 1.813　(3) 1.813　(4) -2.764

6.6　(1) 3.23　(2) $\dfrac{1}{3.39}$　(3) $\dfrac{1}{2.85}$　(4) 2.06

6.7　(1) $f(x_1,x_2,\cdots,x_6)=\begin{cases}\theta^{-6}, & 0<x_1,x_2,\cdots,x_6<\theta;\\ 0, & \text{其他}\end{cases}$

(2) T_1,T_4 是；T_2,T_3 不是

6.8　(1) $c=1$,自由度为 2　(2)$d=\dfrac{\sqrt{6}}{2}$,自由度为 3

6.9　$a=\dfrac{1}{20},b=\dfrac{1}{100}$；自由度为 2

6.10　$Y\sim F(10,5)$

第七章

7.1　$\hat{r}=83$ 个

7.2　$\hat{\mu}=\dfrac{1}{n}\sum\limits_{i=1}^{n}X_i=\overline{X},\hat{\sigma}^2=\dfrac{1}{n}\sum\limits_{i=1}^{n}(X_i-\overline{X})^2$

7.3　$\hat{\theta}=2\overline{X}$

7.4　$\hat{\theta}=\max(X_1,X_2,\cdots,X_n)$

7.5　略

7.6　$\overline{X}_{n+1}$最有效

7.7　(1) $\hat{\mu}=\min(X_1,X_2,\cdots,X_n)$　(2) $\hat{\lambda}=\dfrac{1}{\overline{X}-\mu}$

7.8　是

7.9　$\hat{\theta}$ 是 θ 的无偏估计量,$\hat{\theta}_L$ 不是 θ 的无偏估计

7.10　$\dfrac{4}{3}\max\limits_{1\leqslant i\leqslant 3}\{X_i\}$较 $4\min\limits_{1\leqslant i\leqslant 3}\{X_i\}$更有效

7.11　$\hat{\lambda}=n/\sum\limits_{i=1}^{n}X_i^q$

7.12　T_1,T_2 均是 μ 的无偏估计量,T_1 比 T_2 更有效

7.13　$an+bm=1$；当 $b=\dfrac{1}{m+4n},a=4b$ 时，T 最有效

7.14　(1 244.2,1 273.8)

7.15　(2.121,2.129)

7.16　(2.118,2.133)

7.17　(5.56,6.44)

7.18　171 名

7.19　(165.486,166.514)

7.20　(35.87,252.433),(5.989,15.888)

7.21　(0.084,0.161)

7.22　(8.053,9.947)

7.23　(0.136,4.417)

7.24　992.7

第八章

8.1　能

8.2　否定 H_0

8.3　不正常

8.4　$T=\dfrac{\overline{X}\sqrt{n(n-1)}}{Q}$

8.5　没有显著性的变化

8.6　不合格

8.7　明显提高

8.8　显著的偏大

8.9　新法比老办法效果好

8.10　明显提高

8.11　不合格

8.12　有显著差异

8.13　有显著性的不同

8.14　材料 1 比材料 2 的磨损深度并未超过 2 个单位

8.15　有显著性差别

8.16　方差无显著性差异

8.17　无显著性差异

8.18　(1) X 和 Y 的方差无明显差异　(2) 置信区间为 (6.37,7.83)

8.19　两台仪器的测量结果无显著性差异

第九章

9.1　(1) $\hat{y}=188.78+1.87x$　(2) $F=7.58>5.32$,回归方程显著有效

(3)(255.90,,364.76)

9.2　(1) $\hat{y}=5.4+0.61x$　(2) $F=429.96>7.64$,回归方程显著有效

9.3　(1) $\overline{y}=72.12+0.177\,6x_1-0.398\,5x_2$　(2) $F=3.35>2.70$,所以认为回归方程是高度显著有效的

9.4　$F_A=17.07>3.89$,不同工厂生产的电池的平均寿命有显著差异

9.5　$F_A=6.9>5.49$,菌型对平均存活日数有显著影响

9.6　$F_A=20.1>3.24$,落入否定域,所以否定 H_0,认为饲料对猪仔的增重有显著影响

第十章

(略)

参 考 文 献

1 王松桂等. 概率论与数理统计. 第 2 版. 北京：科学出版社，2004
2 曹振华，赵平. 概率论与数理统计. 南京：东南大学出版社，2008
3 沈恒范. 概率论与数理统计教程. 第 4 版. 北京：高等教育出版社，2003
4 李博纳. 概率论与数理统计. 北京：清华大学出版社，2006
5 狄芳，金炳陶. 概率论与数理统计. 南京：东南大学出版社，2008
6 何仁杰等. 概率统计. 南京：南京大学出版社，1998
7 叶俊. 概率论与数理统计. 北京：清华大学出版社，2005
8 龙永红. 概率论与数理统计. 北京：高等教育出版社，1991